高等职业教育计算机类系列教材

数据结构(C 语言版)

主　编　袁　辉

副主编　岳梦楚

主　审　赵革委

西安电子科技大学出版社

内容简介

本书是为高等职业院校及职业技术大学计算机类专业学生学习数据结构课程而编写的，主要介绍了数据结构的基本概念和基本算法。全书共分10章，主要内容包括绪论、线性表、栈、队列、串、数组、树、图、排序和查找等。针对职业院校学生的特点，本书以培养学生的基本专业素质及综合应用能力为目标，在基础理论的阐述、内容的选取和组织方面，都力求面向应用，逻辑结构简明合理，由浅入深，循序渐进，既保证理论的正确性，又突出知识的实用性与应用性。

本书可作为职业院校本科或专科计算机相关专业的教材，也可作为相关领域从业人员的参考书籍。

图书在版编目(CIP)数据

数据结构：C语言版 / 袁辉主编. --西安：西安电子科技大学出版社，2024.8
ISBN 978-7-5606-7253-3

Ⅰ. ①数… Ⅱ. ①袁… Ⅲ. ①数据结构—高等职业教育—教材②C 语言—程序设计—高等职业教育—教材 Ⅳ. ①TP311.12②TP312.8

中国国家版本馆CIP数据核字(2024)第071204号

策划编辑 高 樱
责任编辑 高 樱
出版发行 西安电子科技大学出版社(西安市太白南路2号)
电 话 (029)88202421 88201467 邮 编 710071
网 址 www.xduph.com 电子邮箱 xdupfxb001@163.com
经 销 新华书店
印刷单位 陕西天意印务有限责任公司
版 次 2024年8月第1版 2024年8月第1次印刷
开 本 787毫米×1092毫米 1/16 印 张 17.5
字 数 412千字
定 价 49.00元
ISBN 978-7-5606-7253-3 / TP
XDUP 7555001-1

前　言

数据结构是计算机相关专业的一门专业基础课，在整个课程体系中处于承上启下的核心地位，是计算机程序设计的重要理论基础。本书是一本全面、系统、实用的数据结构教材，旨在帮助读者深入理解数据结构的原理、实现方法和实际应用。在编写过程中，笔者非常注重内容的科学性和系统性，同时针对高职院校教学特点，也加强了实践性和应用性。通过本书的学习，读者可以掌握各种数据结构的基本概念和原理，了解它们的实现方法和应用场景，提高实际应用能力。

全书共分 10 章，内容涵盖了线性结构、树形结构、图形结构、查找与排序等各个方面。其中，第 1 章为绪论，综述了数据结构与算法的概念；第 2 章至第 6 章分别讨论了线性表、栈、队列、串、数组等典型线性结构的基本概念和相关抽象数据类型及其应用；第 7 章阐述了树的基本概念，对二叉树、树与森林、哈夫曼树、树的遍历算法等知识点进行了详细讨论；第 8 章通过引入图的实例及概念，结合具体生活实例阐明了图的存储、遍历以及最小生成树和最短路径等重要原理；第 9 章和第 10 章分别讨论了排序和查找方面的经典算法。在每一章节中，首先介绍基本概念和原理，然后通过实例和实验帮助读者深入理解各种数据结构的实现和应用，同时还提供了丰富的习题和案例分析，帮助读者巩固所学知识，提高实际操作能力。

本书的主要特点如下：

(1) 由浅入深，循序渐进。针对职业院校学生的特点，本书更加注重实践与应用。书中结合实际应用场景，设计了大量具有实用价值的案例和实验，以帮助读者深入理解数据结构的实际应用。

(2) 深入浅出，通俗易懂。本书内容简明，图文并茂，尽量避免使用深奥的专业术语。在内容的组织安排上，做到结构清晰、层次分明，既保证理论的正确性，又突出知识的实用性与应用性。

(3) 理论够用，重视实践。本书结合每章内容，设计了上机实验和习题，以帮助学生加深对课程知识的理解，积累编程和调试程序的经验，提高解决实际问题的能力。

(4) 本书特别融入了课程思政的内容，体现了立德树人的理念。

在编写本书的过程中，我们参考了大量的国内外优秀教材和研究成果，得到了许多专家学者的指导和帮助。在此，谨对专家学者们表示衷心的感谢！

同时，我们也要感谢广大读者的支持和鼓励。希望本书能够为读者在计算机科学领域取得更大的成就提供有力的帮助和支持。

本书由陕西工业职业技术学院袁辉担任主编，岳梦楚担任副主编。袁辉编写了第3、4、7～10章，岳梦楚编写了第1、2、5、6章。全书由袁辉统稿，赵革委主审。

由于作者水平有限，书中难免存在疏漏和不妥之处，恳请读者批评指正！

编　者

2023年12月

目　　录

第1章 绪 论

总体要求：

- 理解什么是数据、数据对象、数据元素、数据结构；
- 理解数据的逻辑结构与物理结构，以及逻辑结构与物理结构间的关系；
- 理解什么是数据类型、抽象数据类型；
- 理解算法的定义、算法的特性、算法的时间代价和算法的空间代价；
- 熟悉用C语言描述算法的方法，能够使用C语言编写程序。

核心技能点：

- 具有抽象数据的能力；
- 具有C语言编程的能力；
- 具有对算法的时间代价和算法的空间代价的静态分析能力。

扩展技能点：

- 抽象数据类型的应用能力；
- 将算法的时间代价和算法的空间代价方法应用于实际的能力。

相关知识点：

- C语言的基本语句；
- C语言函数的编写格式及功能；
- C语言标识符的命名规则；
- C语言类型定义；
- 数学极限的知识。

学习重点：

- 掌握数据的逻辑结构与物理结构的概念以及逻辑结构与物理结构间的关系；
- 熟练掌握算法的定义、算法的特性、算法的时间代价和算法的空间代价分析；
- 熟悉用C语言描述算法的方法。

思政目标：

- 培养整体思维观；
- 培养多角度探究问题的职业素养；
- 激发民族自豪感、自尊心和文化自信；
- 树立务实笃行的价值观；
- 培养迎难而上、开拓进取的坚强意志。

1.1 数据结构的概念及分类

1.1.1 数据与数据结构

人们在日常生活中会遇到各种信息，如用于交流思想的语言、银行与商店的商业交易信息、战争中用于传递命令的旗语等。这些信息必须转换成数据才能在计算机中进行处理。数据(Data)是信息的载体，是描述客观事物的数、字符以及所有能输入计算机中并能被计算机程序识别和处理的符号的集合。数据大致可分为两类：一类是数值性数据，包括整数、浮点数、复数、双精度数等，主要用于工程和科学计算以及商业事务处理；另一类是非数值性数据，主要包括字符、字符串、文字、图形、图像、语音等数据。

思政要点

随着计算机技术及大数据技术的不断发展，在当今社会，数据已经成为一种重要的生产要素，广泛应用于商业、政府、医疗等领域。然而，数据的应用也引发了一些伦理和道德问题，如数据泄露、数据歧视等。通过学习本节内容，不仅要能够理解数据的应用，还要注意培养良好的思政素养和社会责任感，深刻理解社会主义核心价值观的内涵及其在现实生活中的应用，进一步增强爱国主义情怀和民族自豪感。

从传统的观点来看，在解决应用问题时，总把数据按其性质归类到一些称之为数据对象(Data Object)的集合中。在数据对象中所有数据成员，即数据元素，都具有相同的性质，它们是数据的子集。例如，整数数据对象可以是集合 N = {0，±1，±2，±3，…}，英文字母数据对象可以是集合 LETTER = {A，B，…，Z}。

学生是更复杂的数据对象，每一个数据元素就是一个学生记录，主要包括学生的学号、姓名、性别、籍贯、出生年月、成绩等数据成员或数据项，以描述学生在某一方面的属性。这些数据项可以分为两种：一种叫作初等项，如学生的性别、籍贯等，这些数据项是在数据处理时不能再分割的最小单位；另一种叫作组合项，如学生的成绩，它可以再划分为物理、化学等更小的项。通常，在解决实际应用问题时是把每个学生记录当作一个基本单位进行访问和处理的。

在学生选课系统中，可能以一个班级的学生记录作为学生数据对象，也可能以一个年级的学生记录作为学生数据对象。所以，如何选择数据对象将依据要求而定。

一个数据对象中所有数据成员之间一定存在某种关系。例如，在招生考试时把所有考生按考试成绩从高到低排队，这样，所有考生记录都处在一个有序的序列中。又例如，在 n 个网站之间建立通信网络，要求以最小的代价将 n 个网站连通，如图 1.1(a)所示。这样，在所有网站之间形成一种树形关系；如果要求网络中任一网站出现故障时整个网络仍然保持畅通，则在所有网站之间形成一种网状关系，如图 1.1(b)所示。若综合考虑数据对象及其所有数据成员之间的关系，就可得到数据结构的定义：

数据结构由某一数据对象及该对象中所有数据成员之间的关系组成。记为：

Data_Structure={D，R}

其中，D 是某一数据对象，R 是该对象中所有数据成员之间的关系的有限集合。

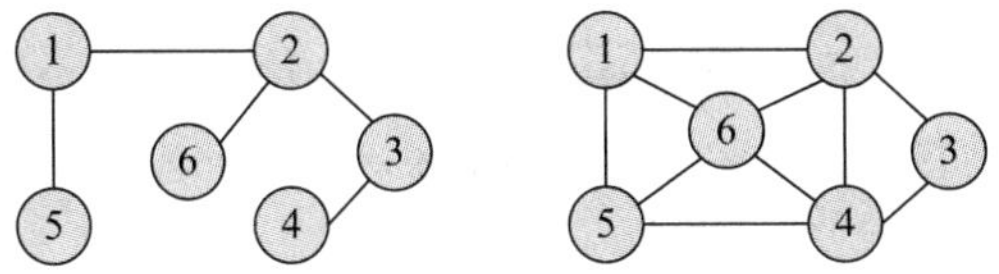

(a) 网站之间的树形关系 (b) 网站之间的网状关系

图 1.1 n 个网站之间的连通关系

1.1.2 数据结构的分类

根据数据成员之间关系的不同，数据结构分为两大类：线性结构和非线性结构。线性结构也称为线性表，在这种结构中所有数据成员(也称为数据元素)都按某种次序排列在一个序列中，如图 1.2 所示。对于线性结构中的每一个数据元素，除第一个元素外，其他每一个元素都有一个且仅有一个直接前驱，第一个数据元素没有直接前驱；除最后一个元素外，其他每一个元素都有一个且仅有一个直接后继。

学 籍 表

序号	学号	姓名	性别	英语	数学	物理
01	20030301	李明	男	86	91	80
02	20030302	马琳	男	76	83	85
⋮	⋮	⋮	⋮	⋮	⋮	⋮
50	20030350	刘薇薇	女	88	93	90

图 1.2 线性结构中各数据成员之间的线性关系

根据对线性结构中数据元素存取方法的不同，又可分为直接存取结构、顺序存取结构和词典(广义索引)结构。对于直接存取结构，可以直接存取某一指定项而不需要先访问其前驱。数组、记录和文件都属于这一类。比如，可以按给定下标直接存取数组中某一数组元素，也可以按记录号直接检索记录集合或文件中的某一记录。对于顺序存取结构，只能从序列中第 1 个数据元素起，按序逐个访问，直到指定的元素。例如，在第 2 章中讨论的线性表就属于这种情况。另外，一些限制存取位置在表的一端或两端的表(如栈、队列和优先级队列等)也属于这种情况。词典与数组有类似之处，但数组是通过整数下标进行存取的，而词典是通过关键码(key)进行存取的。设定数据记录中某一数据项或某一组合数据项为关键码，词典通过关键码来识别记录。例如，对于学生记录，可设定学生的学号为关键码，用它来识别是哪一位学生的记录。索引表和散列表都属于这一类。

在非线性结构中各个数据成员不再保持在一个线性序列中，每个数据成员可能与零个或多个其他数据成员发生联系。根据关系的不同，非线性结构可分为层次结构和群结构。

层次结构是按层次划分的数据元素的集合，对于指定层次的元素，可以有零个或多个处于下一个层次的、直接所属的下层元素。在第 7 章重点讨论的树形结构，就是典型的层次结构。树中的元素叫作结点。树可以为空，也可以不为空。若树不为空，则它就有一个叫作根的结点，其他结点都是从它派生出来的。除根以外，每一个结点都有一个处于该结点直接上层的结点。树形结构如图 1.3 所示。

群结构中所有元素之间无顺序关系。集合就是一种群结构，在本书中不讨论集合结构。另一种群结构就是图结构，如图 1.4(a)所示，它是由图的顶点集合和连接顶点的边集合组成的。还有一种图的特殊形式，即网络结构，它给每条边赋予一个权值，这个权值指明了在遍历图时经过此边时的耗费。例如，在图 1.4(b)中，顶点代表城市，赋予边的权值表示两个城市之间的距离。

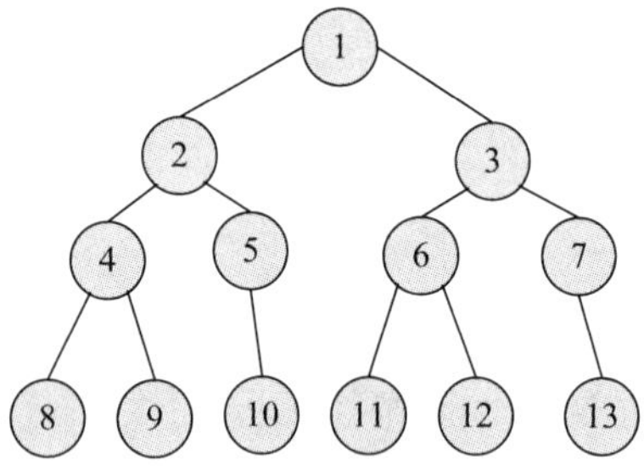

图 1.3　树形结构

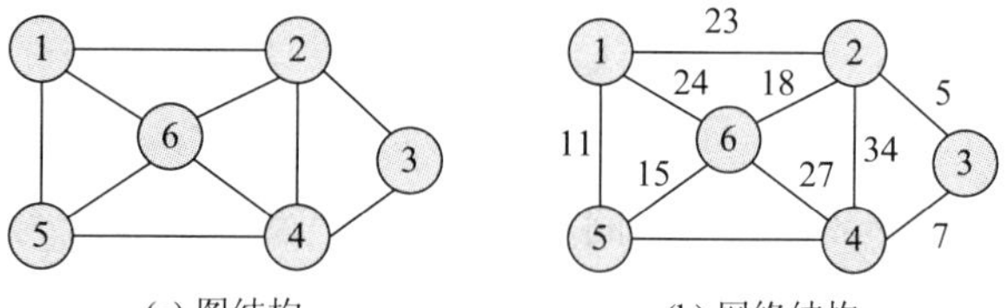

(a) 图结构　(b) 网络结构

图 1.4　群聚集

此外，数据结构按照视点的不同，可分为逻辑结构和物理结构。数据的逻辑结构亦简称数据结构，是指从解决问题的需要出发，为实现必要的功能所建立的数据结构。它属于用户的视图，是面向问题的。如在招生系统中建立的按考分排列的考生记录的有序表格，就是数据结构。数据的物理结构是指数据应该如何在计算机中存放，它是数据逻辑结构的物理存储方式，是属于具体实现的视图，是面向计算机的。数据的逻辑结构根据问题所要实现的功能建立，数据的物理结构根据问题所要求的响应速度、处理时间、修改时间、存储空间和单位时间的处理量等建立，是逻辑数据的存储映像。

通常讨论数据结构，不但要讨论各种在解决问题时可能遇到的典型的逻辑结构以及这些逻辑结构的存储映像，还要讨论这种数据结构的相关操作及其实现。

思政要点

寻找最优解——问题解决的方法论

背景介绍：

在计算机科学中，问题解决的方法论包括对问题的识别、分析、设计、实施和评估。这种方法论同样可以应用于其他领域，例如社会问题、道德问题等。

案例描述：

在一个社区里，居民们面临着严重的交通拥堵问题。为了解决这个问题，社区决定修建一条新的道路。然而，这个决定引发了争议，因为有些人认为修建道路会对环境造成破坏，而另一些人则认为这是解决交通问题的唯一途径。

在这个案例中，我们可以运用问题解决的方法论来分析。首先，我们需要识别和定义问题，即交通拥堵和环境破坏。其次，我们需要分析问题的各种因素，包括道路的建设成本、使用率、对环境的影响等。再次，我们需要设计解决方案，即评估各种可能的道路设计方案，考虑经济、社会和环境等因素。最后，我们需要实施解决方案并进行评估，即对建设后的道路的使用情况和其对环境的影响进行监测与评估。

案例分析：

在这个案例中，问题解决的方法论提供了一种解决问题的方法。通过运用这种方法，我们可以更全面地考虑问题，从而得出更优的解决方案。同时，这个案例也提醒我们在解决问题时应该注重环境保护和可持续发展。我们在追求经济发展的同时，也必须注重环境保护和社会公正，只有这样，才能实现真正的可持续发展。

1.2 抽象数据类型

1.2.1 数据类型

在程序设计语言中介绍过各种数据类型。以C语言为例，有5种基本的数据类型：字符型、整型、浮点型、双精度型和无值，分别用保留字char、int、float、double和void标识。这些数据类型不但规定了使用该类型数据时的取值范围，而且还规定了该类型数据可以用的一组操作。例如，与整型数据相关的操作有+、–、*、/，与浮点型数据相关的操作也有+、–、*、/。然而整型数据的“/”操作与浮点型数据的“/”操作虽然形式一样，却是两个不同的操作。如整型运算3/2的运算结果为1，浮点型运算3/2的运算结果却为1.5。因为操作“/”可用于几个数据类型，故称它是一种重载操作。

事实上，数据类型是对数据的取值范围、结构以及允许执行的操作的一种描述。在高级程序设计语言中已实现了的，或非高级语言直接支持的数据结构即为该语言的数据类型。在程序设计语言中，一个变量的数据类型不仅规定了这个变量的取值范围，而且定义了这个变量可用的操作。例如，一个变量n定义为整型，则它可能的取值范围是 –32 767～32 767，可用的操作有双目运算 +、–、*、/、%，单目运算 +、–，关系运算 >、<、≥、≤、=、!=，赋值运算 = 等。在C语言中，不但规定了一些基本的数据类型，还提供了一些构造复杂类型(如数组型、结构体、共用体、枚举型和文件型等)的规则，程序员可以利用这些规则，自行定义为解决应用问题所必需的数据类型，它是确切地描述数据对象、正确地进行相关计算的有效工具。

1.2.2 数据抽象与抽象数据类型

在软件设计时，常常提到“抽象”和“信息隐蔽”。所谓抽象，就是抽取反映问题本质的东西，忽略非本质的细节。以数据抽象为例，在计算机中使用二进制定点数和浮点数实现数据的存储和运算，而在汇编语言中则给出了各种数据的自然表示，如15.5，1.3E10，10等，这些自然表示的数据是二进制数据的抽象，使用者在编程时可以直接使用它们，不必考虑其在计算机内实现的细节。在高级语言中，给出了更高一级的数据抽象，出现了整型、实型、字符型、双精度型等数据类型。抽象数据类型(Abstract Data Type，ADT)可以进一步定义出更高级的数据抽象，如各种表、队列和图，甚至窗口、管理器等。这种数据抽象的层次为设计者提供了有力的手段，使得设计者可以从抽象的概念出发，从整体上进行考虑，然后自顶向下逐步展开，最后得到所需要的结果。

抽象数据类型通常是指由用户定义，用以表示应用问题的数据模型。例如，线性表数据类型的 ADT 定义由数据元素、结构及操作三部分组成。

元素：a_i 同属于一个数据对象，i = 1，2，…，n　n≥0；

结构：所有的数据元素 a_i(i = 1，2，…，n – 1)存在次序关系<a_i，a_{i+1}>，a_1 无前驱，a_n 无后继；

操作：对线性表可执行的基本操作包括：

(1) ListInitiate (L)：初始化操作，可设定一个空的线性表 L。

(2) ListLength(L)：求长度函数，函数值为给定线性表 L 中数据元素的个数。

(3) ListEmpty(L)：判空表函数，若 L 为空表，则返回 1，否则返回 0。

(4) ListClear(L)：表清空操作，操作的结果使 L 成为空表。

(5) ListGet(L，i)：取元素函数，若 0≤i≤ListLength(L) – 1，则函数值为给定线性表 L 中第 i 个数据元素，否则为空元素 NULL。i 称为该数据元素在线性表中的位序。

(6) ListLocate(L，x)：定位函数，若线性表 L 中存在其值与 x 相等的数据元素，则函数值为该数据元素在线性表中的位序，否则为 –1；若线性表中与 x 相等的数据元素不止一个，则函数值为这些元素在线性表中的位序的最小值。

(7) ListPrior(L，elem)：求前驱函数，已知 elem 为线性表 L 中的一个数据元素，若它的位序大于 0，则函数值为 elem 的前驱，否则为空元素。

(8) ListNext(L，elem)：求后继函数，已知 elem 为线性表 L 中的一个数据元素，若它的位序小于 ListLength(L) – 1，则函数值为 elem 的后继，否则为空元素。

(9) ListInsert(L，i，b)：插入操作(前插)，在线性表 L 的第 i 号元素之前插入一个新元素 b。此操作仅在 0≤i≤ListLength(L)时才可行。

(10) ListDelete(L，i)删除操作，若 0≤i≤ListLength(L) – 1，则删除线性表 L 中的第 i 号元素，否则此操作无意义。

对于一个其数据成员完全相同的数据类型，如果给它赋予不同的语义，即定义不同的一组功能，则可形成不同的抽象数据类型。例如，队列和优先级队列，它们可能都是相同的顺序表结构，但其语义不同，队列是先进先出，优先级队列是优先级高的先出，具有各不相同的服务，因此，它们是不同的抽象数据类型。

抽象数据类型的特征是使用与实现分离，实行封装和信息隐蔽。也就是说，在抽象数据类型设计时，把类型的声明与实现分离开来。

首先，根据问题的要求，定义该抽象数据类型需要包含哪些信息，并根据功能确定公共界面的服务，使用者可以使用公共界面中的服务对该抽象数据类型进行操作。其次，抽象数据类型的物理实现作为私有部分封装在其实现模块内，使用者不能看到，也不能直接操作该类型所存储的数据，只能通过界面中的服务来访问这些数据。这样做的好处是严格区分了抽象数据类型的两个不同的视图。从使用者的角度来看，只要了解该抽象数据类型的规格说明，就可以利用其公共界面中的服务来使用这个类型，而不必关心其物理实现。这样使用者可以在开发过程中抓住重点，集中精力考虑如何解决应用问题，使问题得到简化。例如，在求解一个最优化问题时常常要使用一个栈。那么，应当首先考虑此栈应存放什么信息，应如何组织；至于栈怎样实现，可能会出现哪些例外情况，这些例外情况如何处理等可以暂时忽略，待以后具体实现时再考虑。

从实现者的角度来看，把抽象数据类型的物理实现封装起来，有利于编码、测试，也有利于将来的修改。因为这样做可以使得错误局部化，一旦出现错误，其传播范围不至于影响其他模块；如果为了提高效率希望改进数据结构，可能需要改变抽象数据类型的物理实现，但只要界面中的服务的使用方式不变，其他所有使用该抽象数据类型的程序都可以不变，从而大大提高了系统的稳定性。

1.2.3 用于描述数据结构的语言

数据结构的描述可以有多种方式，如语言方式、图形方式和表格方式。从面向对象观点方便地描述数据结构的程序设计语言有 Delphi、Java、C++等；从面向过程观点方便地描述数据结构的程序设计语言有标准 Pascal、标准 C、基本 BASIC 语言等。从另一个角度来看，很多算法是面向过程的。对于熟悉面向过程开发方法的读者，可方便地从传统的面向过程方法过渡到用面向对象方法开发程序。因此，本书采用 C 语言来描述各种数据结构。

思政要点

在一个国家中，为了维护国家安全和社会稳定，需要对一些重大事件进行决策。这些决策往往涉及多个方面，例如经济、环境、社会等。为了更好地管理和决策，政府可以采用抽象数据类型的方法来定义问题和操作。抽象数据类型的方法为政府提供了有效的治理工具。通过运用这些方法，政府可以更全面地考虑问题，制定出更合理、更科学的决策。同时，只有通过科学的方法和民主的程序，才能制定出符合人民利益的良好政策。

1.3 算法定义

通常人们将算法(Algorithm)定义为一个有穷的指令集，这些指令为解决某一特定任务规定了一个运算序列。一个算法应当具有以下特性。

(1) 有输入。一个算法必须有 0 个或多个输入，它们是算法开始运算前给予算法的量。这些输入取自于特定的对象集合。它们可以使用输入语句由外部提供，也可以使用赋值语句在算法内给定。

(2) 有输出。一个算法应有一个或多个输出，输出的量是算法计算的结果。

(3) 确定性。算法的每一步都应确切地、无歧义地定义。对于每一种情况，需要执行的动作都应严格、清晰地进行规定。

(4) 有穷性。一个算法无论在什么情况下都应在执行有穷步后结束。

(5) 有效性。算法中每一条运算都必须是足够基本的。就是说，它们原则上都能精确地执行，甚至人们仅用笔和纸做有限次运算就能完成。

算法和程序不同，程序可以不满足上述的特性(4)。例如，一个操作系统在用户未使用前一直处于“等待”的循环中，直到出现新的用户事件为止。这样的系统可以无休止地运行，直到系统停工。但在本书中，所有程序都没有这种情况，故对算法和程序这两个术语不加严格区分。

现以选择排序为例，说明如何把一个具体问题转换为一个算法。所使用的方法是自顶向下、逐步求精的结构化程序设计方法。

首先，要搞清楚需要解决什么问题。在此例中的任务是要把存放在一个整数数组中的 n 个数据按从小到大的顺序排列起来。可能有的数据具有相同的值，因此，最后的排列结果应是数据的非递减顺序。其次，考虑问题解决方案。n 个数据存在数组 a[0]到 a[n－1]中需要一个一个地排列。先考虑第 1 个数据，存于 a[0]中。从 a[0]到 a[n－1]中选择一个最小的，把它交换到 a[0]中，这样最小的数据放到最前面了。接着考虑第 2 个数据，原来存于 a[1]中。从 a[1]到 a[n－1]中选择一个最小的，把它交换到 a[1]，这样次最小的数据就放到第 2 个位置了。再考虑第 3 个数据、第 4 个数据……直到第 n－1 个数据。当第 n－1 个数据排在它应在的位置后，第 n 个数据就可以不再排了，因为只剩它一个，它无论如何就在这儿了。

根据以上思路，写出算法的框架。i＝0，1，2，…，n－2 时，分别从第 i 号元素到第 n－1 号元素中选择值最小者，其元素下标用 k 标示。若是不等于 i，则对换 a[i]与 a[k]。n－1 次运算做完，就在数组 a 中得到排序结果。

```
for(i=0; i<n-1; i++)
{ 从 a[i]检查到 a[n-1];
  若最小的整数在 a[k]中，则交换 a[i]与 a[k];
}
```

然后将其细化。这时需要解决两个问题：一是如何选择值最小的数据；二是如何交换两个数据的值。

从第 i 个元素到第 n－1 个元素中选择最小值元素可以采取如下做法：先假定第 i 个元素值最小，用 k 标示它；然后顺序检查第 i＋1，第 i＋2，…，第 n－1 个，若检测到还有比刚才最小的还要小的元素，用 k 标示它。在检查结束后 k 标示的就是值最小的数据的位置。

交换两个数据中的值时需要一个暂存变量，如 temp 作为中介，以进行对换：

```
temp=a[i]; a[i]=a[k]; a[k]=temp;
```

综合以上做法，即可得到取名为 seleetSort 的排序程序如下：

```
void selectSort(int a[], int n)
    /*对 n 个整数 a[0]，a[1]，…，a[n－1]，按非递减的顺序排序*/
{
    int i,j,temp,k;
    for(i=0;i<n-1;i++)
    {
        k=i;
        /*从 a[i]检查到 a[n－1]，找出最小的整数，在 a[k]*/
        for(j=i+1;j<n;j++)
            if(a[j]<a[k])
                k=j;                /*k 指示当前找到的最小整数*/
```

```
            temp=a[i];                /*交换 a[i]与 a[k]*/
            a[i]=a[k];
            a[k]=temp;
        }
    }
```

思政要点

效率意识：算法的有穷性告诉我们，解决问题需要高效的方法和步骤。在生活和学习中，我们也应该注重效率，尽可能缩短完成任务所需的时间和精力。

思维方法：算法的有穷性强调了思维方法的重要性。只有通过正确的思维方法，才能得到正确的结果。在面对问题和困难时，应该善于运用正确的思维方法来解决问题。

1.4 算法性能分析与度量

一组数据对象，可用多种数据结构来表示；一个服务的实现，可以有多个算法供选择。因此，采用什么数据结构和算法就成为一个重要的问题。

1.4.1 算法的性能标准

数据结构的优劣与算法直接有关。数据结构的性能实际是由实现其各个服务的算法来体现的。对数据结构的分析实质上就是对实现其各个服务的算法的性能的分析。

判断一个算法的优劣，主要有以下几个标准。

(1) 正确性。要求算法能够正确地执行预定的功能和性能要求，这是最重要的标准。要求算法的编写者对问题的要求有正确的理解，并能正确地、无歧义地描述和利用某种编程语言正确地实现算法。

(2) 可使用性。要求算法能够很方便地使用。此特性亦称用户友好性。为便于用户使用，要求该算法具有良好的界面，完备的用户文档。因此，算法的设计必须符合抽象数据类型和模块化的要求，最好所有的输入和输出都通过参数表显式地传递，少用公用变量或全局变量，每个算法只完成一个功能。

(3) 可读性。算法应当是可读的。这是理解、测试和修改算法的需要。为了达到这一要求，算法的逻辑必须是清晰的、简单的和结构化的。所有的变量名和函数名的命名必须有实际含义，让人见名知义。在算法中必须加入注释，简要说明算法的功能、输入与输出参数的使用规则、重要数据的作用和算法中各程序段完成的功能等。

(4) 效率。算法的效率主要指算法执行时计算机资源的消耗，包括存储空间和运行时间的开销，前者叫做算法的空间代价，后者叫做算法的时间代价。算法的效率与多种因素有关。例如，所用的计算机系统、可用的存储容量和算法的复杂性等。下面将重点讨论算法的效率，其他判断标准在以后的章节中再加以讨论。

(5) 健壮性。要求在算法中具备对输入参数、打开文件、读文件记录，以及子程序调用状态等进行自动检错和报错并通过与用户对话来纠错的功能。这也叫做容错性或例外处理。一个完整的算法必须具有健壮性，能够对不合理的数据进行检查。但在算法初写时可以暂不管它，集中精力考虑如何实现必要的功能，待到算法成熟时再追加它。

思政要点

健壮的算法设计需要考虑到各种可能的异常情况，并做好应对处理。同样，在面对生活和工作的复杂环境时，我们也应具备预见和应对各种可能问题的能力，培养全面、细致的思维方式。

就像健壮的算法能够抵御恶意攻击一样，我们也应具备抵御生活压力、工作挑战的能力。在面对困难和压力时，我们应保持冷静、理性面对，有能力自我调整、恢复并继续前进。

健壮的算法在出现错误时，能够进行适当的纠正，保证任务的完成。这给我们提供了一个对待错误的良好态度——错误不可避免，重要的是我们如何面对并纠正错误，从错误中学习，不断提升自我。

1.4.2 算法的后期测试

算法效率的度量分为事前估计和后期测试。后期测试主要通过在算法中的某些部位插装时间函数(如 clock())来测定算法完成某一规定功能所需的时间。例如，下面的程序给出了一个顺序搜索的算法。它顺序地比较数组元素 a[i]的值是否等于给定值 x，若找到，则函数返回找到的位置 i；若搜索失败，则 i 停在 x 号位置，函数返回 –1。

```
int seqsearch (int a[], int n, int x)
{
    int i;
    for(i=0;i<n;i++)
        if(a[i]==x)
            break;
    if(i>n)
      return -1;
    else
      return i;
}
```

下面程序给出测试的示例。它是对最坏情况进行的测试，因此给出 1002。值作为搜索值，没有选择 a[1000]中已有的值。时间测试函数插装在调用顺序搜索算法前后。

```
#include "stdio.h"
#include "time.h"
main()
{
```

```
    int j,x,a[10000];
    long start,stop;
    start=clock();
    for( j=0; j<1000;j++)
        a[j]=j;
    scanf("%d",&x);
    seqsearch(a,1000,x);
    stop=clock();
    printf("truntime=%d\n", stop-start);
}
```

但是，一个算法的运行与环境有关，同样的算法在速度不同的计算机中运行，其执行速度相差非常大；此外，一个算法用不同的编译器编译出的目标代码也不一样长，完成同样的功能所需时间也不同。对于一个存储需求极大的算法，如果可用的存储空间不够，在运行时将不得不频繁地进行内外存交换，需要的运行时间就很多。因此，算法的运行时间依赖于所用的计算机系统、编译器、可用存储空间大小等。可以对算法的运行时间进行测量，以评估算法的正确性和可使用性，但在不同的机型、不同的编译器版本和不同的硬软件配置情况下，想通过测量结果来判断算法的优劣是不行的。

因此，最好是通过比较算法的复杂性来评价算法的优劣，因为算法的复杂性与具体的运行环境和编译器版本无关，可以通过复杂性的度量来进行比较。

1.4.3　算法的事前估计

算法复杂性的度量属于事前估计。它可分为空间复杂度度量和时间复杂度度量。空间复杂度(Space Complexity)是指当问题的规模以某种单位从 1 增加到 n 时，若解决这个问题的算法在执行时所占用的存储空间也以某种单位由 1 增加到 S(n)，则称此算法的空间复杂度为 S(n)；时间复杂度(Time Complexity)是指当问题的规模以某种单位从 1 增加到 n 时，解决这个问题的算法在执行时所耗费的时间也以某种单位由 1 增加到 T(n)，则称此算法的时间复杂度为 T(n)。

一般来说，问题的规模从问题的描述中可以找到。例如，在有 n 个记录的学生文件中查找某个名叫王海的学生，则 n 即为问题的规模。又如，对一个 n 阶线性方程组求解，则问题的规模仍为 n。一般地，因为算法是针对某一实例的，所以问题规模可视为实例的特性。空间单位一般规定为一个工作单元所占用的存储空间大小，这里的工作单元根据问题的要求可以是一个简单变量，也可以是一个构造型变量。时间单位一般规定为一个程序步(Program Step)，不同的语句有不同的程序步骤。

1. 空间复杂度度量

下面给出 3 个程序，第 1 个程序是计算表达式 a+b+b*c+(a+b−c)/(a+b)+4.0 的程序。第 2 个程序和第 3 个程序是求和程序，累加数组 a 的前 n 个元素的值。但第 2 个程序采用迭代方式，第 3 个程序采用递归方式。

```
/*计算表达式 a+b+b*c+(a+b-c)/(a+b)+4.0 的程序*/
```

```
float abc(floata,float b,float c)
{
    return a+b+b*c+(a+b-c)/(a+b)+4.0;
}
/*迭代求和程序*/
float sum(float a[], int n)
{
    float s=0.0;
    for(int i=0;i<n;i++)
        s+=a[i];
}
/*递归求和程序*/
float rsum(float a[],int n)
{
    if(n<=0)
        return 0;
    else
        return rsum(a , n-1)+a[n];
}
```

这些程序所需的存储空间包括如下两个部分：

(1) 固定部分。这部分空间的大小与输入输出个数多少和数值大小无关，主要包括存放程序指令代码的空间、常数、简单变量、定长成分(如数组元素、结构成员等)变量所占的空间等。这部分属于静态空间，只要做简单的统计就可估算。

(2) 可变部分。这部分空间主要包括与问题规模(即实例特性)有关的成分变量所占空间、递归工作栈所用空间，以及在算法运行过程中动态使用的空间。

如果空间大小仅与实例特性 n 有关，可以通过分析算法规格说明，找出所需空间大小与 n 的函数关系，就能得到所需空间大小。如在第一个程序中，实例特性由 a，b 和 c 决定，而 a，b 和 c 各占有一个空间单位，这样该函数所需存储空间为一常数。第二个程序的实例特性为 n。在程序中用到一个整数 n 存放累加项个数；还用到一个浮点数 s 作为存放累加值的存储空间；另外，对于数组 a[]来说，只耗费了一个空间单元存放第一个元素 a[0]的地址。因此，此函数所需的存储空间也为一常数。第三个程序是递归的算法，实例特性也是 n。为了实现递归过程用到了一个递归工作栈，每递归一层就要加一个工作记录到递归工作栈中。工作记录为形式参数 a[]的首地址&a[0]、n、函数的返回值和返回地址，保留了 4 个存储单元。由于算法的递归深度是 $n + 1$，故所需的栈空间是 $4(n + 1)$。

最不好估算的是涉及动态存储分配时的存储空间需求，若使用了 k 次 malloc()命令，则动态分配了 k 次空间单位。如果没有使用 free()命令释放已分配的空间，那么占用的储空间数就等于分配的空间数；如果使用了 m 次 free()命令，就不能简单地拿 malloc()分配的空间数减去 free()释放的空间数，必须具体分析。若用 n 代表 malloc()，用 d 代表 free()，一个算法在运行过程中执行 malloc()和 free()的顺序为 nnndnndnddddnnnnnn，分析这个序列就可以计算空间复杂度了。

2. 时间复杂度度量

算法的运行时间涉及加、减、乘、除、转移、存和取等基本运算。要想准确地计算总运算时间是不可行的，因此，度量算法的运行时间主要从程序结构着手，统计算法的程序步数。简单地说，程序步是指在语法上或语义上有意义的一段指令序列，而且这段指令序列的执行时间与实例特性无关。例如，语句 return a + b + b*c + (a + b − c)/(a + b) + 4.0 就可以看作一个程序步。

为了确定算法中每一个语句的程序步数，就需要对各种语句给出它们的程序步数。

(1) 注释。程序步数为 0，因它是非执行语句。

(2) 声明语句。程序步数为 0，包括定义常数和变量的语句，用户自定义数据类型的语句，确定访问权限的语句，指明函数特征的语句。

(3) 表达式。如果表达式中不包含函数调用，则程序步数为 1；如果表达式中包含函数调用，总的程序步数要包括分配给函数调用的程序步数。

(4) 赋值语句。<变量>=<表达式>的程序步数与表达式的程序步数相同。但如果赋值语句中的变量是数组或字符串(字符数组)，则赋值语句的程序步数等于变量的体积加上表达式的程序步数。

(5) 循环语句。若仅考虑循环控制部分，则有三种形式：

```
while(<表达式>)…
do…while(<表达式>)
for(<初始化语句>；<表达式 1>；<表达式 2>)
```

对于 while 与 do 语句，控制部分一次执行的程序步数等于<表达式>的程序步数；对于 for 语句，<初始化语句>、<表达式 1>、<表达式 2>可能是实例特性(例如 n)的函数，控制部分第一次执行的程序步数等于<初始化语句>与<表达式 1>的程序步数之和，后续执行的程序步数等于<表达式 1>与<表达式 2>的程序步数之和。

(6) switch 语句。该语句的语法格式如下：

```
switch(<表达式>){
  case 条件 1：<语句 1>
  case 条件 2：<语句 2>
…
default：<语句>}
```

其中，首部 switch(<表达式>)的程序步数等于表达式具有的程序步数；执行一个条件的程序步数等于它自己的程序步数加上它前面所有条件计算的程序步数。

(7) if-else 语句。该语句的语法格式为

```
if(<表达式>)<语句 1>；
else<语句 2>；
```

分别将<表达式>、<语句 1>和<语句 2>的程序步数分配给每一部分。

需要注意：如果 else 部分不出现，则这部分没有时间开销。

(8) 函数执行语句/函数调用语句。函数调用语句的程序步数为 0。其时间开销计入函数执行语句。函数执行语句的程序步数一般为 1。但是，当函数执行语句中包含传值参数且传值参数的体积与实例特性有关时，执行函数调用的程序步数等于这些值参的体积之和。如果函数是递归调用，那么还要考虑在函数中的局部变量。如果局部变量的体积依赖于实例特性，需要把这个体积加到程序步数中。

(9) 动态存储管理语句。这类语句有 malloc()、free()和 sizeof()，每一个语句的程序步数都是 1。

(10) 转移语句。这类语句包括 continue、break、goto、return 和 return<表达式>。它们的程序步数一般都为 1。但是，在 return<表达式>情形，如果<表达式>的程序步数是实例特性的函数，则其程序步数为<表达式>的程序步数。

利用上述各种语句的程序步数就能确定一个程序的程序步数。确定程序步数有两种方法：

第一种方法是在程序中插入一个计数变量 count，它是一个初始值为 0 的全局变量。然后把对 count 计数的语句插装到程序的适当地方。在程序执行时，每遇到这个计数语句，就把作为计数对象的语句的程序步数加到 count 中。例如，在上面第一个求和程序中插装 count 计数语句后得到以下程序。假设 count 的初始值为 0，那么程序执行结束后，在 count 中得到该程序的总的程序步数为 2*n+3。

```
float sum(float a[], int n) {
    float s = 0.0;
    int i;
    count++;                  /*count 是全局变量，统计执行语句条数*/
    for (i = 0; i < n; i++) {
        count++;              /*针对 for 语句*/
        s += a[i];
        count++;              /*针对赋值语句*/
    }
    count++;                  /*针对 for 的最后一次循环*/
    count++;                  /*针对 return 语句*/
    return s;
}
```

前面第二个递归的求和程序可插入 count 语句改写成如下的程序。只要给定 count 的初始值，这两个程序可得到相同的 count 终值。

```
float rsum(float a[],int n)
{
    count++;                  /*针对 if 语句*/
    if(n<=0)
    {
        count++;              /*针对 return 语句*/
```

```
            return 0;
        }else
        {
            count++;                    /*针对 return 语句*/
            return rsum(a,n-1)+a[n-1]);
        }
    }
```

思政要点

(1) 规划与预测：事前估计法要求在算法执行之前进行规划与预测，评估算法的执行时间和空间复杂度。这引导我们在生活中也应具备规划与预测的能力，对未来的事情进行合理的规划和预测，做好准备，迎接未来的挑战。

(2) 实事求是：事前估计法的准确性对于算法的优化和选择至关重要。这要求我们在处理问题时坚持实事求是的态度，充分了解和分析问题的本质和特点，为解决问题提供准确的基础。

(3) 系统观念：事前估计法将算法视为一个系统，评估其整体性能。这引导我们在思考和处理问题时具备系统观念，从整体的角度出发，全面、系统地分析和解决问题。

(4) 创新意识：事前估计法在优化算法、提高效率方面具有重要作用。这鼓励我们在工作和生活中要具备创新意识，不断探索和创新，寻找更好的解决方案，提高工作效率和生活质量。

1.4.4 渐进的时间复杂度

算法的时间效率是通过依据该算法编制的程序在计算机上运行所消耗的时间来度量的。程序在计算机上运行所消耗的时间与下列因素有关：

(1) 书写算法的程序设计语言；

(2) 编译产生的机器语言代码质量；

(3) 机器执行指令的速度；

(4) 问题的规模，即算法的时间效率与算法处理的数据个数 n 的关系。

在这四个因素中，前三个都与具体的机器有关。我们分析算法的效率应抛开具体的机器，仅考虑算法本身的因素，因此，算法的时间效率只与问题的规模有关，算法的时间效率是问题规模的函数。算法的时间效率也称作算法的时间复杂度。

算法的时间效率分析通常采用 O(f(n))表示法。

定义：$T(n) = O(f(n))$当且仅当存在正常数 c 和 n_0，对所有的 $n(n \geqslant n_0)$满足 $T(n) \leqslant cf(n)$。

换句话说，O(f(n))给出了函数 f(n)的上界。

由于上述定义中对所有的 $n(n \geqslant n_0)$，只要 n 比较大，一般均成立，而我们考虑的算法的时间效率也主要是在数据个数 n 相当大时的情况。所以，具体分析一个算法的时间效率 T(n)时，一般不考虑 n 为一个较小的数时 $T(n) \leqslant f(n)$不成立的情况。

令函数 T(n)为算法的时间复杂度，其中 n 为算法处理的数据个数。则 T(n) = O(f(n))表示算法的时间复杂度随数据个数 n 的增长率和函数 f(n)的增长率相同，或者说两者具有相同的数量级。

当算法的时间复杂度 T(n)和数据个数 n 无关系时，T(n)≤c*l，所以此时算法的时间复杂度 T(n) = O(1)；当算法的时间复杂度 T(n)和数据个数 n 为线性关系时，T(n)≤c*n，所以此时算法的时间复杂度 T(n) = O(n)；当算法的时间复杂度 T(n)和数据个数 n 为平方关系时，$T(n) \leq c*n^2$，所以此时算法的时间复杂度 $T(n) = O(n^2)$；依此类推，还有，$O(n^3)$、O(1bn)、$O(2^n)$，等。因此，分析一个算法中基本语句的执行次数就可求出算法的时间复杂度。

例 1.1　设数组 a 和 b 在前边部分已赋值，求如下两个 n 阶矩阵相乘运算程序段的时间复杂度。

```
for(i=0; i<n; i++)
{
  for(j=0;j<n;j++)
  c[i][j]=0;                        /*基本语句 1*/
  for(k=0;k<n;k++)
  c[i][j]=c[i][j]+a[i][k]*b[k][j];  /*基本语句 2*/
}
```

解　设基本语句的执行次数为 f(n)，有

$f(n)=n^2+n^3$

因程序段的时间复杂度 $T(n) = f(n) = n^2 + n^3 \leq c*n^3 = O(n^3)$，其中 c 为常数，所以该程序段的时间复杂度为 $O(n^3)$。

例 1.2　设 n 为如下程序段处理的数据个数，求如下程序段的时间复杂度。

```
for(i=1;i<=n;i=2*i)
printf("i=%d\n",i);      /*基本语句*/
```

解　设基本语句的执行次数为 f(n)，有 $2^{f(n)} \leq n$，即有 f(n)≤lbn

因程序段的时间复杂度 T(n) = f(n)≤lbn≤c*1bn = O(1bn)，其中 c 为常数，所以该程序段的时间复杂度为 O(1bn)。

在很多情况下，算法中数据元素的取值情况不同，算法的时间复杂度也会不同。此时算法的时间复杂度应是数据元素最坏情况下取值的时间复杂度或数据元素等概率取值情况下的平均(或称期望)时间复杂度。

例 1.3　下边的算法是用冒泡排序法对数组 a 中的 n 个整数类型的数据元素(a[0]～a[n−1])从小到大排序的算法，求该算法的时间复杂度。

```
void BubbleSort(int a[],int n)
{
    int i,j,flag=1;
    int temp;
    for(i=1;i<n&&flag==1;i++)
    {
```

```
            flag=0;
            for(j=0;j<n-i;j++)
            {
                if(a[j]>a[j+1])
                {
                    flag=1;
                    temp=a[j];
                    a[j]=a[j+1];
                    a[j+1]=temp;
                }
            }
        }
    }
```

解 这个算法的时间复杂度随待排序数据的不同而不同。当某次排序过程中没有任何两个数组元素交换位置时，则表明数组元素已排序完毕，此时算法将因标记 flag = 0 不满足循环条件而结束。但是，在最坏情况下，每次排序过程中都至少有两个数组元素交换位置，因此，应按最坏情况计算该算法的时间复杂度。

设基本语句的执行次数为 f(n)，最坏情况下有

$$f(n)\approx n+4*n^2/2$$

因算法的时间复杂度 $T(n) = f(n)\approx n+n^2\leqslant c*n^2 = O(n^2)$，其中 O 为常数，所以该算法的时间复杂度为 $O(n^2)$。

例 1.4 以下算法是在一个有 n 个数据元素的数组 a 中删除第 i 个位置的数组元素，要求当删除成功时数组元素个数减 1，求该算法的时间复杂度。其中，数组下标从 0 至 n – 1。

```
int Delete (int a[],int *n,int i)
{
    int j;
    if(i<0||i>*n)
        return 0;              /*删除位置错误，失败返回*/
    for(j=i+1;j<*n;j++)
        a[j-1]=a[j];           /*移位填补*/
    (*n)--;                    /*数组元素个数减 1*/
    return 1;                  /*删除成功返回*/
}
```

解 这个算法的时间复杂度随删除数据的位置不同而不同。当删除最后一个位置的数组元素时有 i = n – 1，j = i + 1 = n，此时因不需移位填补而循环次数为 0；当删除倒数第 2 个位置的数组元素时有 i = n – 2，j = i + 1 = n – 1，此时因只需移位填补一次而循环次数为 1，依次类推，当删除第一个位置的数组元素时有 i = 0，j = i + 1 = 1，此时因需移位填补 n – 1 次而循环次数为 n – 1。此时算法的时间复杂度应是删除数据的位置等概率取值情况下的平均时间复杂度。

假设删除任何位置上的数据元素都是等概率的(一般情况下均可作等概率假设)，设 p_i 为删除第 i 个位置上数据元素的概率，则有 $p_i = 1/n$；设 E 为删除数组元素的平均次数，则有：

$$E = \frac{1}{n}\sum_{i=0}^{n-1}(n-1-i) = \frac{(n-1)+(n-2)+\cdots+2+1}{n} = \frac{n(n-1)}{2n} = \frac{n-1}{2}$$

因该算法的时间复杂度 $T(n) = E \leqslant (n+1)/2 \leqslant c \times n = O(n)$，其中 c 为常数，所以该算法的时间复杂度为 O(n)。

算法的时间复杂度是衡量一个算法好坏的重要指标。一般来说，具有多项式时间复杂度的算法是可接受、可实际使用的算法；具有指数时间复杂度的算法是只有当 n 足够小时才可使用的算法。常见的时间复杂度有以下几种情形：

O(1)常数时间；

O(lbn)对数时间；

O(n)线性时间；

O(n lbn)线性对数时间；

$O(n^2)$平方时间；

$O(n^3)$立方时间；

$O(2^n)$指数时间。

上述时间复杂度的优劣次序如下(n≥16)：

$O(1) < O(lbn) < O(n) < O(n\ lbn) < O(n^2) < O(n^3) < O(2^n)$

变化曲线如图 1.5 所示。

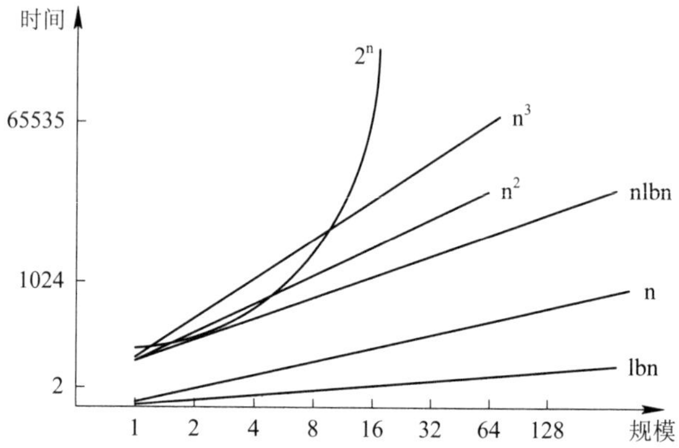

图 1.5 常见的时间复杂度曲线

思政要点

(1) 效率意识：算法时间复杂度的高低直接影响到解决问题的效率。在日常生活和工作中，我们也应具备效率意识，尽可能以高效的方式完成任务，提高工作效率。

(2) 优化精神：算法时间复杂度的优化是计算机科学中的重要课题。这鼓励我们在工作和生活中要具备优化精神，不断追求进步和创新，寻找更好的解决方案，提高工作效率和生活质量。

(3) 责任感：算法时间复杂度的评估和优化是计算机科学家的责任。这引导我们在工作和生活中要树立责任感，以专业的态度和技能承担起自己的职责，为社会的发展做出贡献。

1.4.5 渐进的空间复杂度

当实例特性 n 充分大时，需要的存储空间体积将如何随之变化，也可以像分析时间复杂度一样，用大 O 表示法来表示。设 S(n)是算法的渐进空间复杂度，在最坏情况下它可以表示为实例特性 n 的某个函数 f(n)的数量级，记为 S(n) = O(f(n))。

这里所说的不是程序指令、常数、指针等所需要的存储空间，也不是输入数据所占用的存储空间，而是为解决问题所需要的辅助存储空间。例如，在排序算法中为移动数据所需的临时工作单元，在递归算法中所需的递归工作栈等。通常，只有完成同一功能的几个算法之间才具有可比性。例如，同样是排序算法，待排序数据都是 n 个，作为输入和存放这些数据的数组或链表结点也同样都是 n 个，因此不用对这些输入数据所占用的存储空间进行比较，可比较的只有那些辅助的或附加的存储空间，可以使用大 O 表示法来标记这些空间，用以比较各算法的优劣。

思政要点

(1) 节约意识：算法空间复杂度的高低直接影响到算法所需的存储空间大小。在日常生活和工作中，我们也应具备节约意识，珍惜资源，避免浪费。

(2) 思维方法：算法空间复杂度的分析需要运用数学和逻辑思维能力。这引导我们在面对问题时，要善于运用数学和逻辑思维方法，深入分析问题的本质和规律，寻找最优解决方案。

(3) 问题规模意识：算法空间复杂度与问题规模密切相关。这提醒我们在处理问题时，要充分考虑问题规模的大小，根据不同规模的问题采取不同的解决方案。

1.5 上机实验

实验目的：

通过上机实验，熟悉 C 语言的上机环境，理解时间复杂度的概念，锻炼学生应用数据结构的知识解决实际问题的能力。

实验要求：

1. 完成实验后附范例的上机验证。
2. 模仿实例，完成其他算法。
3. 完成实验报告。

实验步骤：

1. 编辑范例程序，运行程序，观察执行结果。

(1) 编辑程序。

(2) 上机调试程序，上机验证。

2. 完成其他的程序。
3. 撰写实验报告。

范例：

1. 程序的执行时间。

```
#include "stdio.h"
#include "time.h"
main()
```

```
{
    int j,x,a[1000];
    long start,stop;
    start=clock();
    for( j=0; j<1000;j++)
        a[j]=j;
    scanf("%d",&x);
    seqsearch(a,1000,x);
    stop=clock();
    printf("truntime=%d\n",stop-start);
}
```

注意 stop-start 的值，其值是程序的执行时间。

2. 程序的执行步数。

```
int count=0;
float sum(float a[], int n) {
    float s = 0.0;
    int i;
    count++;                    /*count 是全局变量，统计执行语句条数*/
    for (i = 0; i < n; i++) {
        count++;                /*针对 for 语句*/
        s += a[i];
        count++;                /*针对赋值语句*/
    }
    count++;                    /*针对 for 的最后一次循环*/
    count++;                    /*针对 return 语句*/
    return s;
}
main()
{
    float a[10000],s;
    int i,n;
    scanf("%d",&n);
    for(i=0;i<n;i++)
        a[i]=i;
    s=sum( a, n);
    printf("%f  %d\n",s,count);
}
```

注意 count 的值，其值是程序的执行步数，改变 n 的值，观察 count 的变化。

思政要点

科学精神：进行算法时间复杂度实验需要以科学精神为指导，遵循科学实验的基本原则和方法。这引导我们在面对问题和困难时，要以科学的精神去探索和分析，以科学的态度去处理和解决。

本章小结

本章介绍的主要内容将应用于整个数据结构课程的基本概念和性能分析方法中。学习本章内容，将为后续章节的学习打下良好的基础。

本章主要内容包括：

1. 基本概念和术语

(1) 数据(Data)：信息的载体，是描述客观事物的数、字符，以及所有能输入到计算机中并被计算机程序识别和处理的符号的集合。

(2) 数据对象(Data Object)：具有相同属性的数据元素集合。在数据对象中所有数据成员，即数据元素，都具有相同的性质，它们是数据的子集。

(3) 数据结构：由某一数据对象及该对象中所有数据成员之间的关系组成。记为：

DataStructure = {D，R}

其中，D 是某一数据对象，R 是该对象中所有数据成员之间的关系的有限集合。

(4) 数据逻辑结构：分为两大类：线性结构和非线性结构，是从解决问题的需要出发，为实现必要的功能所建立的数据结构。它属于用户的视图，是面向问题的。

(5) 数据的物理结构：指数据应该如何在计算机中存放，是数据逻辑结构的物理存储方式，属于具体实现的视图，是面向计算机的。

(6) 数据类型：对数据的取值范围、每一数据的结构，以及允许执行操作的一种描述。

(7) 抽象数据类型：通常是指由用户定义，用以表示应用问题的数据模型。例如，线性表数据类型的 ADT 定义由数据元素、结构及操作三部分组成。

(8) 算法(Algorithm)：通常人们将算法定义为一个有穷的指令集，这些指令为解决某一特定任务规定了一个运算序列。一个算法应当具有五个特性：有输入、有输出、确定性、有穷性、有效性。

2. 算法的分析

(1) 算法正确性，即要求算法能够正确地执行预定的功能和性能要求，这是最重要的标准。

(2) 算法的效率主要指算法执行时计算机资源的消耗，包括存储和运行时间的开销，前者称为算法的空间代价，后者称为算法的时间代价。

(3) 算法效率的度量分为事前估计和后期测试。算法复杂性的度量属于事前估计，它可分为空间复杂度度量和时间复杂度度量。空间复杂度(Space Complexity)是指当问题的规模以某种单位从 1 增加到 n 时，解决这个问题的算法在执行时所占用的存储空间也以某种单位由 1 增加到 S(n)，则称此算法的空间复杂度为 S(n)；时间复杂度(Time Complexity)

是指当问题的规模以某种单位从 1 增加到 n 时，解决这个问题的算法在执行时所耗费的时间也以某种单位由 1 增加到 T(n)，则称此算法的时间复杂度为 T(n)。后期测试主要通过在算法中的某些部位插装时间函数(如 clock())来测定算法完成某一规定功能所需的时间。

(4) 算法的时间效率分析通常采用 O(f(n))表示法(O(f(n))读作大 O 的 f(n))。

定义：T(n)=O(f(n))当且仅当存在正常数 c 和 n_0，对所有的 $n(n \geqslant n_0)$满足 $T(n) \leqslant cf(n)$。换句话说，O(f(n))给出了函数 f(n)的上界。

(5) 算法的时间复杂度是衡量一个算法好坏的重要指标。一般来说，具有多项式时间复杂度的算法是可接受、可实际使用的算法；具有指数时间复杂度的算法是只有当 n 足够小时才可使用的算法。常见的时间复杂度有以下几种情形：

O(1)常数时间、O(lbn)对数时间、O(n)线性时间、O(n lbn)线性对数时间、$O(n^2)$平方时间、$O(n^3)$立方时间、$O(2^n)$指数时间。

上述时间复杂度的优劣次序如下(n≥16)：

$O(1) < O(\mathrm{lb}n) < O(n) < O(n\,\mathrm{lb}n) < O(n^2) < O(n^3) < O(2^n)$

习 题 1

一、填空题

1. 数据结构是一门研究非数值计算的程序设计问题中计算机的________以及它们之间的________和运算等的学科。

2. 数据结构被形式地定义为(D, R)，其中 D 是________的有限集合，R 是 D 上的有限集合。

3. 数据结构包括数据的________、数据的________和数据的________三个方面的内容。

4. 数据结构按逻辑结构可分为两大类，分别是________和________。

5. 线性结构中元素之间存在________关系，树形结构中元素之间存在________关系，图形结构中元素之间存在________关系。

6. 在线性结构中，第一个结点________前驱结点，其余每个结点有且只有 1 个前驱结点；最后一个结点________后续结点，其余每个结点有且只有 1 个后续结点。

7. 在树形结构中，树根结点没有________结点，其余每个结点有且只有________个前驱结点；叶子结点没有________结点，其余每个结点的后续结点数可以________。

8. 在图形结构中，每个结点的前驱结点数和后续结点数可以________。

9. 数据的存储结构可用四种基本的存储方法表示，它们分别是________。

10. 数据的运算最常用的有 5 种，它们分别是________。

11. 一个算法的效率可分为________效率和________效率。

二、单项选择题

1. 非线性结构是数据元素之间存在一种________。

(A) 一对多关系 (B) 多对多关系 (C) 多对一关系 (D) 一对一关系

2. 数据结构中，与所使用的计算机无关的是数据的_______结构。

(A) 存储 (B) 物理 (C) 逻辑 (D) 物理和存储

3. 算法分析的目的是_______。

(A) 找出数据结构的合理性 (B) 研究算法中的输入和输出的关系

(C) 分析算法的效率以求改进 (D) 分析算法的易懂性和文档性

4. 算法分析的两个主要方面是_______。

(A) 空间复杂性和时间复杂性 (B) 正确性和简明性

(C) 可读性和文档性 (D) 数据复杂性和程序复杂性

5. 算法指的是_______。

(A) 计算方法 (B) 排序方法

(C) 解决问题的有限运算序列 (D) 调度方法

6. 算法必须具备输入、输出和_______等 5 个特性。

(A) 可行性、可移植性和可扩充性 (B) 可行性、确定性和有穷性

(C) 确定性、有穷性和稳定性 (D) 易读性、稳定性和安全性

三、简答题

1. 数据结构和数据类型两个概念之间有区别吗？

2. 简述线性结构与非线性结构的不同点。

四、分析下面各程序段的时间复杂度

1.

```
for (i=0; i<n; i++)
for (j=0; j<m; j++)
A[i][j]=0;
```

2.

```
s=0;
for (i=0; i<n; i++)
   for(j=0; j<n; j++)
      s+=B[i][j];    T(n)=O(n2)
sum=s;
```

3.

```
x=0;
   for(i=1; i<n; i++)
   for (j=1; j<=n-i; j++)
   x++;
```

4.

```
i=1;
while(i<=n)
   i=i*3;
```

第2章 线 性 表

总体要求：

- 熟悉线性表的定义；
- 熟悉线性表的抽象数据类型描述中各种操作的含义；
- 熟练掌握顺序存储线性表的建立、插入、删除和定位算法；
- 熟练掌握链式存储线性表的建立、插入、删除和定位算法。

核心技能点：

- 线性表各种存储结构应用于实际问题的能力。

扩展技能点：

- 线性表各种存储结构和算法 C 语言环境下的实现。

相关知识点：

- C 语言数组的知识；
- C 语言结构体的知识；
- C 语言指针的知识；
- C 语言函数的知识；
- C 语言类型定义。

学习重点：

- 熟悉线性表的定义；
- 熟悉线性表的抽象数据类型描述中各种操作的含义；
- 掌握线性表各种存储结构下算法的实现。

思政目标：

- 增强辩证思维方式；
- 培养前瞻性思考和全局性谋划的思想方法；
- 激发团结协作精神与大局观意识；
- 树立最优化的创新科学精神。

2.1 线性表实例及概念

在计算机应用中，线性表是一种常见的数据类型。诸如在文件、内存、数据库等管理系统中经常需要对属于线性表的数据类型进行处理。

例如，表 2.1 表示的是一个有关学生情况的信息文件，文件中每个记录对应于一个学生的情况，它由学号、姓名、性别、年龄及籍贯等信息组成。

表 2.1 学生情况信息文件

学 号	姓 名	性 别	年 龄	籍 贯
20050301	黎明	男	18	陕西榆林
20050302	王浩	男	19	陕西咸阳
20050303	赵静	女	18	陕西西安
20050304	张甜甜	女	18	陕西铜川

在这个实例文件中的记录一个接着一个，它们之间存在着一种前后关系。为了研究这种数据结构中元素间的关系，我们可以忽略记录中的具体内容，而只将它看作结构中的一个元素。从数据结构的视点来看，可以将上例中的整个信息文件看作一个线性表，而文件中的每一个记录可看作线性表中的一个数据元素。

一般，一个线性表是由 n 个元素组成的有限序列，可记作：

$L=(a_0, a_1, \dots, a_{n-1})$

其中，每个 a_i 都是线性表 L 的数据元素。数据元素可以是各种各样的。例如，它可以是一个数、一个符号或一个记录等，但同一线性表中的元素必须属于同一种数据对象。

线性表的结构是通过数据元素之间的相邻关系来体现的。在线性表 L 中，元素 a_{i-1} 与 a_i 相邻并位于 a_i 之前，称为 a_i 的直接前驱，而 a_{i+1} 与 a_i 相邻并位于 a_i 之后，称为 a_i 的直接后继。元素 a_0 称为 L 的最先元素，除最先元素外，L 中的其他元素都有且仅有一个直接前驱；元素 a_{n-1} 称为 L 的最后元素，除最后元素外，L 中的其他元素都有且仅有一个直接后继。元素 a_i 是第 i 个数据元素，称 i 为数据元素 a_i 在线性表中的位序。线性表中的元素个数 n 称为线性表的长度，长度为 0 的线性表称为空表。

通过上例我们也可以看到，这种结构有可能要进行改变。在文件的例子中，我们通常需要对文件进行维护操作。例如，要在文件的某个位置插入一个记录，或者要删除某个记录等。同样，在线性表中也有相应的操作。我们可以通过对线性表中相应操作实现方法的研究，来实现具体问题中的有关操作。

综上所述，线性表是由具有相同类型的 n 个元素所组成的有限序列，相邻元素之间存在着次序关系。线性表的数据结构相当灵活，它的长度可根据需要增长或缩短，即对线性表的数据元素不仅可以访问，还可以进行插入和删除。

为了对线性表及其有关操作的实现方法有比较直观的了解，我们先要考虑线性表的存储方式，其次是有关的操作。在以下几节中我们将围绕上述这些问题展开讨论。

思政要点

结构与关系：线性表是一种具有顺序关系的数据结构，它强调元素之间的排列顺序和组织结构。这引导我们在思考问题时重视结构和关系，以结构化的方式去分析和解决问题。

2.2 线性表的存储方式

在编制程序之前，我们总是要考虑一下在该程序中涉及哪些数据，这些数据应该以何种方式存储到计算机中等问题。如果是使用某种程序设计语言来编程，则要考虑在该程序中应定义哪些变量，这些变量的类型是什么或应如何定义等。

那么，对于线性表应采取什么存储方式呢？线性表一般有顺序存储结构与链式存储结构两种存储方式。按顺序存储结构建立起来的线性表称为顺序表，按链式存储结构建立起来的线性表称为线性链表。

2.2.1 线性表的顺序存储结构

在计算机内可以用不同的方式来表示线性表，其中最简单和最常用的方式是用一片连续的存储区域，也就是用一组地址连续的存储单元来依次存储线性表的各个元素。线性表 $(a_0, a_1, a_2, \cdots, a_i, \cdots, a_{n-1})$ 的顺序存储结构如图 2.1 所示，这种存储方式的特点是用存储单元物理位置的相邻来表示相邻元素间的逻辑关系。

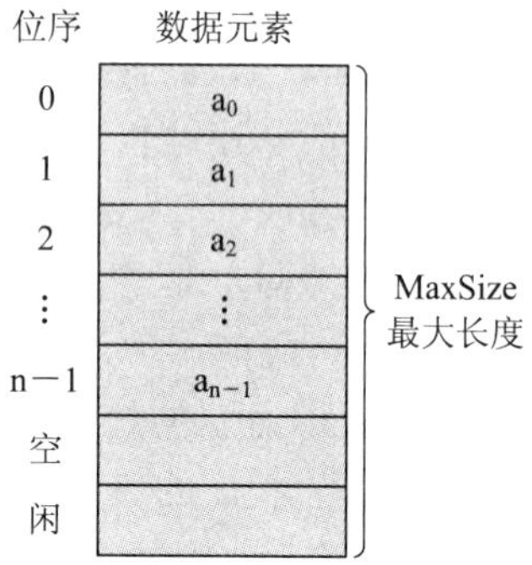

图 2.1 线性表的顺序存储结构示意图

假设线性表的每个元素需占用 s 个存储单元，并以第一个存储单元的地址作为数据元素的存储位置，则线性表中第 i+1 个数据元素的存储位置 $LOC(a_{i+1})$ 和第 i 个数据元素的存储位置 $LOC(a_i)$之间满足下列关系：

$$LOC(a_{i+1}) = LOC(a_i) + s$$

一般来说，线性表中第 i 个元素 a_i 的存储地址为

$$LOC(a_i) = LOC(a_0) + i*s$$

式中，$LOC(a_0)$为线性表的第一个元素 a_0 的存储地址，通常称为线性表的开始地址或基地址。

在线性表的顺序存储结构中，应该包括存储数据元素的一个一维数组，取名为 List，其长度可取一个适当的最大值 MaxSize，另外还应包括一个表示元素个数的整型变量，取其名为 size，如图 2.2 所示。

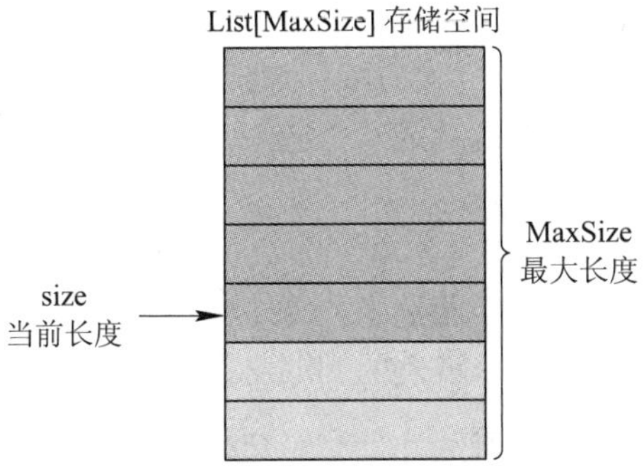

图 2.2 线性表的类型定义示意图

使用 C 语言，我们可以定义以下的记录(结构)类型来表示顺序表，其类型名用 SeqList 表示。

```
typedef struct
{
    DataType list[MaxSize];
    int size;
} SeqList;
```

在定义了顺序表的类型 SeqList 之后，我们就可以定义属于这种类型的线性表，例如：SeqList La，Lb；此后，可在程序中引用线性表 La，Lb 的相应成分，例如 La.list[0]表示线性表的第一个元素，La.size 表示线性表的当前长度等。

2.2.2 线性表的链式存储结构

以上我们研究了线性表的顺序存储结构，它的特点是逻辑关系上相邻的两个元素在物理位置上也相邻，因此顺序表中任一元素的存储位置都可以用一个简单直观的公式来表示。然而，这种存储结构也有许多不足之处：首先，我们难以确定适当的存储空间的大小，如果指定得太小，则难以扩充；如果指定得太大，则存储空间不能得到充分的利用。其次，在做插入或删除时需移动大量元素。本节我们还将讨论另一种存储结构——链式存储结构。由于它不要求逻辑关系上相邻的元素在物理位置上也相邻，因此它没有顺序存储结构存在的缺点。

线性表的链式存储结构也有很多种类。按链的类别来分类，可以分为单链表、循环链表、双向链表、双向循环链表等；按结点的分配方式来分类，可以分为动态链表和静态链表。下面分别进行介绍。

1. 单链表

单链表存储结构是用一组任意的存储单元来存储线性表的数据元素。为了表示数据元素间的逻辑关系，对数据元素 a_i 来说，除了存储其本身的信息外，还需存储一个直接后继的信息。图 2.3 表示线性表(A，B，C，D)采用单链表存储结构时在内存中的存储状态。

在线性表的链式存储结构中，数据元素 a_i 的存储映象，称为结点。单链表的结点包括两个域，存储数据元素信息的域称为数据域，存储直接后继存储位置的域称为指针域。n 个结点 $a_i(0 \leqslant i \leqslant n-1)$的存储映象链结成一个链表，即为线性表的链式存储结构。

线性表的链式存储结构的特点是数据元素之间的逻辑关系是由结点中的指针指示的。由于此链表的每个结点中只包含一个指针域故称为单链表。对单链表的存取必须从头指针开始进行，头指针指向链表中的第一个结点。同时由于最后一个数据元素没有直接后继，因此线性表中最后一个结点的指针域为“空”(NULL)。

头指针 head=2000H

	数据域	指针域
2000H	A	2002H
2002H	B	2006H
2006H	C	3250H
	⋮	⋮
	⋮	⋮
3250H	D	NULL

图 2.3　单链表存储状态示例

由于一个线性链表的链头指针可以确定整个的线性链表，因此我们往往用这个链头指针来表示它所指向的线性链表。有时，为了适应算法的需要，需在单链表的第一个结点之前附设一个结点，称为头结点。头结点的数据域可以不存储任何信息，头结点的指针域存储指向第一个结点的指针，此时，单链表的头指针指向头结点。带头结点的单链表逻辑结构表示如图 2.4 所示。(提示：为了方便表示，本书以后的链表都用逻辑结构表示)

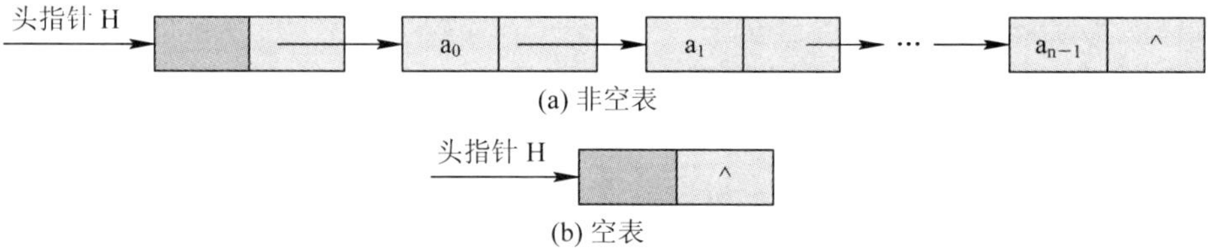

图 2.4　带头结点的单链表

为了表示线性表的链式存储结构，首先要定义存放数据元素的结点类型，其次是指向这种结点的指针类型，然后我们就可以定义一个属于这种类型的指针型变量并使其指向头结点来表示一个线性表。假设结点类型名为 SLNode，结点指针类型名为 SLlink，结点类型中数据域名为 data，指针域名为 next，数据元素的类型为 DataType，我们就可以用以下的类型及变量定义来表示线性表。

```
typedef struct Node
{
   DataType data;
   struct Node *next;
} SLNode,*SLlink;
```

在定义了单链表的结点类型 SLNode 及结点指针类型 SLlink 之后，就可定义一个 SLlink 型的变量来表示属于这种类型的线性表，例如：SLlink head;

在相关的程序中，先使 head 指向某一个单链表的头结点或第一个结点，然后就可对这个用 head 所表示的单链表进行各种操作。

2．静态链表

上述这种存储结构的特点是动态地生成结点，通过存放在结点中的指针域将结点中的数据元素链接起来。但在有的高级语言中没有指针类型，也不能动态地生成结点。在这种场合下，我们可以借用一个一维数组来存储线性链表。这种数组的类型及变量定义如下：

```
MaxSize 为链表可能的最大长度；
Typedef struct{
  DataType    data;
  int next;
}node;
node    slspace[MaxSize];
```

在上述定义中，变量 slspace 是一个结构型的数组，用于存放链表中的结点。该数组中每一个元素表示线性链表中的一个结点。这种结点由 data 与 next 两个域组成，data 部分存放数据元素，而 next 部分存放指示下一个结点在数组中位置的整型指示器。使用这种存储方式所存储的线性链表称为静态链表。在静态链表中，各数据元素间的逻辑关系是通过整型指示器来表示的，在插入或删除数据元素时，不需要移动数据元素而只需改变整型指示器的值即可实现。例如，图 2.3 所表示的是线性表 s_1=(A，B，C，D)的静态链表存储结构。在该静态链表中，链头由 head 表示，链末由 NULL 表示。

在静态链表中，往往将当前未使用的数组元素连接起来，形成备用链表，一般用第 0 个元素作为头结点。当需要分配结点时，从该备用链表的链头取出一个元素；当释放结点时，将该结点从链头插入该备用链表中。

3. 双向循环链表

对于单链表来说，在其每个结点中设置一个指针，指针指向该结点的后继结点，因此链表中最后一个结点的指针域必定为空。单链表存储结构的这种特点决定了对它的访问方式。我们只能从单链表的链头开始对单链表中的数据元素进行访问而不能从其中的任一结点开始，并且我们只能由前向后地对单链表进行访问，而不能由后向前地进行访问。这对某些应用来说是不方便的，为此我们要对单链表的存储结构进行一些改造。

首先我们使链表中最后一个结点的指针域指向头结点，整个链表就形成一个环，这样形成的链表称为循环链表。对于循环链表，可以从链表中的任一点出发找到链表中所有的其他结点。循环链表的结构形式如图 2.5 所示。

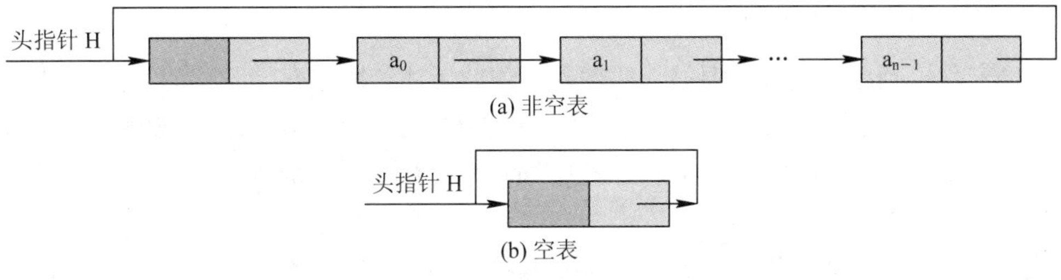

图 2.5 循环链表结构示意图

在对循环链表进行处理时所要注意的是：① 算法中判别当前指针 p 是否达到链尾的条件不是判别 p 是否等于 NULL，而是要判别 p 是否等于头指针。其他方面与单链表基本一致。② 我们在链表的结点中增加了一个指向前驱结点的指针域，这样形成的链表称为双向链表。对于双向链表，既可以对数据元素由前向后地进行访问，又可以由后向前地进行访问。双向链表的结点及结点指针类型可定义如下：

```
typedef struct Node
{
    DataType data;
    struct Node *prior;
    struct Node *next;
}DLNode,*DLlink;
```

在定义了类型 DLNode 与 DLlink 之后，就可以定义双向链表，例如：DLlink dll；如果线性链表的存储结构中同时采用上述两种链接方式，则就形成双向循环链表。在图 2.6 中所表示的是线性表 d1=(A，B，C)的双向循环链表的存储结构图。

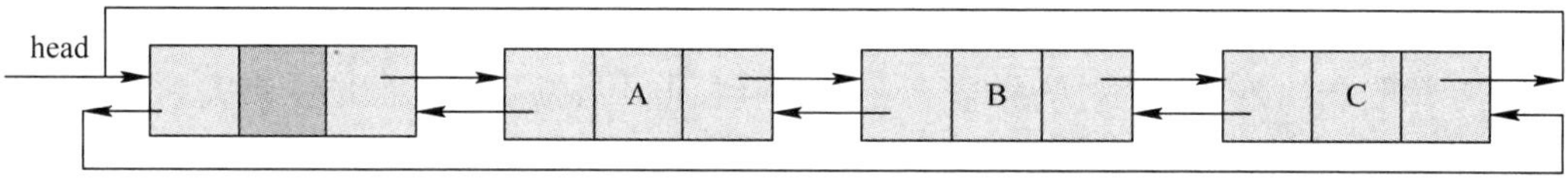

图 2.6　双向循环链表的示意图

思政要点

灵活性与适应性：链表不同于顺序表，它不需要连续的存储空间，而是通过指针链接各个节点。这种灵活性使得链表在存储空间分配上具有较大的适应性。这引导我们在面对问题和挑战时，要具备灵活变通的能力，善于调整自己的思路和方案，适应不同的环境和条件。

2.3　线性表的有关操作

在确定了线性表的存储结构后，应考虑对线性表所施行的操作。从逻辑上讲可以对线性表施行数据元素的插入、删除等各种操作，但这些操作实现过程及执行效率又完全取决于数据的存储结构。下面我们按顺序表、单链表以及双向循环链表几种存储方式来介绍有关算法的实现过程。

2.3.1　顺序表的操作实现

顺序表是以顺序存储方式存储的线性表。如前所述，顺序存储方式的特点是用一片连续的存储区域依次存储线性表的各个元素。在这种存储方式下，线性表的某些操作容易实现。下面着重讨论在顺序存储结构方式下，线性表的查找(求位序)、插入及删除等操作的实现。

1. 查找(求位序)函数

线性表的查找函数是指在指定的线性表 L 中查找指定的元素 x。若 L 中存在其值与 x 相等的数据元素，则函数值为该数据元素在线性表中的位序，否则为−1。

从上述所说明的查找函数的含义中我们可以看到，对查找的函数应该设置两个参数，即在参数中指定被查找的线性表及所查找的元素。假设被查找的线性表 Seqlist L 在本函数之外已说明，而所查找的元素为 DataType x，查找函数取名为 ListLocate，则该函数可表示为：

```
int ListLocate (Seqlist L, DataType x);
```

功能是：在线性表 L 中查找数据元素 x。若 L 中存在与 x 相等的数据元素，则返回该数据元素在线性表中的序号，否则返回−1。

处理过程：从第一个元素起，依次将 L 中的元素与 x 进行比较，直至某一个元素与 x 比较相等，则返回该元素的序号，或与 n 个元素全比较都不相等，则返回值为−1。

程序如下：

```
int ListLocate (Seqlist L, DataType x)
{
    int i=0;
    while (i<L.size && L.list[i]!=x)
        i++;
    if (i<L.size)
        return (i);
    else
        return (-1 );
}
```

在上述程序中，while 循环的条件是必须同时满足(i<=L.size && L.data[i]!=x)。其中，第一个条件表示还没有比较完，第二个条件表示还没有查到。只有在这两个条件同时满足时才能继续往下查找。

假设线性表为('a'，'c'，'d'，'w'，'g'，'q'，'r'，'s'，'t'，'y')，若给定的值 x = 'w'，则当 i = 3 时，比较相等，while 循环结束，返回值为 3；若给定的值 x = 'm'，则当 i = 10 时，while 循环才结束，此时由于 i 的值已超过了表长，因此返回值为 −1。

2. 插入操作

如图 2.7 所示，线性表的插入操作是指在线性表的第 i − 1 个数据元素与第 i 个数据元素之间插入一个新的元素。由于我们所采用的是顺序的存储结构，插入后元素间的逻辑关系会发生变化，为了仍然保持逻辑上相邻的数据元素在存储位置上也相邻，则必须将第 i 号到第 n − 1 号元素向后移动一个位置，除非插入位置是 i = n。插入后线性表的长度应该由原来的 n 变为 n + 1。

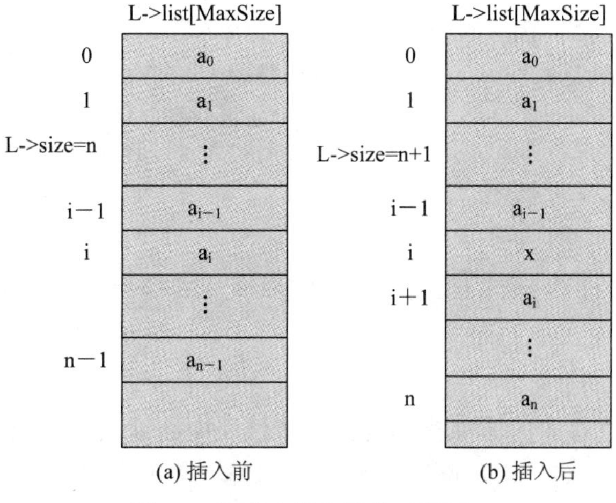

图 2.7　顺序表插入操作示意图

从上述说明的插入操作的含义中我们可以看到，对该操作应该设置三个参数，即在参数中指定所插入的线性表、插入位置及插入的元素。假设所插入的线性表 SeqList *L 在本操作之外已说明，而插入位置及插入的元素分别为 int i 及 DataType x，插入操作取名为 ListInsert，则该操作可表示为：

```
int ListInsert(SeqList *L, int i, DataType x);
```

功能为：在线性表*L 中的第 i 号元素之前插入数据元素 x，其中，

0≤i≤L->size

操作的处理过程为：

(1) 检查插入位置 i 是否合法；

(2) 将第 i 号到第 L->size-1 号元素向后移动一个位置；

(3) 在位置 i 处存入元素 x。

程序如下：

```
int ListInsert(SeqList *L, int i,DataType x)
    /*在顺序表 L 的位置 i(0≤i≤L.size)前插入数据元素值 x*/
    /*插入成功返回 1，插入失败返回 0*/
{
    int j;
    if(L->size >= MaxSize-1) {
        printf("顺序表已满无法插入! \n");
        return 0;
    }
    else if(i <0 || i > L->size+1 ) {
        printf("参数 i 不合法! \n");
        return 0;
    }else
    {
        for(j = L->size; j > i; j--)
            L->list[j] = L->list[j-1];          /*为插入做准备*/
        L->list[i]=x;                           /*插入*/
        L->size++;                              /*元素个数加 1*/
        return 1;
    }
}
```

在上述程序中我们要注意的是元素后移时应该从最后一个元素开始移动，所以 for 语句采用了 j--形式。

3. 删除操作

如图 2.8 所示，线性表的删除操作是指在线性表中删除其中的第 i 个数据元素。由于我们所采用的是顺序的存储结构，删除后元素间的逻辑关系会发生变化，为了仍然保持逻辑上相邻的数据元素在存储位置上也相邻，则必须将第 i + 1 号到第 n – 1 号元素向前移动一

个位置，除非删除的是最后一个元素。删除后线性表的长度应该由原来的 n 变为 n－1。

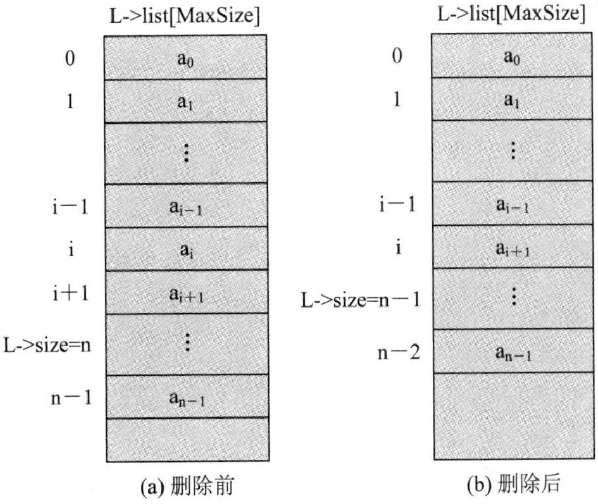

图 2.8 顺序表删除操作示意图

从上述所说明的删除操作的含义中我们可以看到，对该操作应该设置三个参数，即在参数中要指定一个线性表及删除元素的序号。假设作为操作对象的线性表 SeqList *L 在本操作之外已说明，而删除元素的序号用 i 表示，删除元素 DataType *x，删除操作取名为 ListDelete，则该操作可表示为：

```
int ListDelete(SeqList *L, int i, DataType *x);
```

功能为：在顺序表*L 中删除第 i 号元素。

其中，

0≤i≤L->size-1

处理过程为：

(1) 检查删除位置 i 是否合法；

(2) 将第 i+1 号到第 L->size-1 号元素向前移动一个位置；

(3) 数据元素个数减 1。

程序如下：

```
int ListDelete(SeqList *L, int i, DataType *x)
    /*删除顺序表 L 中位置 i(0≤i≤L->size-1)的数据元素值并存放到参数 x 中*/
    /*删除成功返回 1，删除失败返回 0*/
{
    int j;
    if(L->size == 0)
    {
        printf("顺序表已空无数据元素可删! \n");
        return 0;
    }
    else if(i <0 || i > L->size-1)
```

```
    {
        printf("参数 i 不合法");
        return 0;
    }else
    {
        *x = L->list[i];                        /*保存删除的元素到参数 x 中*/
        for(j = i+1; j < L->size; j++)
            L->list[j-1] = L->list[j];          /*依次前移*/
        L->size--;                              /*数据元素个数减 1*/
        return 1;
    }
}
```

从上述插入及删除算法可见，当在顺序结构的线性表中某个位置上插入或删除一个数据元素时，其时间主要消耗在移动元素上(换句话说，移动元素的操作为预估算法时间复杂度的基本操作)，而移动元素的个数取决于插入或删除元素的位置。以插入算法为例，当插入位置 i 为 n 时，移动次数为 0 次；当插入位置 i 为 0 时，移动次数为 n 次，平均次数为 n/2，可表示成线性阶 O(n)。

4. 逆置操作

线性表的逆置操作是指对指定的线性表进行逆置，即反向排列该线性表中的所有数据元素，逆置后线性表的长度仍保持不变。对该操作应通过设置一个参数来指定一个线性表。假设参数为 SeqList *L 逆置操作取名为 ListInver，则该操作可表示为：

ListInver (SeqList *L);

功能为：对顺序表 L 中的所有元素进行逆置。

处理过程为：是将整个元素的序列分为前后两部分，然后将这两部分中所有对应的元素进行交换。

程序如下：

```
ListInver(SeqList *L)
{
    int i,m,n;
    DataType temp;
    n=L->size; m=n /2;
    for( i=0 ; i<m ; i++) {
        temp= L->list[i];
        L->list[i]= L->list[n-i-1];
        L->list[n-i-1]=temp;
    }
}
```

从上述逆置过程可以看到，交换的次数是 L->size/2，与元素的个数有关。

思政要点

(1) 大局意识：在顺序表中插入或删除元素时，需要考虑整体的数据结构，以及插入或删除操作对其他元素的影响。这引导我们在处理问题时要有大局意识，从整体的角度出发，全面、系统地考虑问题。

(2) 细节决定成败：顺序表的插入和删除操作需要精确地控制元素的移动和位置，细节决定着操作的成败。这引导我们在处理问题时要注重细节，做好每一个环节，以实现整体的成功。

2.3.2 单链表的操作实现

线性链表即以链式存储方式存储的线性表。如前所述，链式存储方式的特点是用一组任意的存储单元来存储线性表的各个元素，数据元素之间的逻辑关系是由指针来表示的。在这种存储方式下，线性表的操作可通过对指针的访问或改变指针来实现。在下面的讨论中，线性链表主要是指单链表，主要讨论在带表头单链表存储结构方式下，线性表的取元素操作及插入、删除等操作的实现。

1. 取元素操作

取元素操作是指在指定的线性表 L 中取其第 i 个数据元素。若 0≤i≤ListLength (L)−1，则函数值为 1，否则为 0。

对该操作我们一般应设置三个参数，即在参数中指定线性表、所取元素的序号及带回值的变量。在线性链表的存储结构下，线性表可以用指向链头的指针型变量来表示。假设指定的线性表 SLlink head 在本操作之外已说明，而元素序号为 int i，取元素操作名为 SLinkGet，则该操作可表示为：

```
int SLinkGet (SLlink head, int i, DataType *x);
```

功能为：取带头结点的单链表 head 中的第 i 个数据元素。若 0≤i≤ListLength(L)−1，则返回 1，表中的第 i 个数据元素由 x 带回，否则返回 0。

操作的处理过程为：

(1) 初始化，使指针 p 指向第一个元素的结点；

(2) 是指针逐个后移直至指针指向第 i 个元素结点或指针为空；

(3) 若第 i 个元素结点存在，则由 x 带回该元素返回 1，否则返回 0。

程序如下：

```
int SLinkGet (SLlink head, int i, DataType *x)
/*取数据元素 ai 和删除函数类似，只是不删除数据元素 ai 结点*/
{
    SLNode *p;
    int j;
    p = head;
    j =-1;
    while(p->next!= NULL && j < i)
```

```
{
    p = p->next;
    j++;
}
    if(j!= i)
{
    printf("取元素位置参数错！ ");
    return 0;
}
    *x = p->data;
    return 1;
}
```

2. 插入操作

线性链表插入操作是指对某一个线性链表，在序号为 i 的结点之前插入一个指定元素值的新结点。假设在序号为 i－1，i 两个结点之间插入一个数据元素值为 x 的新结点，已知 p 为该链表中指向 a_{i-1} 结点的指针，如图 2.9 所示。

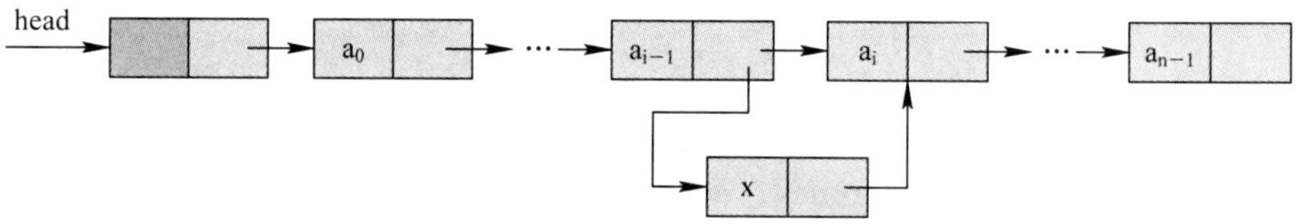

图 2.9 带表头的线性链表插入操作

为插入数据元素 x，首先要生成一个数据域为 x 的结点，然后插入在单链表中。根据插入操作的逻辑定义，需要修改 a_{i-1} 结点的指针域，使其指向结点 x，而结点 x 中的指针域应指向 a_i 结点，从而实现三个元素 a_{i-1}、a_i 和 x 之间逻辑关系的变化。假设 p 为指向结点 a_{i-1} 的指针，q 为指向结点 x 的指针，则上述指针修改可用语句描述为：

q->next = p->next；p->next = q；

从上述说明的插入操作的含义中我们可以看到，对该操作应该设置三个参数，即在参数中指定所插入的线性链表、插入位置及插入的元素。假设所插入的线性链表 SLlink head 在本操作之外已说明，而插入位置及插入的元素分别为 int i, DataType x，插入操作取名为 SLinkInsert，则该操作可表示为：

```
int SLinkInsert(SLNode *head, int i, DataType x);
```

功能为：在带头结点的单链表 head 中的第 i 号结点之前插入数据元素值为 x 的新结点。

操作的处理过程为：

(1) 寻找第 i–1 个结点，使指针 p 指向该结点；

(2) 若由于 i 不合理而找不到相应的结点，则输出信息；否则，生成一个新结点 q，并将 q 插入到结点 p 之后。

其程序如下：

```
int SLinkInsert (SLNode *head, int i, DataType x)
```

```
/*在带头结点的单链表 head 的数据元素 ai(0≤i≤ListLength(L)-1)结点前*/
/*插入一个存放数据元素 x 的结点*/
{
    SLNode *p, *q;
    int j;
    p=head;                       /*p 指向头结点*/
    j=-1;                         /*j 初始为-1*/
    while(p->next != NULL && j < i-1)
/*最终让指针 p 指向数据元素 ai-1 结点*/
{
    p=p->next;
    j++;
}
if(j != i-1)
{
    printf("插入位置参数错！ ");
    return 0;
}
/*生成新结点由指针 q 指示*/
    if((q = (SLNode *)malloc(sizeof(SLNode))) == NULL) exit(1);
    q->data = x;
    q->next = p->next;            /*给指针 q->next 赋值*/
    p->next = q;                  /*给指针 p->next 重新赋值*/
    return 1;
}
```

3. 删除操作

线性链表的删除操作是指删除线性链表中的第 i 号结点。如图 2.10 所示，p 为指向结点 a_{i-1} 的指针。

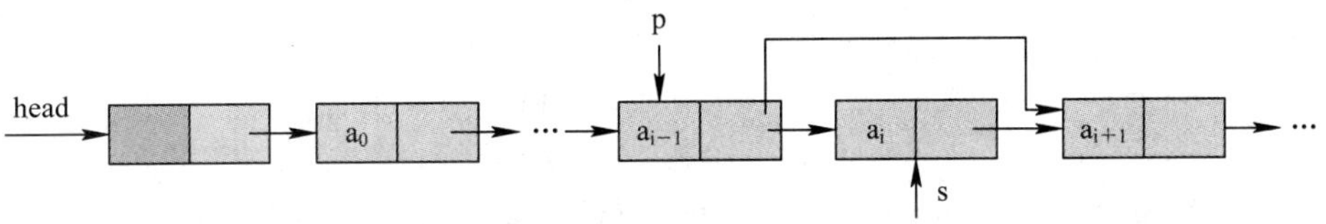

图 2.10 带表头的线性链表删除操作

为在单链表中实现元素之间逻辑关系的变化，仅需修改结点 p 中的指针域即可，指针修改可用语句描述为：

```
s = p->next;          /*指针 s 指向数据元素 ai 结点*/
*x = s->data;         /*把指针 s 所指结点的数据元素域值赋予 x*/
p->next = p->next->next;
```

从上述说明的删除操作的含义中我们可以看到，对该操作应该设置三个参数，即在参数中要指定一个线性链表及删除元素的结点序号。假设作为操作对象的线性链表 SLNode head 在本操作之外已说明，而删除元素的序号用 int i 表示，删除操作取名为 SlinkDelete，由 DataType *x 带回删除元素，则该操作可表示为：

```
int SLinkDelete(SLNode *head, int i, DataType *x);
```

功能为：在带头结点的单链表 head 中删除第 i 个结点并返回该结点中的元素值。

处理过程为：

(1) 寻找第 i 号结点，使指针 p 指向该结点的前驱结点；

(2) 若由于 i 不合理而找不到相应的结点，则输出信息，返回 0。否则，改变 p 的指针域，使得第 i 号结点从链表中被删除，释放该结点并返回 1。

程序如下：

```
int SLinkDelete(SLNode *head, int i, DataType *x)
/*删除带头结点的单链表 head 的数据元素 ai(0≤i≤ListLength(L)-1)结点*/
/*删除结点的数据元素值由 x 带回。删除成功时返回 1；失败返回 0*/
{
    SLNode *p, *s;
    int j;
    p = head;                          /*p 指向头结点*/
    j =-1;                             /*j 初始为-1*/
    while(p->next != NULL && p->next->next!= NULL && j < i-1)
/*最终让指针 p 指向数据元素 ai-1 结点*/
{
    p = p->next;
    j++;
}
    if(j != i - 1)
{
    printf("插入位置参数错！");
    return 0;
}
    s = p->next;                       /*指针 s 指向数据元素 ai 结点*/
    *x = s->data;                      /*把指针 s 所指结点的数据元素域值赋予 x*/
    p->next = p->next->next;           /*把数据元素 ai 结点从单链表中删除指针*/
    free(s);                           /*释放指针 s 所指结点的内存空间*/
    return 1;
}
```

4. 逆置操作

单链表的逆置操作是指对一个用带头结点的链表表示的线性表进行逆置。当线性表采用顺序存储结构表示时，可借助数据元素的交换来完成逆置操作。而当采用单链表存储结构时，则以修改指针来完成逆置操作。单链表逆置前后的状态如图 2.11 所示。

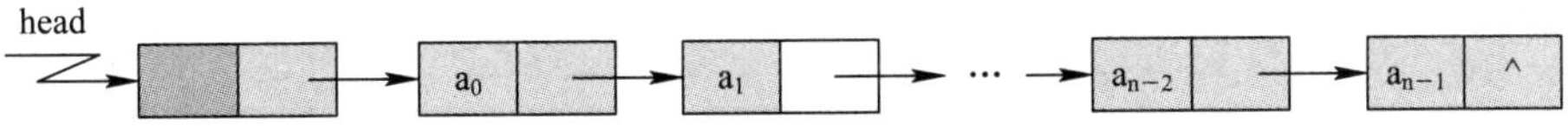

(a) 逆置前的链表

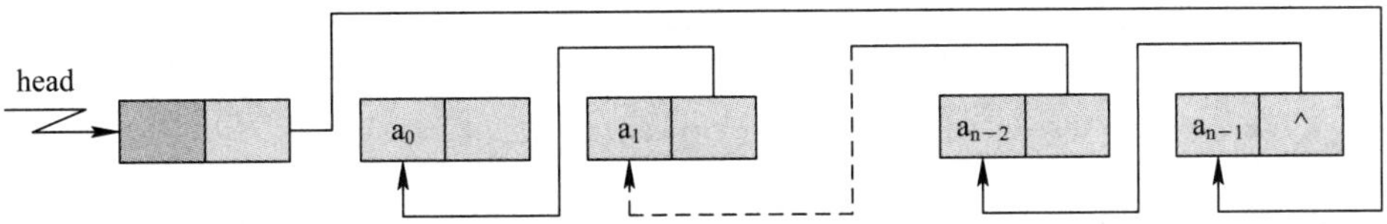

(b) 逆置后的链表

图 2.11 单链表逆置操作示意图

在该操作中所涉及的参数是指定单链表的链头指针 SLNode *head。假设本操作取名为 SLinkinver，则逆置操作可表示为：

SLinkinver(SLNode *head);

功能是 a_0 与 a_{n-1} 互换，a_1 与 a_{n-2} 互换…依次类推。该操作在处理过程中，如果把逆置后的链表看成是一个新的链表，则处理过程如下：

(1) 建立一个新的链表作为逆置后的链表(使用原带头结点)，其初始状态为空表；

(2) 依次从原链表中取下一个结点，并将该结点从链头插入到新的链表中；

(3) 重复过程(2)，直至原链表中的结点全部取完。

程序如下：

```
SLinkinver(SLNode *head)
{
    SLNode *p,*s;
    p=head->next;
    head->next=NULL;
    while (p!=NULL) {
    s=p;
    p=p->next;
    s->next=head->next;
    head->next=s;
   }
}
```

5. 建链表操作

线性链表的建表操作是指由一个一维数组 a 中的 n 个元素的值，建立一个长度为 n 的线性链表，其操作的含义如图 2.12 所示。

在该操作中所涉及的参数是链表的长度 n，存放 n 个元素的一维数组 a 中，表示所生成线性链表的链头指针为 head。假设这些参数均在本操作之外已说明，本操作取名为 Crt-Link，则建表操作表示为：

CrtLink(SLNode *head, int n,DataType a[]);

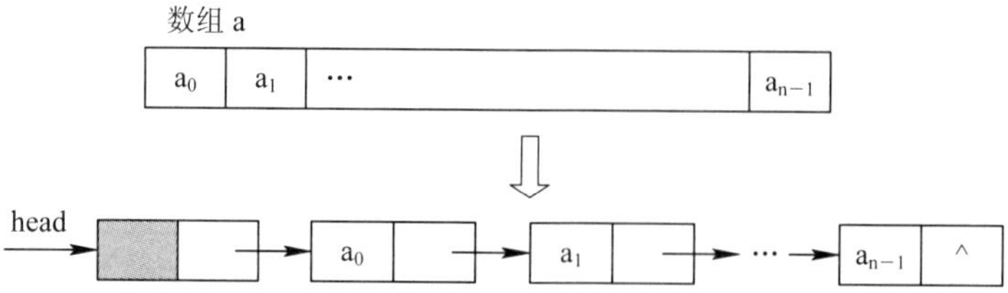

图 2.12 建表操作示意图

功能是建立一个由 head 指向的长度为 n 的单链表(带头结点)，并使其 n 个数据元素的值依次等于一维数组 a 中的 n 个元素的值。

该操作的处理过程为：

(1) 建立一个空表；

(2) 生成一个结点，按从后到前的次序从数组 a 中取出元素作为结点中的元素值，然后从链头插入该结点；

(3) 重复执行过程(2)，直至生成 n 个结点。

程序如下：

```
CrtLink(SLNode *head, int n, DataType a[])
{
    SLNode *p;
    int i;
    head=(SLNode*)malloc(sizeof (SLNode) );
    head.next=NULL;
    for(i=n-1;i>=0;i--)
    {
        p=(SLNode*)malloc(sizeof(SLNode) );
        p->data=a[i];
        p->next=head->next;
        head->next=p;
    }
}
```

思政要点

(1) 动态与静态：单链表的插入和删除操作是动态的，它们可以在链表中的任意位置添加或删除节点。这引导我们在处理问题时，要善于运用动态思维，把握事物的变化和发展。同时，也要注意静态结构的稳定性和合理性，以实现动态变化与静态稳定的平衡。

(2) 局部与整体：单链表的插入和删除操作需要考虑到局部与整体的关系。插入和删除操作会影响到链表中其他节点的指针指向，进而影响到整个链表的完整性。这引导我们在面对问题和困难时，要善于从局部入手，分析问题的细节和整体的关系，寻求最优解决方案。

2.3.3 双向循环链表的操作实现

对双向循环链表的操作的处理过程需同时考虑到双向链和循环链两个特点。有些操作如：Length (L)、Get (L，i)、Locate (L，x)等仅需涉及一个方向的指针，则它们的算法描述和单链表的操作相类似，但在插入、删除时有很大的不同。在进行结点链接时，既要设置后继链，又要设置前驱链。另外，在判别是否链末时，其条件是当前指针是否与头指针重合。下面我们给出对双向循环链表进行定位、插入与删除的算法。

1. 双向循环链表的取元素操作

双向循环链表的取元素操作可表示为：

```
int DLinkGet(DLNode *head, int i, DataType *x);
```

功能：在双向循环链表 DLNode *head 中，确定第 i 个结点，若存在，则返回 1；若第 i 个结点不存在，则返回 0。

处理过程：从头结点开始沿后继链指针逐个后移直至指向第 i 个结点或指针 p->next =head，则分别返回 1 或返回 0。第 i 个结点的值由 x 带回。

程序如下：

```
int DLinkGet(DLNode *head, int i, DataType *x)
{
    DLNode *p;
    int j;
    p = head;
    j = -1;
    while(p->next != head && j < i)        /* 寻找第 i 个结点 */
    {
        p = p->next;
        j++;
    }
    if(j != i)
    {
        printf("位置参数出错!");
        return 0;
    }
    *x = p->data;
    return 1;
}
```

2. 双向循环链表的插入

双向循环链表的插入可表示为 int DLinkInsert(DLNode *head, int i, DataType x);

功能：在双向循环链表 DLNode *head 中的第 i 个结点之后插入元素 x。

处理过程：

(1) 由参数 i 得到结点的指针 p；

(2) 生成一个新的结点 s，其元素值为 x；

(3) 若 p!=head，则将 s 所指向的结点插入到双向循环链表中由 p 所指向的结点之后，如图 2.13 所示。

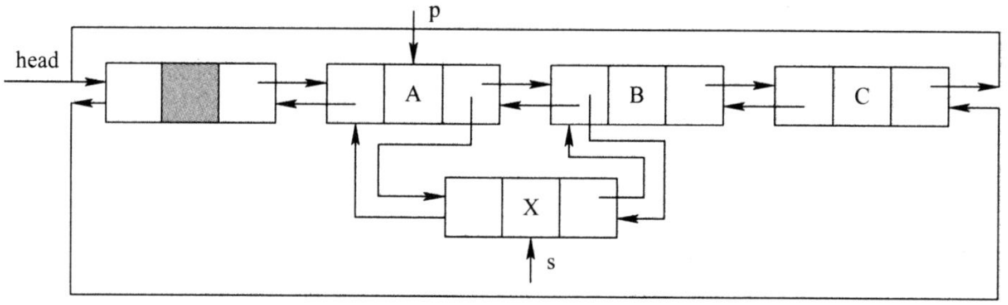

图 2.13　双向循环链表插入结点时指针的变化

程序如下：

```
int DLinkInsert ( DLNode *head, int i, DataType x)
{
    DLNode *p, *s;
    int j;
    p = head;
    j = -1;
    while(p->next != head && j < i)          /*寻找第 i 个结点*/
    {
        p = p->next;
        j++;
    }
    if(j != i)
    {
        printf("插入位置参数出错!");
        return 0;
    }
    if((s = (DLNode *)malloc(sizeof(DLNode))) == NULL)
        exit(0);
    s->data = x;
    s->prior = p;
    s->next = p->next;
    p->next ->prior = s;
    p->next = s;
    return 1;
}
```

3. 双向循环链表的删除

双向循环链表的删除可表示为：

```
int DLinkDelete(DLNode *head, int i, DataType *x);
```

功能：删除双向循环链表 DLNode *head 中的第 i 个结点。

处理过程：

(1) 由参数 i 得到结点的指针 p；

(2) 若 p!=head，则删除双向循环链表中的由 p 所指向的结点并释放该结点，如图 2.14 所示。

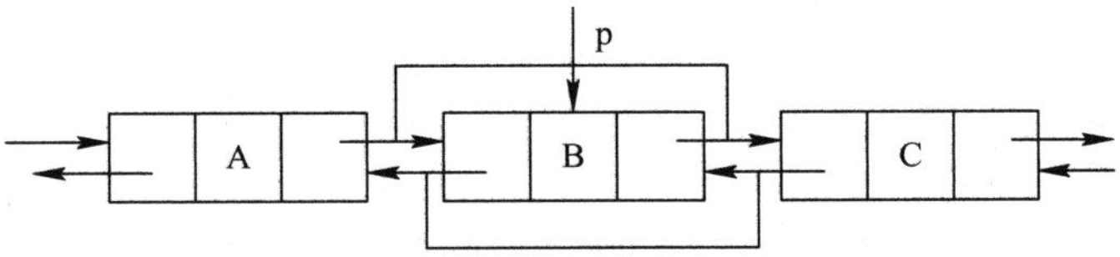

图 2.14 双向循环链表删除结点时指针的变化

程序如下：

```
int ListDelete(DLNode *head, int i, DataType *x)
{
    DLNode *p;
    int j;
    p = head;
    j = -1;
    while(p->next != head && j < i)          /* 寻找第 i 个结点 */
    {
        p = p->next;
        j++;
    }
    if(j != i) {
        printf("删除位置参数出错!");
        return 0;
    }
    p->prior->next = p->next;
    p->next->prior = p->prior;
    free(p);
    return 1;
}
```

思政要点

(1) 循环与递归：双向循环链表在插入和删除节点时，需要考虑到头尾节点的循环关系和递归关系。这引导我们在解决问题时，要善于利用循环和递归的思想，以系统的视角看待问题，发现问题的内在联系和规律。

(2) 动态平衡：双向循环链表在插入和删除节点时，需要保持链表的动态平衡。这引导我们在面对问题时，要善于维护和保持平衡，不断调整自己的思路和方法，实现问题的动态平衡解决。

2.4 线性表的 ADT 定义

以上我们讨论了线性表的结构特征、存储方式及其相关操作的实现，在本节中我们将给出线性表的 ADT 定义即抽象数据类型定义，为面向对象程序设计中的类定义奠定基础。

根据面向对象程序设计的原则，实现部分与接口部分两者应该分离。接口部分可以用 ADT 定义即抽象数据类型定义来进行描述。一种数据类型的 ADT 定义由数据元素、结构及操作三部分组成。

元素：a_i 同属于一个数据元素类，$i = 0, 1, 2, \cdots, n-1$，$n \geqslant 0$；

结构：对所有的数据元素 $a_i(i = 0, 1, 2, \cdots, n-1)$ 存在次序关系 $<a_i, a_{i+1}>$，a_0 无前驱，a_{n-1} 无后继；

对线性表可执行基本操作为：

(1) Initiate (L)：初始化操作。可设定一个空的线性表 L。

(2) Length(L)：求长度函数。函数值为给定线性表 L 中数据元素的个数。

(3) Empty(L)：判空表函数。若 L 为空表，则返回 1，否则返回 0。

(4) Clear(L)：表清空操作。操作的结果使 L 成为空表。

(5) Get(L, i)：取元素函数。若 $0 \leqslant i \leqslant$ Length(L) − 1，则函数值为给定线性表 L 中第 i 个数据元素，否则为空元素 NULL。称 i 为该数据元素在线性表中的位序。

(6) Locate(L, x)：定位函数。若线性表 L 中存在其值与 x 相等的数据元素，则函数值为该数据元素在线性表中的位序，否则为−1。若线性表中与 x 相等的数据元素不止一个，则函数值为这些元素在线性表中的位序的最小值。

(7) Prior(L, elem)：求前驱函数。已知 elem 为线性表 L 中的一个数据元素，若它的位序大于 0，则函数值为 elem 的前驱，否则为空元素。

(8) Next(L, elem)：求后继函数。已知 elem 为线性表 L 中的一个数据元素，若它的位序小于 Length(L)−1，则函数值为 elem 的后继，否则为空元素。

(9) Insert(L, i, x)：插入操作(前插)。在线性表 L 的第 i 号元素之前插入一个新元素 x。

(10) Delete(L, i)删除操作。若 $0 \leqslant i \leqslant$ Length(L)−1，则删除线性表 L 中的第 i 号元素，否则此操作无意义。

对线性表还可进行一些更复杂的操作。如：将两个或两个以上的线性表合并成一个线性表；把一个线性表拆成两个或两个以上的线性表；复制一个线性表；对线性表中的元素进行排序(由此得到的线性表称为有序表)；对有序表进行插入(仍保存有序性)等。

思政要点

(1) 抽象思维能力：线性表的 ADT 定义是对实际问题的抽象，它关注数据的本质特性和操作，而不涉及具体实现。这引导我们要培养抽象思维的能力，善于从复杂的现象中提炼出本质和规律。

(2) 封装与隐藏：ADT 将数据的表示和操作封装在一起，隐藏内部细节，只通过接口与外界交互。这引导我们要树立封装和隐藏的意识，保护核心信息和资源，提供稳定可靠的接口服务。

2.5 线性表的应用——多项式相加问题

2.5.1 存储结构的选取

任意一元多项式可表示为 $P_n(x) = P_0x^0 + P_1x^1 + P_2x^2 + \cdots + P_nx^n$，显然，由其 n+1 个系数可唯一确定该多项式。故一元多项式可用一个仅存储其系数的线性表来表示，多项式指数 i 隐含于 P_i 的序号中。

$$P = (P_0，P_1，P_2，\cdots，P_n)$$

若采用顺序存储结构来存储这个线性表，那么多项式相加的算法实现十分容易，同位序元素相加即可。

但当多项式的次数很高而且变化很大时，采用这种顺序存储结构极不合理。例如，多项式 $S(x) = 1 + 3x + 12x^{999}$ 需用一长度为 1000 的线性表来表示，而表中仅有三个非零元素，这样将大量浪费内存空间。此时可考虑另一种表示方法，如线性表 S(x)可表示成 S = ((1，0)，(3，1)，(12，999))，其元素包含两个数据项：系数项和指数项。

这种表示方法在计算机内对应两种存储方式：当只对多项式进行访问、求值等不改变多项式指数(即表的长度不变化)的操作时，宜采用顺序存储结构；当要对多项式进行加法、减法、乘法等改变多项式指数的操作时，宜采用链式存储结构。

2.5.2 一元多项加法运算的实现

采用单链表结构来实现多项加法运算，无非是前述单向链表基本运算的综合应用。其数据结构描述如下：

```
typedef stuct Pnode
{
    float  coef;
    int exp;
    struct pnode   *next;
}Pnode;
```

图 2.15 给出了多项式 $A(x) = 15 + 6x + 9x^7 + 3x^{18}$ 和 $B(x) = 4x + 5x^6 + 16x^7$ 的链式存储结

构(设一元多项式均按升幂形式存储，头结点指数域为−1)。

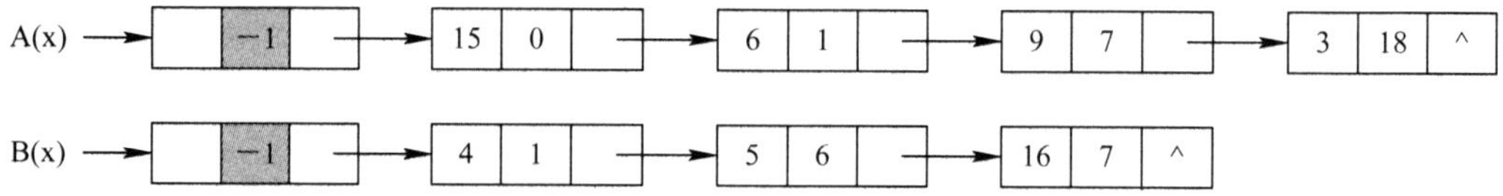

图 2.15　多项式链表

若上例 A + B 结果仍存于 A 中，根据一元多项式相加的运算规则，其实质是将 B 逐项按指数分情况合并于“和多项式”A 中。设 p，q 分别指向 A，B 的第一个结点，如图 2.16 所示，其算法思路如下：

(1) p->exp<q->exp，应使指针后移 p=p->next，如图 2.16(a)所示。

(2) p->exp=q->exp，将两个结点系数相加，若系数和不为零，则修改 p->ceof，并借助 s 释放当前 q 结点，而使 q 指向多项式 B 的下一个结点，如图 2.16(b)所示；若系数和为零，则应借助 s 释放 p，q 结点，从而使 p，q 分别指向多项式 A，B 的下一个结点。

(3) p->exp > q->exp，将 q 结点在 p 结点之前插入 A 中，并使 q 指向多项式 B 的下一个结点，如图 2.16(c)所示。

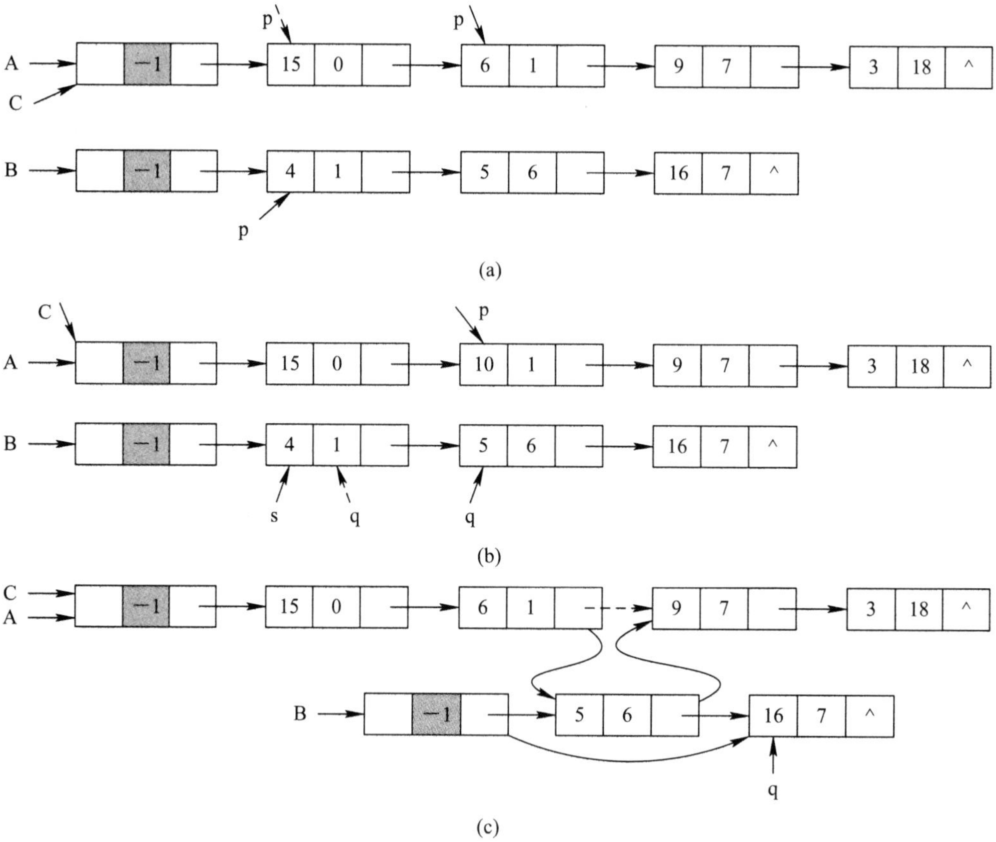

图 2.16　多项式相加过程

直到 q = NULL 为止或 p = NULL，将 B 的剩余项链到 A 尾。最后释放 B 的头结点。

完成多项式相加运算的完整 C 语言程序，可以通过调用前面已实现的函数，由读者完成。

思政要点

转化与化归思维：多项式相加问题可以通过线性表来表示和解决，这体现了一种转化与化归的思维。在实际生活和工作中，面对复杂问题时，我们也应具备转化意识，善于将问题化繁为简，从不同角度寻找解决问题的途径。

2.6 上机实验

实验目的：

通过上机实验，熟悉线性表的各种存储结构，锻炼学生运用线性表的知识解决实际问题的能力。

实验要求：

1. 完成自己的线性表头文件。
2. 完成实验后附范例的上机验证。
3. 模仿实例，完成其他算法。
4. 完成实验报告。

实验步骤：

1. 逐步完成自己的顺序存储的线性表头文件。

(1) 编写头文件。

(2) 编写验证主函数。

(3) 上机调试程序，上机验证。

2. 逐步完成自己的链式存储的线性表头文件。

(1) 编写头文件。

(2) 编写验证主函数。

(3) 上机调试程序，上机验证。

3. 完成应用实例程序。
4. 撰写实验报告。

范例：

```
/*线性表顺序存储的头文件 SeqList.h 的部分内容*/
#define MaxSize 100
typedef int DataType;
typedef struct
```

```
{
    DataType list[MaxSize];
    int size;
} SeqList;
void ListInitiate(SeqList *L)
    /*初始化顺序表 L*/
{
    L->size = 0;              /*定义初始数据元素个数*/
}
int ListLength(SeqList L)
    /*返回顺序表 L 的当前数据元素个数*/
{
    return L.size;
}
int ListInsert(SeqList *L, int i, DataType x)
    /*在顺序表 L 的位置 i(0≤i≤L.size)前插入数据元素值 x*/
    /*插入成功返回 1，插入失败返回 0*/
{
    int j;
    if(L->size >= MaxSize) {
        printf("顺序表已满无法插入! \n");
        return 0;
    }
    else if(i < 0 || i > L->size )
    {
        printf("参数 i 不合法! \n");
        return 0;
    }
    else {
        for(j = L->size+1; j > i; j--)
            L->list[j] = L->list[j-1];          /*为插入做准备*/
        L->list[i] = x;                         /*插入*/
        L->size ++;                             /*元素个数加 1*/
        return 1;
    }
}
int ListDelete(SeqList *L, int i, DataType *x)
    /*删除顺序表 L 中位置 i(0≤i≤L->size-1)的数据元素值并存放到参数 x 中*/
    /*删除成功返回 1，删除失败返回 0*/
```

```
{
    int j;
    if(L->size == 0) {
        printf("顺序表已空无数据元素可删! \n");
        return 0;
    }
    else if(i <0 || i > L->size-1) {
        printf("参数 i 不合法");
        return 0;
    }
    else {
        *x = L->list[i];                        /*保存删除的元素到参数 x 中*/
        for(j = i +1; j <= L->size; j++)
            L->list[j-1] = L->list[j];          /*依次前移*/
        L->size--;                              /*数据元素个数减 1*/
        return 1;
    }
}

int ListGet(SeqList L, int i, DataType *x)
    /*取顺序表 L 中第 i 个数据元素的值存于 x 中，成功则返回 1，失败返回 0*/
{
    if(i < 0 || i > L.size-1)
    {
        printf("参数 i 不合法! \n");
        return 0;
    }
    else
    {
        *x = L.list[i];   return 1;
    }
}
/*测试函数*/
void main(void)
{
    SeqList myList;
    int i , x;
    ListInitiate(&myList);                      /*初始化*/
    for(i = 0; i < 10; i++)
```

```
    {
        if(ListInsert(&myList, i, i) == 0)              /*插入 10 个数据元素*/
        {
            printf("错误! \n");   return;
        }
    }
    for(i = 0; i < ListLength(myList); i++)
        printf("%d ", myList.list[i]);
    printf("\n");
    if(ListDelete(&myList, 4, &x) == 0) {               /*删除数据元素 4*/
        printf("错误! \n");
        return;
    }
    for(i = 0; i < ListLength(myList); i++)
    {
        if(ListGet(myList, i, &x) == 0)                 /*取元素*/
        {
            printf("错误! \n");
            return;
        }
    else
        printf("%d", x);                                /*显示数据元素*/
    }
}
```

思政要点

实践精神：算法时间复杂度实验需要在实践中进行，通过实际运行算法来获取实验数据。这引导我们在工作和生活中具备实践精神，勇于实践，通过实践来验证理论，不断提高自己的能力和素质。

本 章 小 结

本章主要讨论线性表的逻辑结构和物理存储结构以及各种存储结构下的算法实现。是以后学习栈和队列的基础。其主要内容包括：

1. 基本概念和术语

1) 线性表

一般一个线性表是由 n 个元素组成的有限序列，可记作：$L = (a_0, a_1, \cdots, a_{n-1})$，其中，

a_i 代表一个数据元素，a_0 称为表头(或头结点)，a_{n-1} 称为表尾(或尾结点)，$a_i(0 \leqslant i \leqslant n-1)$称为 a_{i+1} 的直接前驱，a_{i+1} 称为 a_i 的直接后继。线性表中数据元素的个数称为线性表的长度，长度为 0 的线性表称为空表。

2) 线性表的顺序存储

最简单和最常用的方式是用一片连续的存储区域，也就是用一组地址连续的存储单元来依次存储线性表的各个元素。线性表(a_0，a_1，…，a_i，…，a_{n-1})的顺序存储结构如图 2.1 所示，这种存储方式的特点是用存储单元物理位置的相邻来表示相邻元素间的逻辑关系。

一般来说，线性表中第 i 个元素 a_i 的存储地址为：

$$LOC(a_i) = LOC(a_0) + (i)*s$$

式中，$LOC(a_0)$为线性表的第一个元素 a_0 的存储地址，通常称为线性表的开始地址或基地址。

它的特点是逻辑关系上相邻的两个元素在物理位置上也相邻，因此顺序表中任一元素的存储位置都可以用一个简单直观的公式来表示。然而，这种存储结构也有许多不足之处：首先，我们难以确定适当的存储空间的大小，如果指定得太小，则难以扩充；如果指定得太大，则存储空间不能得到充分的利用。其次，在做插入或删除时需移动大量元素。

3) 线性表的链式存储

线性表的链式存储结构也有很多种类。按链的类别来分类，可以分为单链表、循环链表、双向链表、双向循环链表等；按结点的分配方式来分类，可以分为动态链表和静态链表。

(1) 单链表存储结构是用一组任意的存储单元来存储线性表的数据元素。为了表示数据元素间的逻辑关系，对数据元素 a_i 来说，除了存储其本身的信息外，还需存储一个直接后继的信息。在线性表的链式存储结构中，数据元素 a_i 的存储映象，称为结点。单链表的结点包括两个域：存储数据元素信息的域称为数据域；存储直接后继存储位置的域称为指针域。n 个结点$(0 \leqslant i \leqslant n-1)$的存储映象链结成一个链表，即为线性表($a_0$，$a_1$，…，$a_{n-1}$)的链式存储结构。

线性表链式存储结构的特点是，数据元素之间的逻辑关系是由结点中的指针指示的。由于此链表的每个结点中只包含一个指针域故称为单链表。

为了适应算法的需要，需在单链表的第一个结点之前附设一个结点，称为表头结点。表头结点的数据域可以不存储任何信息，头结点的指针域存储指向第一个结点的指针，此时，单链表的头指针指向表头结点。

(2) 我们使链表中最后一个结点的指针域指向头结点，整个链表就形成一个环，这样形成的链表称为循环链表。对于循环链表，可以从链表中的任一点出发找到链表中所有的其他结点。

(3) 在链表的结点中增加了一个指向前驱结点的指针域，这样形成的链表称为双向链表。对于双向链表，既可以对数据元素由前向后地进行访问，又可以由后向前地进行访问。

2. 线性表的存储结构

1) 顺序存储

使用 C 语言，我们可以定义以下的记录(结构)类型来表示顺序表，其类型名用 SeqList 表示。

```
MaxSize 线性表可能达到的最大长度;
typedef struct
{
    DataType list[MaxSize];
    int size;
} SeqList;
```

2) 单链表

单链表的结点及结点指针类型可定义如下：

```
typedef struct Node
{
    DataType data;
    struct Node *prior;
    struct Node *next;
}SLNode,*SLlink;
```

3) 双向链表

双向链表的结点及结点指针类型可定义如下：

```
typedef struct Node
{
    DataType data;
    struct Node *next;
} DLNode,*DLlink;
```

3. 线性表的有关操作

在确定了线性表的存储结构后，应考虑对线性表所施行的操作。从逻辑上讲可以对线性表施行数据元素的插入、删除等各种操作，但这些操作实现过程及执行效率又完全取决于数据的存储结构。

对线性表可执行基本操作为：

(1) Initiate (L)：初始化操作。可设定一个空的线性表 L。

(2) Length(L)：求长度函数。函数值为给定线性表 L 中数据元素的个数。

(3) Empty(L)：判空表函数。若 L 为空表，则返回 1，否则返回 0。

(4) Clear(L)：表清空操作。操作的结果使 L 成为空表。

(5) Get(L, i)：取元素函数。若 0≤i≤Length(L)−1，则函数值为给定线性表 L 中第 i 个数据元素，否则为空元素 NULL。称 i 为该数据元素在线性表中的位序。

(6) Locate(L, x)：定位函数。若线性表 L 中存在其值与 x 相等的数据元素，则函数值为该数据元素在线性表中的位序，否则为−1。若线性表中与 x 相等的数据元素不止一个，则函数值为这些元素在线性表中的位序的最小值。

(7) Prior(L, elem)：求前驱函数。已知 elem 为线性表 L 中的一个数据元素，若它的位序大于 0，则函数值为 elem 的前驱，否则为空元素。

(8) Next(L, elem)：求后继函数。已知 elem 为线性表 L 中的一个数据元素，若它的位序小于 Length(L) − 1，则函数值为 elem 的后继，否则为空元素。

(9) Insert(L, i, b)：插入操作(前插)。在线性表 L 的第 i 号元素之前插入一个新元素 b。此操作仅在 0≤i≤Length(L)时才可行。

(10) Delete(L, i)删除操作。若 0≤i≤Length(L)−1，则删除线性表 L 中的第 i 号元素，否则此操作无意义。

习 题 2

一、填空题

1. 在顺序表中插入或删除一个元素，需要平均移动__________元素，具体移动的元素个数与__________有关。

2. 线性表中结点的集合是__________的，结点间的关系是__________的。

3. 向一个长度为 n 的向量的第 i 个元素(0≤i≤n−1)之前插入一个元素时，需向后移动__________个元素。

4. 向一个长度为 n 的向量中删除第 i 个元素(0≤i≤n−1)时，需向前移动 __________个元素。

5. 在顺序表中访问任意一结点的时间复杂度均为__________，因此，顺序表也称为__________的数据结构。

6. 顺序表中逻辑上相邻的元素的物理位置__________相邻。单链表中逻辑上相邻的元素的物理位置__________相邻。

7. 在单链表中，除了第一个结点外，任一结点的存储位置由______________指示。

8. 在 n 个结点的单链表中要删除已知结点*p，需找到它的__________，其时间复杂度为__________。

二、判断题

(　　) 1. 链表的每个结点中都恰好包含一个指针。

(　　) 2. 链表的物理存储结构具有同链表一样的顺序。

(　　) 3. 链表的删除算法很简单，因为当删除链中某个结点后，计算机会自动将后续各个单元向前移动。

(　　) 4. 线性表的每个结点只能是一个简单类型，而链表的每个结点可以是一个复杂类型。

(　　) 5. 顺序表结构适宜于进行顺序存取，而链表适宜于进行随机存取。

(　　) 6. 顺序存储方式的优点是存储密度大，且插入、删除运算效率高。

(　　) 7. 线性表在物理存储空间中也一定是连续的。

(　　) 8. 线性表在顺序存储时，逻辑上相邻的元素未必在存储的物理位置次序上相邻。

(　　) 9. 顺序存储方式只能用于存储线性结构。

(　　) 10. 线性表的逻辑顺序与存储顺序总是一致的。

三、单项选择题

1. 数据在计算机存储器内表示时，物理地址与逻辑地址相同并且是连续的，称之为______。

(A) 存储结构　(B) 逻辑结构　(C) 顺序存储结构　(D) 链式存储结构

2. 一个向量第一个元素的存储地址是 100，每个元素的长度为 2，则第 5 个元素的地址是______。

(A) 110　(B) 108　(C) 100　(D) 120

3. 在 n 个结点的顺序表中，算法的时间复杂度是 O(1)的操作是______。

(A) 访问第 i 个结点(0≤i≤n－1)和求第 i 个结点的直接前驱(1≤i≤n－1)

(B) 在第 i 个结点后插入一个新结点(0≤i≤n－1)

(C) 删除第 i 个结点(0≤i≤n－1)

(D) 将 n 个结点从小到大排序

4. 向一个有 127 个元素的顺序表中插入一个新元素并保持原来顺序不变，平均要移动______个元素。

(A) 8　(B) 63.5　(C) 63　(D) 7

5. 链接存储的存储结构所占存储空间______。

(A) 分两部分，一部分存放结点值，另一部分存放表示结点间关系的指针

(B) 只有一部分，存放结点值

(C) 只有一部分，存储表示结点间关系的指针

(D) 分两部分，一部分存放结点值，另一部分存放结点所占单元数

6. 链表是一种采用______存储结构存储的线性表。

(A) 顺序　(B) 链式　(C) 星式　(D) 网状

7. 线性表若采用链式存储结构时，要求内存中可用存储单元的地址______。

(A) 必须是连续的　(B) 部分地址必须是连续的

(C) 一定是不连续的　(D) 连续或不连续都可以

8. 线性表 L 在______情况下适用于使用链式结构实现。

(A) 需经常修改 L 中的结点值　(B) 需不断对 L 进行删除插入

(C) L 中含有大量的结点　(D) L 中结点结构复杂

9. 单链表的存储密度是______。

(A) 大于 1　(B) 等于 1　(C) 小于 1　(D) 不能确定

10. 在一个长度为 n 的顺序表中删除第 i 个元素(0≤i≤n－1)时，需要从前向后依次前移______个元素。

(A) n－i　(B) n－i＋1　(C) n－i－1　(D) i

11. 不带头结点的单链表 first 为空的判定条件是______。

(A) first==NULL　(B) first-> next ==first

(C) first->next==NULL　(D) first!=NULL

12. 设单链表中结点的结构为(data next)。已知指针 P 所指结点不是尾结点，若在*P 之后插入结点*S，则应执行的操作是______。

(A) s-> next =p ; p-> next =s　(B) p-> next =s; s-> next =p ;

(C) s-> next = p-> next; s=p　(D) s-> next = p-> next;　p-> next =s

13. 单链表中结点的结构为(data next)，且 rear 是指向非空的带表头结点的单循环链表

的尾结点的指针。若想删除链表第一个结点，则执行的操作是______。

(A) s=rear; rear=rear-> next; free(s)

(B) rear=rear-> next; free(rear)

(C) rear=rear-> next -> next; free(rear)

(D) s= rear-> next -> next; rear-> next -> next =s-> next; free(s)

14. 带表头双向循环链表空表的表示是______。

(A) first==NULL　　(B) first ->prior- >next == first ->next == first

(C) first == first ->prior　　(D) first ->prior == first -> next ==NULL

四、简答题

1. 试比较顺序存储结构和链式存储结构的优缺点。在什么情况下用顺序表比链表好？

2. 描述以下三个概念的区别：头指针、头结点、首元结点(第一个元素结点)。在单链表中设置头结点的作用是什么？

五、编程题

1. 试写出一个计算链表中数据元素结点个数的算法，其中指针 p 指向该链表的第一结点。

2. 试设计实现在单链表中删去值相同的多余结点的算法。

```
Void rangDelete (ListNode * L, int min,   int max)
{
    ListNode *q=L,*p=L->next;
    while(p!=NULL)
    {
        if (p->data<=max)
        {
            q->next=p->next;
            free(p);
            p=q->next;
        }
        else
        {
            q=p;
            p=q->next;
        }
    }
}
```

3. 有一个线性表(a_0，a_1，…，a_{n-1})，它存储在有附加表头结点的单链表中，写一个算法，求出该线性表中值为 x 的元素的序号。如果 x 不存在，则输出序号为 –1。

4. 在一个非递减有序线性表中，插入一个值为 x 的元素，使插入后的线性仍为非递减有序。分别用向量和单链表编写算法。

第3章 栈

总体要求：

- 熟悉栈的定义；
- 熟悉栈的抽象数据类型描述中各种操作的含义；
- 熟练掌握顺序存储栈的建立、压入、弹出算法；
- 熟练掌握链式存储栈的建立、压入、弹出算法。

核心技能点：

- 熟练掌握顺序存储栈的建立、压入、弹出算法实现的能力；
- 熟练掌握链式存储栈的建立、压入、弹出算法实现的能力；
- 栈应用于实际问题的能力。

扩展技能点：

- 栈各种存储结构算法C语言环境的实现。

相关知识点：

- C语言数组的知识；
- C语言结构体的知识；
- C语言指针的知识；
- C语言函数的知识。

学习重点：

- 熟悉栈的定义；
- 熟悉栈的抽象数据类型描述中各种操作的含义；
- 掌握栈各种存储结构下算法的实现。

思政目标：

- 培养与时俱进、守正创新的思维方式；
- 培养做事细致、脚踏实地的大国工匠精神；
- 树立提高战略思维能力，坚持系统观念意识；
- 培养海纳百川的开阔胸襟。

3.1 栈的应用实例及概念

在日常生活中，有许多后进先出的例子。例如：在洗盘子时，我们总是把洗好的盘子逐个放在其他已洗好的盘子的上面，而在使用盘子的时候，总是从上面逐个取出。在这个例子中我们可以看到，无论是放盘子还是取盘子，都是在一叠盘子的上端进行，而且是后放入的先取出。又如在向手枪子弹夹中推入子弹时，后推入的子弹总是压在已有子弹的上面，而从子弹夹中取出子弹时，总是先取出最后推入的子弹。上述实例正是栈操作特点的形象表示。

栈(Stack)是限定只能在表的一端进行操作的线性表。在表中允许插入和删除的一端叫做栈顶(Top)，而不允许插入和删除的另一端叫做栈底(Bottom)，向栈顶插入一个元素的操作叫做入栈(Push)操作，从栈顶取出一个元素的操作叫做出栈(Pop)操作。栈一经确定，则栈底便固定不变，而栈顶随入栈、出栈操作不断地变化。由于栈的操作具有“后进先出”的特点，因此栈又称作后进先出表(LIFO，即 Last In First Out)。

在图 3.1 所表示的栈中，a_0是栈底元素，a_{n-1}是栈顶元素。栈中的元素以 a_0，a_1，…，a_i，…，a_{n-1} 的顺序进栈，如果对这个栈执行入栈操作，入栈的元素为 a_n，则该栈的栈顶元素就变为 a_n；如果对这个栈执行出栈操作，则栈顶元素 a_{n-1} 从栈中取出，当前的栈顶元素就变为 a_{n-2}。

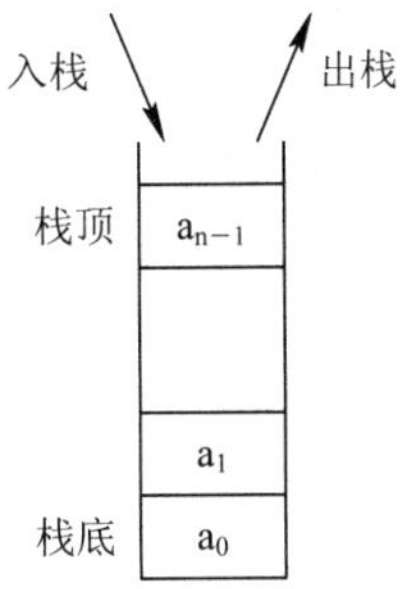

图 3.1 栈结构示意图

一般，一个栈是由 n 个元素组成的有限序列，可记作：

S=(a_0，a_1，…，a_i，…，a_{n-1})

其中，每个 a_i 都是栈 S 的数据元素，数据元素可以是各种类型，但必须属于同一种数据对象。

从上述洗盘子的实例中我们也可以看到，栈的操作与放盘子、取盘子的动作非常相似。如果将一叠盘子看作一个栈，每一个盘子看作是栈的一个元素，那么，入栈操作就相当于放盘子的动作，而出栈操作就相当于取盘子的动作。除了入栈、出栈操作以外，栈的操作通常还包括初始化，求当前元素个数，判断是否为空栈，清空以及取栈顶元素等。我们可以通过对栈的操作及其实现方法的研究，来实现具体问题中的有关操作。

综上所述，栈是一种数据类型，其数据元素之间呈线性关系。其操作的特点是“后进先出”，主要操作有进栈、出栈和取栈顶元素等。

在计算机科学中，栈的应用非常广泛。栈与递归过程的关系也非常密切。要实现递归过程，必须设置一个数据栈来存放递归过程中的参数与局部变量等信息，当递归调用时，递归深度进一层，栈的深度也增加一层；当递归返回时，递归深度退一层，栈的深度也减少一层，不然就无法正确地传递递归过程执行过程中的有关信息。在编译程序中，栈又被用于实现表达式的翻译或被用于检查表达式中的各种括号是否配对。

在处理迷宫等试探性求解的问题中，为了能到达正确的目的地，必须试探每一条可能的路径。当往前继续探索无望时，需要回头另选通路继续试探。为此，必须设置一个栈来记录已走过的路径上的每一点的有关信息，以便正确地另选通路继续试探。

思政要点

反思与纠错：从栈的概念中我们可以学习到反思与纠错的重要性。当程序出现错误时，我们需要回溯函数调用栈以找出错误的原因。这需要我们具备反思和纠错的能力，勇于承认和纠正自己的错误。同时，也体现了细节决定成败的原则，我们需要细心审查代码中的每一个细节，才能找出可能存在的问题。

3.2 栈的存储方式

与线性表类似，栈也有顺序存储结构与链式存储结构两种存储方式。按顺序存储结构建立起来的栈称为顺序栈，按链式存储结构建立起来的栈称为链栈。

3.2.1 栈的顺序存储结构

栈的顺序存储结构是指使用一组地址连续的存储单元来依次存放自栈底到栈顶的数据元素，同时设置一个指针指示栈顶元素的当前位置。在 C 语言中，通常可使用一个一维数组 stack[MaxStackSize]来存储栈中的数据元素，使用一个整型 top 来表示栈顶的位置。栈的顺序存储结构如图 3.2 所示。

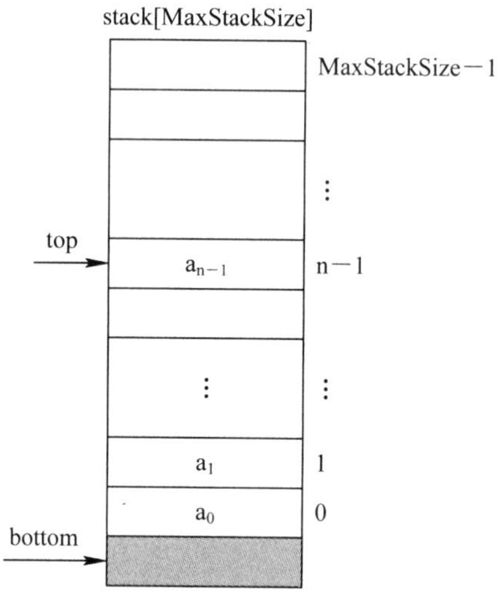

图 3.2 栈的顺序存储结构

栈顶指示器 top 的取值可表示栈的当前状态。当 top=0 时，则栈为空栈，也就是说空栈的指针值为 0；当 top=MaxStackSize−1 时，则为栈满；在栈非空的状态下，top 的值在 1 与 MaxStackSize−1 之间，这时栈中有 top 个数据元素。其中，stack[1]为最早进入栈的元素，即为栈底元素，而 stack[top]为最后进入栈的元素，即为栈顶元素。图 3.3 中所表示的是栈顶指针与栈中元素之间的这种关系。

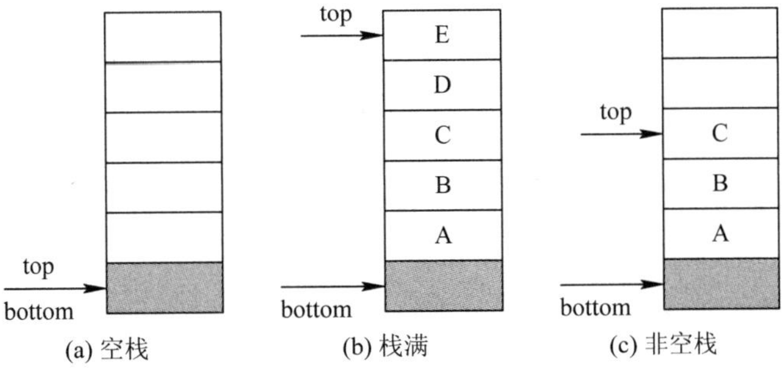

图 3.3　栈顶指针与栈中元素之间的关系

当对某一个顺序栈执行入栈操作时，如果发现栈满，则应该产生一条出错信息；而当对某一个顺序栈执行出栈操作时，如果发现栈空，则也应该产生一条出错信息。通常，top=−1，即栈空，在应用程序中还常常作为控制程序转移的条件被使用。

如前所述，在栈的顺序存储结构中，应该包括一个存储数据元素的一维数组，取名为 stack，其长度可取为一个适当的最大值 MaxStackSize。另外还应包括一个表示栈顶位置的整型变量，取其名为 top。使用 C 语言，我们可以用以下的结构类型来表示顺序栈，设其类型名用 SeqStack 表示。

```
typedef struct
{
    DataType stack[MaxStackSize];
    int top;
}SeqStack;
```

在定义了顺序栈的类型 SeqStack 之后，我们就可以定义属于这种类型的栈，例如：SeqStack s；以后可在程序中引用顺序栈 s 的相应成分，例如，s.top 表示栈顶指示器，s.stack[top]表示栈顶元素等。

思政要点

顺序与纪律性：顺序存储结构的栈遵循严格的顺序原则，即数据元素在内存中的存储位置与其在栈中的逻辑顺序一致。这要求我们在使用栈时要遵循规定的顺序进行操作，保证数据的完整性和一致性。这可以引导我们在生活和工作中注重顺序和纪律性，遵守规章制度，按顺序办事，形成良好的工作和学习习惯。

3.2.2　栈的链式存储结构

以上我们讨论了栈的顺序存储结构，这种存储方式所存在的问题是要预先为它确定存储空间的大小。当栈的最大容量难以事先估计时，最好采用链式存储结构。

采用链式存储结构的栈简称为链栈，如图 3.4 所示。在链栈中，链尾元素相当于栈底元素，链头元素相当于栈顶元素，链头指针相当于栈顶指针。入栈操作相当于从链头插入一个元素，出栈操作相当于从链头删除一个元素，因此在这种存储结构下，栈的操作非常容易实现。

假设结点类型名为 LSNode，结点类型中数据域名为 data，指针域名为 next，数据元素的类型为 DataType，则链栈类型 LSNode 可定义如下：

```
typedef struct snode
{
    DataType data;
    struct snode *next;
} LSNode;
```

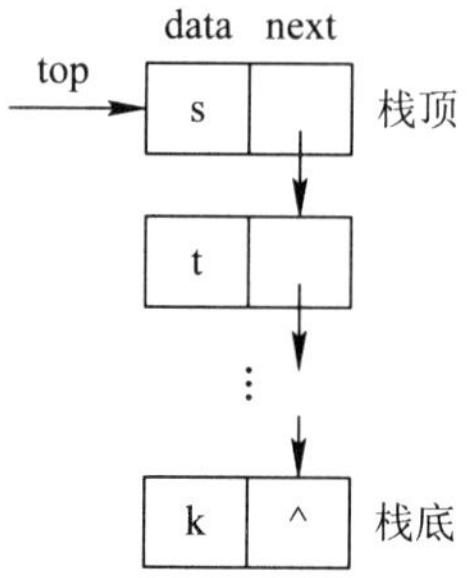

图 3.4 链式存储结构的栈

链栈可以用一个指向栈顶的指针型变量 top 来表示，其定义如下：

```
LSNode *top ;
```

当 top = NULL 时，这个栈就成为空栈；当 top 不等于 NULL 时，就可以通过 top 指针来访问栈顶元素。对于链栈，由于它是动态地生成结点，因此一般不会出现栈满的情形，只有当整个可用空间都被占满，malloc ()都无法执行的情形下才会发生上溢现象。

思政要点

结点独立性与自主性：链式存储结构的每个结点独立存储，各自拥有自己的值和指针，这使得结点之间相对独立，减轻了对整体数据结构的依赖。这可以引导我们在处理问题时，要注重结点独立性和自主性，每个结点或元素能够自主地完成任务和解决问题，形成互相独立又协同工作的局面。

3.3 栈的有关操作

在存储结构确定以后，我们要考虑栈操作的实现。下面我们分别按栈的顺序存储结构与链式存储结构两种方式来介绍有关算法的实现过程。

3.3.1 顺序栈的操作实现

下面讨论在顺序存储结构方式下，入栈及出栈等操作的实现。

1. 入栈操作

顺序栈的入栈操作可表示为：

```
int StackPush(SeqStack *S, DataType x);
```

其中，参数 S 表示指定的栈，其类型为顺序栈类型 SeqStack，参数 x 表示入栈的元素，其类型为 DataType，该操作返回一个函数值，表示入栈操作是否执行成功。

操作的功能为：在指定的栈*S 中插入元素 x，并使 x 成为栈顶。若栈 S 不满，则从栈顶插入 x 并返回函数值 1，否则栈的状态不变且返回函数值 0。

处理过程为：判定是否栈满，若栈满，则返回 0；否则，栈顶指针加 1，将 x 送入栈顶并返回 1。

程序如下：

```
int StackPush(SeqStack *S, DataType x)
    /*把数据元素值 x 压入顺序堆栈 S，入栈成功则返回 1，否则返回 0 */
{
    if(S->top >= MaxStackSize-1)
    {
        printf("堆栈已满无法插入! \n");
        return 0;
    }
    else
    {
        S->top++;
        S->stack[S->top] = x;
        return 1;
    }
}
```

2. 出栈操作

顺序栈的出栈操作可表示为：

```
int StackPop(SeqStack *S, DataType *d);
```

其中，参数 S 表示指定的栈，其类型为顺序栈类型 SeqStack，该操作是一个函数，弹出顺序堆栈 S 的栈顶数据元素值到参数 d。

操作的功能为：若指定的栈 S 非空，则从 S 中取出栈顶元素到参数 d，否则返回 0。

处理过程为：判定栈是否为空栈。若为空栈，则返回 0；否则，栈顶数据元素值到参数 d，栈顶指针减 1，返回 1。

程序如下：

```
int StackPop(SeqStack *S, DataType *d)
    /*弹出顺序堆栈 S 的栈顶数据元素值到参数 d，出栈成功则返回 1，否则返回 0*/
{
    if(S->top == -1)
    {
        printf("堆栈已空无数据元素出栈! \n");
        return 0;
    }
    else
    {
        *d = S->stack[S->top];
        S->top--;
```

```
        return 1;
    }
}
```

3. 取栈顶操作

顺序栈的取栈顶操作可表示为：

```
int StackTop(SeqStack S, DataType *d);
```

其中，参数 S 表示指定的栈，其类型为顺序栈类型 SeqStack，该操作是一个函数，弹出顺序堆栈 S 的栈顶数据元素值到参数 d。

操作的功能为：若指定的栈 S 非空，则从 S 中取出栈顶元素到参数 d，否则返回 0。

处理过程为：判定栈是否为空栈。若为空栈，则返回 0；否则，栈顶数据元素值到参数 d，返回 1。

程序如下：

```
int StackTop(SeqStack S, DataType *d)
  /*取顺序堆栈 S 的当前栈顶数据元素值到参数 d ，成功则返回 1，否则返回 0*/
{
    if(S.top == -1)
    {
        printf("堆栈已空! \n");
        return 0;
    }
    else
    {
        *d = S.stack[S.top];
        return 1;
    }
}
```

3.3.2　链栈的操作实现

下面讨论在链式存储结构方式下，入栈及出栈等操作的实现。

1. 入栈操作

链栈入栈操作的含义是：将一个元素压入指定的链栈中。对该操作应设置两个参数，即在参数中指定一个链栈及入栈的元素。假设指定的链栈 LSNode *top 在本操作之外已说明，而入栈元素 x 其类型为 DataType，入栈操作取名为 StackPush，则该操作可表示为：

```
int StackPush(LSNode *top, DataType x)
```

操作的功能为：在由 top 指向的链栈中插入元素 x，使 x 成为栈顶元素。

处理过程为：

(1) 生成一个新的结点，并令其元素值为 x；

(2) 将该结点从栈顶插入到链栈中。

程序如下：

```
int StackPush(LSNode *top, DataType x)
    /*把数据元素 x 插入链式堆栈 top 的栈顶作为新的栈顶 */
{
    LSNode *p;
    if((p = (LSNode *)malloc(sizeof(LSNode))) == NULL)
    {
        printf("内存空间不足无法插入! \n");
        return 0;
    }
    p->data = x;
    p->next = top;
    top = p;
    return 1;
}
```

2. 出栈操作

链栈出栈操作的含义是：从链栈中弹出栈顶结点并返回该结点中的元素值。对该操作应设置两个参数，即在参数中指定一个链栈。假设指定的链栈 LSNode *top 在本操作之外已说明，弹出结点元素值 d。出栈操作取名为 StackPop ，则该操作可表示为：

```
int StackPop(LSNode *top, DataType *d);
```

操作的功能为：从由 top 指向的链栈中弹出栈顶结点并把栈顶元素由参数 d 带回。

处理过程为：

(1) 判定链栈是否为空。若为空栈，则返回 0；

(2) 保存栈顶结点的元素值为*d，并修改栈顶指针使之指向其后继；

(3) 返回 1。

程序如下：

```
int StackPop(LSNode *top， DataType *d)
    /*出栈并把栈顶元素由参数 d 带回*/
{
    LSNode *p;
    if(top == NULL)
    {
        printf("堆栈已空出错！ ");
        return 0;
    }
    p=top;
    top = p->next;
    *d = p->data;
    free(p);
```

```
        return 1;
    }
```

3. 取栈顶操作

链栈取栈顶操作的含义是：返回链栈中栈顶结点中的元素值。对该操作应设置两个参数，即在参数中指定一个链栈。假设指定的链栈 LSNode *top 在本操作之外已说明，结点元素值 d。出栈操作取名为 StackTop，则该操作可表示为：

```
int StackTop(LSNode *top, DataType *d);
```

操作的功能：为返回由 top 指向的链栈中栈顶结点中的元素值。

处理过程为：

(1) 判定链栈 top 是否为空。若为空栈，则返回 0；

(2) 保存栈顶结点的元素值为*d；

(3) 返回 1。

程序如下：

```
int StackTop(LSNode *top, DataType *d)
    /*取栈顶元素并把栈顶元素由参数 d 带回*/
{
    LSNode *p;
    if(top == NULL)
    {
        printf("堆栈已空出错！");
        return 0;
    }
    *d = top->data;
    return 1;
}
```

思政要点

创新意识：链栈是一种特殊的栈结构，通过链表来实现元素的存储和访问。它的操作实现需要我们具备创新意识，勇于尝试新的数据结构和算法，以解决实际问题。这鼓励我们在生活和工作中要具有创新意识，积极探索新的思路和方法，推动科技进步和社会发展。

3.4 栈的 ADT 定义

以上我们讨论了栈的结构特征、存储方式及其相关操作的实现，为以后面向对象程序设计中的类定义奠定基础。在本节中我们将给出栈的 ADT 定义即抽象数据类型定义。

ADT 定义，即抽象数据类型定义。一种数据类型的 ADT 定义由数据元素、结构及操作三部分组成。以下是栈的 ADT 定义：

元素：可以是各种类型的数据，但必须同属于一个数据对象。

结构：栈中的 n 个元素呈线性关系。

操作：对栈可执行以下的基本操作：

(1) StackInitiate (S)，初始化操作。它可设定一个空的栈 S。

(2) StackSize(S)：求长度函数。函数值为给定栈 S 中数据元素的个数。

(3) StackNotEmpty (S)：判空栈函数。若 S 为非空栈，则返回 1，否则返回 0。

(4) StackClear(S)：栈清空操作。操作的结果使 S 成为空栈。

(5) StackPush (S, x)：入栈操作。该操作可将 x 推入栈 S 中。若 S 非空，则插入元素 x 为插入前栈顶元素的后继(即 x 为插入后的栈顶元素)，否则插入元素为栈中的第 1 个元素即栈顶元素。

(6) StackPop(S)：出栈函数。若栈 S 非空，则返回函数值为栈顶元素，且从栈中删除栈顶元素，否则返回函数值为空元素 NULL。

(7) StackTop (S)：取栈顶函数。若栈 S 非空，则返回函数值为栈顶元素，否则返回函数值为 0。

数据类型的 ADT 定义提供了接口描述，但对某一种数据类型，需考虑具体的存储方式及其实现方法。数据的存储方式不同，其操作的实现方法也就不同。

思政要点

可重用性与模块化：ADT 的抽象特性使得其可以被重用和模块化。通过定义栈的 ADT，我们可以将其作为一个独立的模块，在不同的程序和应用中进行重用。这种可重用性和模块化可以提高代码的复用性和可维护性，减少重复工作和错误。这引导我们在编程和学习中，要注重代码的可重用性和模块化，提高代码的可维护性和可扩展性。

3.5 栈的应用实例——算术表达式的求值

3.5.1 表达式的构成

任一表达式都可看成是由操作数、运算符和界限符组成的一个串。其中，操作数可以是常数也可以是变量或常量的标识符，运算符可以是算术运算符、关系运算符和逻辑运算符等，界限符包括左右括号和表达式结束符等，例如表达式 7+4*(8−3)。为论述方便，这里仅介绍简单算术表达式的求值问题。

3.5.2 运算符的优先关系

要对表达式正确求值，必须正确地解释表达式，将其翻译成正确的机器指令序列。例如，要对表达式 3*(7−2)求值，首先要了解算术运算的规则。即

(1) 从左到右；

(2) 先括号内，后括号外；

(3) 先乘除，后加减；

故，该表达式的计算步骤应为 3*(7－2)=3*5=15。

表 3.1 运算符优先级表

p_1	p_2						
	+	–	*	/	(	)	#
+	>	>	<	<	<	>	>
–	>	>	<	<	<	>	>
*	>	>	>	>	<	>	>
/	>	>	>	>	<	>	>
(	<	<	<	<	<	=	
)	>	>	>	>		>	>
#	<	<	<	<	<		=

表 3.1 中空白表示运算符 p_1，p_2 不可能相遇的情况，若相遇则表明出现了语法错误。“#”是表达式的结束符，为算法方便在表达式的左边也虚设一个“#”使其配对。这样，当“(”=“)”时表示左右括号相遇，括号内运算已经结束；同理，当“#”=“#”时表示整个表达式求值完毕。

3.5.3 算法思路

使用两个栈 S_1 和 S_2，其中，S_1 为运算符栈，用于寄存运算符；S_2 为操作数栈，用于寄存操作数或运算结果。其算法思路如下：

(1) 首先设置两栈为空，将“#”作为表达式起始符压入。运算符栈 S_1 作为栈底元素；

(2) 依次读入表达式的每个字符，若是操作数则进入操作数栈 S_2；若是运算符，则与 S_1 的栈顶运算符比较优先级，若栈顶运算符优先级低，则进入栈 S_1；若栈顶运算符优先级高，则弹出 S_1 的栈顶运算符，并从栈 S_2 中弹出两个操作数，作相应运算后，将结果压入操作数栈 S_2，然后再次与 S_1 的栈顶运算符比较优先级，直至栈顶运算符优先级低为止。

(3) 当 S_1 的栈顶运算符为“#”时，表达式求值结束，操作数栈 S_2 中的数即为表达式的值。

表 3.2 求表达式 3*(7–2)时的栈变化

步骤	操作符栈(S_1)	操作数栈(S_2)	读入字符	主要操作
1	#		3*(7-2)#	PUSH(S2，‘3’)
2	#	3	*(7-2)#	PUSH(S1，‘*’)
3	#*	3	(7-2)#	PUSH(S1，‘(’)
4	#*(	3	7-2)#	PUSH(S2，‘7’)
5	#*(	3 7	-2)#	PUSH(S1，‘-’)
6	#*(-	3 7	2)#	PUSH(S2，‘2’)
7	#*(-	3 7 2	)#	Operate(‘7’，‘-’，‘2’)
8	#*(	3 5	)#	POP(S1)消去一对括号
9	#*	3 5	#	Operate(‘3’，‘*’，‘5’)
10	#	15	#	Return(GetTop(s2))

完整的C语言程序由读者自己完成。

思政要点

分解问题与逐一解决：通过将算术表达式分解为多个操作数和操作符，并利用栈逐一求解，体现了分解问题和逐一解决的策略。这告诉我们在面对复杂问题时，要学会将其分解为更小的部分，逐个解决，从而降低问题的难度。

3.6 上机实验

实验目的：

通过上机实验，熟悉栈的各种存储结构，锻炼学生应用栈的知识解决实际问题的能力。

实验要求：

1. 完成自己的栈头文件；
2. 完成实验后附范例的上机验证；
3. 模仿实例，完成其他算法；
4. 完成实验报告。

实验步骤：

1. 逐步完成自己的顺序存储的栈头文件。

(1) 编写头文件；

(2) 编写验证主函数；

(3) 上机调试程序，上机验证。

2. 逐步完成自己的链式存储的栈头文件。

(1) 编写头文件；

(2) 编写验证主函数；

(3) 上机调试程序，上机验证。

3. 完成应用实例程序。
4. 撰写实验报告。

范例：

```
#define MaxStackSize 50
typedef char DataType;
typedef struct
{
    DataType stack[MaxStackSize];
    int top;
} SeqStack;
void StackInitiate(SeqStack *S)          /*初始化顺序堆栈 S*/
{
```

```
    S->top = -1;                        /*定义初始栈顶下标值*/
}
int StackNotEmpty(SeqStack S)
    /*判断顺序堆栈 S 非空否，非空则返回 1，否则返回 0*/
{
    if(S.top <0)
        return 0;
    else
        return 1;
}
int StackPush(SeqStack *S, DataType x)
    /*把数据元素值 x 压入顺序堆栈 S，入栈成功则返回 1，否则返回 0 */
{
    if(S->top >= MaxStackSize-1)
    {
        printf("堆栈已满无法插入! \n");
        return 0;
    }
    else
    {
        S->top++;
        S->stack[S->top] = x;
        return 1;
    }
}
int StackPop(SeqStack *S, DataType *d)
    /*弹出顺序堆栈 S 的栈顶数据元素值到参数 d，出栈成功则返回 1，否则返回 0*/
{
    if(S->top < 0)
    {
        printf("堆栈已空无数据元素出栈! \n");
        return 0;
    }
    else
    {
        *d = S->stack[S->top];
        S->top--;
        return 1;
    }
```

```
}
int StackTop(SeqStack S, DataType *d)
    /*取顺序堆栈 S 的当前栈顶数据元素值到参数 d，成功则返回 1，否则返回 0*/
{
    if(S.top <0)
    {
        printf("堆栈已空! \n");
        return 0;
    }
    else
    {
        *d = S.stack[S.top - 1];
        return 1;
    }
}
void main(void)
{
    SeqStack st;
    char a[]={'s','t','a','c','k','!'},x;
    int i ;
    for(i=0;i<6;i++)
        printf("\n%c \n ",a[i]);            /*输出压入序列*/
    StackInitiate(&st);
    for(i = 0; i < 6; i++)
    {
        if(StackPush(&st, a[i]) == 0)
        {
            printf("错误! \n");
            return;
        }
    }
    if(StackTop(st, &x) == 0)
    {
        printf("错误! \n");
        return;
    }
    else
        printf("%c\n", x);
    printf("依次出栈的数据元素序列如下：\n");
```

```
    while(StackNotEmpty(st)!=0)
    {
        StackPop(&st, &x); /*出栈*/
        printf("%c    ", x); /*显示数据元素*/
    }
}
```

思政要点

耐心与细心：栈的上机实验需要耐心和细心地编写代码、调试程序，尤其是在处理复杂的算法和数据结构时。一个小小的错误可能导致程序无法正常运行，因此我们需要保持耐心与细心，仔细检查代码中的每一个细节，发现问题并及时修正。这引导我们在生活和工作中要具备耐心与细心，不轻易放弃，注重细节，努力追求卓越。

本 章 小 结

本章主要讨论栈的逻辑结构和物理存储结构以及各种存储结构下的算法实现。在后续学习中要广泛地应用。其主要内容包括：

1. 基本概念和术语

(1) 栈(Stack)是由 n 个元素组成的有限序列，可记作：

$S=(a_1,\ a_2,\ \cdots,\ a_i,\ \cdots,\ a_n)$

其中，每个 a_i 都是栈 S 的数据元素，数据元素可以是各种类型，但必须属于同一种数据对象。其数据元素之间呈线性关系，操作的特点是“后进先出”，主要操作有进栈、出栈和取栈顶元素等。

(2) 栈(Stack)是限定只能在表的一端进行操作的线性表。在表中允许插入和删除的一端叫做栈顶(Top)，不允许插入和删除的另一端叫做栈底(Bottom)，向栈顶插入一个元素的操作叫做入栈(Push)操作，从栈顶取出一个元素的操作叫做出栈(Pop)操作。

2. 栈的存储结构

(1) 顺序存储结构。

MaxStackSize=栈中允许存放元素个数的最大值，顺序栈的类型定义如下：

```
typedef struct
{
    DataType stack[MaxStackSize];
    int top;
}SeqStack;
```

(2) 链式存储结构。

链栈类型 LSNode 可定义如下：

```
typedef struct snode
```

```
{
    DataType data;
    struct snode *next;
} LSNode;
```

3. 栈的有关操作

对栈可执行以下的基本操作：

(1) StackInitiate (S)：初始化操作。它可设定一个空的栈 S。

(2) StackSize(S)：求长度函数。函数值为给定栈 S 中数据元素的个数。

(3) StackNotEmpty (S)：判空栈函数。若 S 为非空栈，则返回 1，否则返回 0。

(4) StackClear(S)：栈清空操作。操作的结果使 S 成为空栈。

(5) StackPush (S, x)：入栈操作。该操作可将 x 推入栈 S 中。若 S 非空，则插入元素 x 为插入前栈顶元素的后继(即 x 为插入后的栈顶元素)，否则插入元素为栈中的第 1 个元素即栈顶元素。

(6) StackPop(S)：出栈函数。若栈 S 非空，则返回函数值为栈顶元素，且从栈中删除栈顶元素，否则返回函数值为空元素 NULL。

(7) StackTop(S)：取栈顶函数。若栈 S 非空，则返回函数值为栈顶元素，否则返回函数值为 0。

习　题　3

一、填空题

1. 向量(线性表)、栈都是_______结构，可以在向量的________位置插入和删除元素；对于栈只能在________插入和删除元素。

2. 栈是一种特殊的线性表，允许插入和删除运算的一端称为__________。不允许插入和删除运算的一端称为_________。

3. 向栈中压入元素的操作是先 __________，后 _________。

4. 栈是一种线性表，它的特点是_______。设用一维数组 A[0，…，n−1]来表示一个栈，A[−1]为栈底，用整型变量 top 指示当前栈顶位置，A[top]为栈顶元素。往栈中压入(push)一个新元素时，变量 top 的值______；从栈中弹出(pop)一个元素时，变量 top 的值____。设栈空时，有输入序列 a，b，c，经过 push，pop，push，push，pop 操作后，从栈中弹出的元素的序列是______，变量 top 的值是______。

5. 在做入栈运算时，应先判别栈是否________；在做出栈运算时，应先判别栈是否________。当栈中元素为 n 个，做入栈运算时发生上溢，则说明该栈的最大容量为__________。

6. 为了增加内存空间的利用率和减少溢出的可能性，由两个栈共享一片连续的内存空间时，应将两栈的______________________________________分别设在这片内存空间的两端，这样，只有当______________________________________时，才产生上溢。

二、判断题

(　　) 1. 栈是一种对所有插入、删除操作限于在表的一端进行的线性表，是一种后进先出型结构。

(　　) 2. 栈的存储方式既可是顺序方式，也可是链接方式。

(　　) 3. 两个栈共享一片连续内存空间时，为提高内存利用率，减少溢出机会，应把两个栈的栈底分别设在这片内存空间的两端。

(　　) 4. 一个栈的输入序列是 12345，则栈的输出序列不可能是 12345。

三、单项选择题

1. 栈中元素的进出原则是______。

(A) 先进先出　　(B) 后进先出　　(C) 栈空则进　　(D) 栈满则出

2. 若已知一个栈的入栈序列是 1，2，3，…，n，其输出序列为 p_1，p_2，p_3，…，p_n，若 $p_1=n$，则 p_i 为_______。

(A) i　　(B) n = i　　(C) n − i + 1　　(D) 不确定

3. 判定一个栈 ST(最多元素为 M)为空的条件是_______。

(A) ST->top!=0　　(B) ST->top==−1　　(C) ST->top!=M　　(D) ST->top=M

四、简答题

1. 说明线性表与栈的异同点。

2. 设有编号为 1，2，3，4 的四辆列车，顺序进入一个栈式结构的车站，具体写出这四辆列车开出车站的所有可能的顺序。

五、简述以下算法的功能(其中栈元素类型为 int)

1.
```
void proc_1(Stack S)
{
    int i, n, A[255];
    n=0;
    while(!StackEmpty (S))
    {
        n++;
        Pop(&S, &A[n]);
    }
    for(i=1; i<=n; i++)
        Push(&S, A[i]);
}
```

2.
```
void proc_2(Stack S, int e)
{
    Stack T;
    int d;
    InitStack(&T);
    while(!StackEmpty (S))
```

```
    {
        Pop(&S, &d);
        if (d!=e)
            Push( &T, d);
    }
    while(!StackEmpty (T))
    {
        Pop(&T, &d);
        Push( &S, d);
    }
}
```

第4章 队　列

总体要求：

- 熟悉队列的定义；
- 熟悉队列的抽象数据类型描述中各种操作的含义；
- 熟练掌握顺序存储队列的建立、入队列、出队列算法；
- 熟练掌握链式存储队列的建立、入队列、出队列算法。

核心技能点：

- 队列应用于实际问题的能力。

扩展技能点：

- C 语言环境下队列各种算法的实现。

相关知识点：

- C 语言数组的知识；
- C 语言结构体的知识；
- C 语言指针的知识；
- C 语言函数的知识。

学习重点：

- 熟悉队列的定义；
- 熟悉队列的抽象数据类型描述中各种操作的含义；
- 掌握队列各种存储结构下算法的实现。

思政目标：

- 培养规则意识；
- 培养透过现象看本质的思维品质；
- 培养求真务实的精神；
- 树立注重细节意识。

4.1　队列的应用实例及概念

数据结构中所定义的队列与日常生活中的排队相当类似。在日常生活中，有许多是“先来先服务”的例子。例如，在银行排队等待取款的事件，或者在公共汽车站排队等车事件等。在这些排队事件中，新来的成员总是加入在队尾，而每次离开的成员总是队列头上的成员，即入队在队尾进行，而出队在队头进行。

队列是限定只能在表的一端进行插入，而在表的另一端进行删除的线性表。在表中允许插入的一端叫做队尾(Rear)，允许删除的一端叫做队头(Front)，向队尾插入一个元素的操作叫做入队操作，从队头取出一个元素的操作叫做出队操作。随着入队、出队操作的执行，队列的队头、队尾也不断地随之改变。由于队列的操作具有“先进先出”的特点，因此队列又称作先进先出表(First In First Out，FIFO)。

在图 4. 1 所表示的队列中，a_0 是队头元素，a_{n-1} 是队尾元素。队列中的元素以 a_0，a_1，…，a_{n-1} 的顺序进队列。如果对这个队列执行入队操作，入队元素为 a_n，则该队列的队尾元素就变为 a_n；如果对这个队列执行出队操作，则队列的队头元素 a_0 从队列中取出，当前的队头元素就变为 a_1。

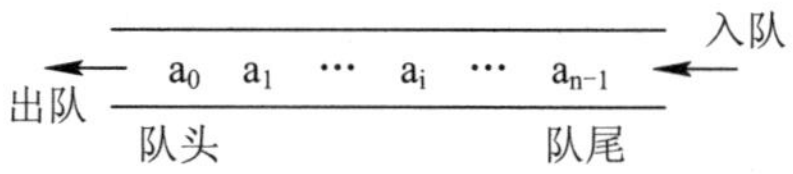

图 4.1　队列结构示意图

一般地，一个队列是由 n 个元素组成的有限序列，可记作：

$$Q = (a_0,\ a_1,\ \cdots a_i,\ \cdots,\ a_{n-1})$$

其中，每个 a_i 都是队列 Q 的数据元素，数据元素可以是各种类型，但必须属于同一种数据对象。

从银行排队等待取款的实例中我们可以看到，队列的操作与排队、离队的动作非常相似，入队操作就相当于来了一位新的顾客在队尾排队等候的事件，而出队操作就相当于取款后离队的事件。除了入队、出队操作以外，队列的操作通常还包括初始化、求当前元素个数、判断是否为空队列、清空以及取队头元素等。我们可以通过对队列的操作及其实现方法的研究，来实现具体问题中的有关操作。

综上所述，队列是一种数据类型，其数据元素之间呈线性关系，其操作的特点是“先进先出”，主要操作有入队、出队和取队头元素等。

队列在程序设计中也经常使用。一个最典型的例子就是操作系统中的作业排队。在允许多道程序运行的计算机系统中，作业输入后通常处于后备状态，由操作系统中的作业调度程序将作业调入执行。作业调度程序可以采用不同的调度策略，其中最简单的调度策略就是“先来先服务”，也就是要使用一个队列来实现这种调度策略。同样在做输出时也要按请求输出的先后次序排队。作业输出统一由操作系统中的输出程序来执行，每当输出程序传输完毕可以接收新的输出任务时，队头的输出作业从队列中退出做输出操作。凡是请求输出的作业都是从队尾进入队列的。

此外，在一些算法中也经常使用队列。例如，在图的遍历的非递归算法中，要使用一个“层次队列”来存放已访问的上层元素，由此来实现对下层元素的依次访问。本章将要介绍使用一个“循环队列”的应用实例。

先要考虑队列的存储方式，然后考虑有关的操作如何实现，在以下几节中将围绕这些问题展开讨论。

思政要点

培养规则意识：通过队列的应用实例，引导学生认识到规则的重要性，树立遵守规则、尊守秩序的观念。这有助于培养学生的法治意识和公民素养，为构建和谐社会奠定基础。

在现实生活中，队列广泛应用于需要维持秩序和纪律的场合，如排队购票、排队上车等。遵循队列规则，不插队、不推搡，体现了个人对公共秩序的尊重和维护。

4.2　队列的存储方式

与线性表类似，队列也有顺序存储结构与链式存储结构两种存储方式。按顺序存储结构建立起来的队列称为顺序队列，按链式存储结构建立起来的队列称为链队列。

4.2.1　队列的链式存储结构

我们已经知道，对于使用中数据元素的个数难以事先估计，而又进出变动较大的数据结构，采用链式存储结构比采用顺序存储结构更为有利。显然，队列也可以采用这种存储方式。采用链式存储结构的队列简称为链队列，如图 4.2 所示。

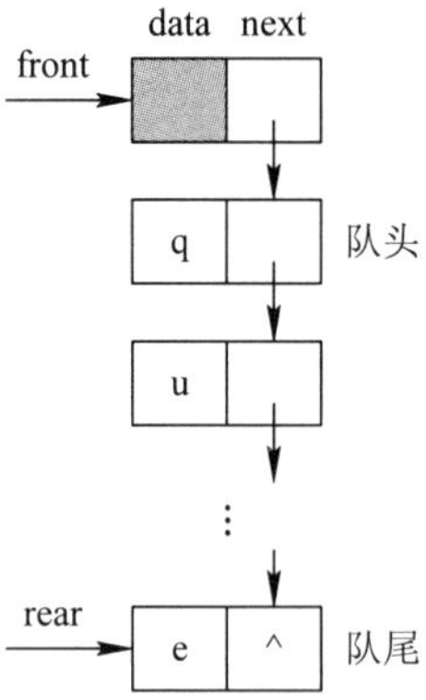

图 4.2　链队列示意图

对于一个链队列，显然需要设置两个指针，分别指向该队列的队头和队尾(分别称为头指针和尾指针)。一般为了操作方便起见，我们也给链队列增加一个头结点，并令头指针指向头结点。由此，空的链队列的判别条件为头指针和尾指针均指向头结点，如图 4.3(a)所示。

链队列的操作即为单链表的插入和删除的特殊情形，入队操作相当于从链尾插入一个元素，出队操作相当于从链头删除一个元素。入队出队操作均可通过修改尾指针或头指针来实现，图 4.3(b)～(d)展示了这两种操作进行时的指针变化情况。

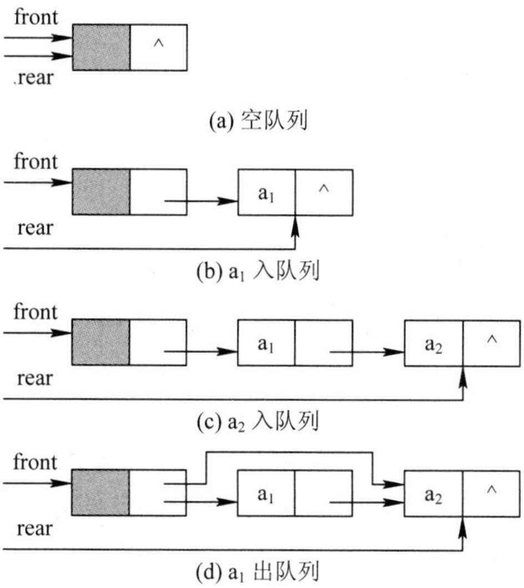

图 4.3　链队列指针变化状况

如前所述，链队列可以由头指针与尾指针唯一地确定，因此在定义链队列的类型时，应该包括一个头指针与一个尾指针。为了表示链队列的存储结构，我们先要定义存放队列中数据元素的结点类型及其指向这种结点的指针类型，然后再定义由一个头指针与一个尾指针组成的结构类型来表示一个链队列。如图 4.4 所示，假设结点类型名为 LQNode，结点类型中数据域名为 data，指针域名为 next，数据元素的类型为 DataType，链队列的头指针和尾指针分别为 front 与 rear，则链队列类型 LQueue 可定义如下：

```
typedef struct qnode
{
    DataType data;
    struct qnode *next;
} LQNode;

typedef struct
{
    LQNode *front;        /*队头指针*/
    LQNode *rear;         /*队尾指针*/
} LQueue;
```

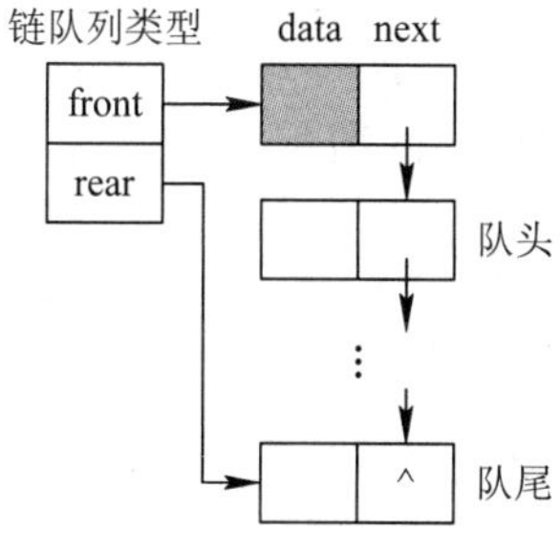

图 4.4　链队列类型结构

在程序中使用的链队列可以用一个 LQueue 型变量来表示，例如：

```
LQueue ql;
```

当 ql.front = ql.rear 时，这个队列就成为空队列，否则，ql.front->next 指向队头结点，而 ql.rear 指向队尾结点。和链栈的情形相同，一般不会出现队列满的情形，除非整个可用空间都被占满，malloc()都无法执行的情形下才会发生上溢。同样空队列的状态在程序设计中也被用作实现控制转移的条件。

思政要点

链式存储与责任感：在链式存储结构中，每个结点都存储了自身以及下一个结点的信息。每个结点都有责任确保自身以及后续结点的正确性。这可以类比到我们的社会生活中，每个人都要对自己以及他人的行为负责，共同维护社会的良好秩序。

4.2.2　队列的顺序存储结构

尽管链队列使用起来比较方便，但由于链表中的每个结点都设置一个指针域，因此它的顺序存储方式要多占用一些存储空间。有的情况下，仍需要使用顺序存储结构来表示队列。

队列的顺序存储结构是指使用一组地址连续的存储单元来依次存放队列中的数据元素，除了用一个能容纳最多元素个数的向量以外，还需要两个指针分别指向队头元素和队尾元素。在 C 语言中，通常可使用一个一维数组 queue[MaxQueueSize]来存储队列中的数据元素，两个整型指示器 front 与 rear 分别表示队头元素前一个和队尾元素的位置。类型定义如下：

```
MaxQueueSize=队列中允许存放元素个数的最大值;
typedef struct
{
    DataType queue[MaxQueueSize];
    int rear;              /*队尾指针*/
    int front;             /*队头指针*/
} SeqQueue;
```

这样我们就可以定义一个 SeqQueue 型的队列，SeqQueue Q。顺序队列的存储结构形式如图 4.5 所示。

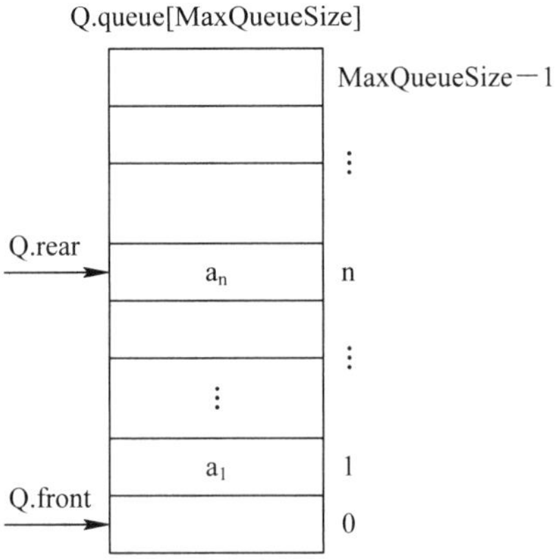

图 4.5　顺序队列的存储结构

在图 4.5 中，front 指针指向刚出队的那个元素的位置，而 rear 指针指向队尾元素的位置，因为在执行入队、出队操作时，先修改指针，再取出或送入元素。图 4.6(a)～(d)展示了对这种顺序队列在执行入队、出队操作时，头尾指针的变化情况。

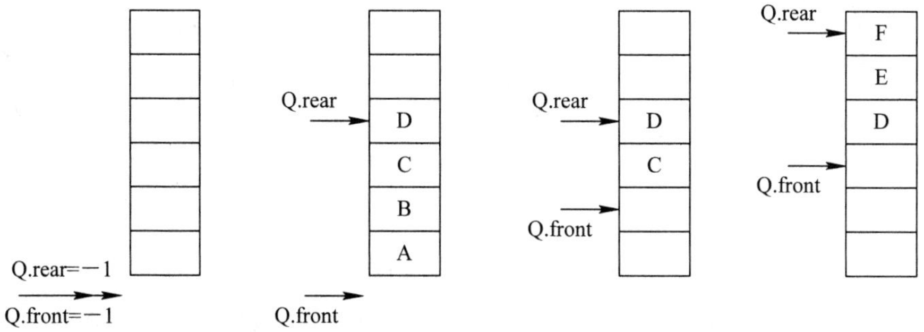

(a) 空队列　(b) A、B、C、D 依次入队　(c) A、B 依次出队　(d) E、F入队，C出队

图 4.6　顺序队列中头尾指针的变化

从图 4.6 可以看出，对于一般的顺序队列 Q，我们可以用 Q.front==Q.rear 作为判别队列是否为空的条件；用 Q.rear≥MaxQueueSize－1 作为判别队列是否为满的条件。

当队列非空时，可执行如下的出队操作：

```
Q.front=Q.front+1;
data=Q.queue [front];
```

当队列非满时，可执行如下的入队操作：

```
Q.rear=Q.rear+1;
Q.queue [Q.rear]=data;
```

在这里值得考虑的是：当 Q.rear≥MaxQueueSize－1 时，队列是否真正为满？假设当前队列是处在图 4.6(d)的状态，即 MaxQueueSize－1=5，Q.rear=5，Q.front=2，显然此时不能再做入队列的操作，因为 Q.rear≥MaxQueueSize－1，但队列中实际上并未存满元素，这种现象称为假溢出。当然，在发生假溢出时可以将全部元素向下移动直至头指针为－1，但这样处理效率不高。一个比较巧妙的办法是将队列设想成首尾相接的环，一端放满时再从另一端存入，只要尾指针不与头指针相遇，该队列就可使用下去。这就是我们所讲的循环队列。

图 4.7 是一个循环队列的示意图。在这个示意图中，循环队列的长度 MaxQueueSize=8，队列中元素的序号在 0～7 之间变化，7 号元素的后面又是 0 号元素。队列中的元素按顺时针的方向进入队列，Q.front 指针指向刚出队的那个元素的位置，即序号为 1，当前的队头元素在 2 号位，而 Q.rear 指针正好指向队尾元素的位置，当前的队尾元素在 4 号位。

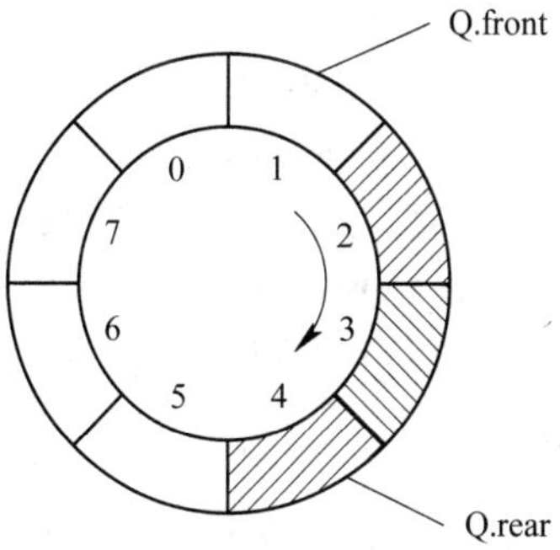

图 4.7　循环队列示意图

对于循环队列，当头指针和尾指针相等时，队列为空队列；但当队列的元素都存满时，尾指针也正好与头指针相等。为了能区分这两种不同的状态，规定循环队列少用一个元素空间，以尾指针加 1 等于头指针为队列满的判别条件。图 4.8 表示了循环队列的各种状态与头尾指针的关系。

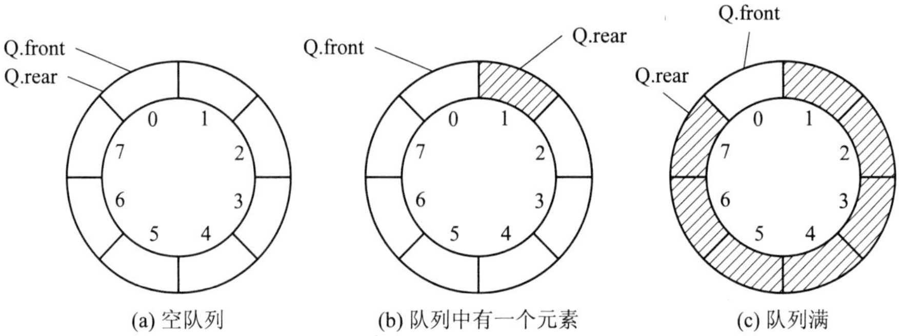

图 4.8 循环队列的头尾指针

另外对于循环队列，无论是头指针还是尾指针，在对其进行加 1 处理时，都要考虑对结果取模。综上所述：我们可以用 Q.front==Q.rear 作为判别队列是否为空的条件；用(Q.rear+1)%MaxQueueSize=Q.front 作为判别队列是否为满的条件。

当队列非空时，可执行如下的出队操作：

```
Q.front=(Q.front+1)%MaxQueueSize;
data= Q.queue [Q.front];
```

当队列非满时，可执行如下的入队操作：

```
Q.rear=(Q.rear+1)%MaxQueueSize;
Q.queue [Q.rear]=data;
```

如前所述，在队列的顺序存储结构中，应该包括一个存储数据元素的一维数组，取其名为 queue，其长度可取为一个适当的最大值 MaxQueueSize，另外还应包括两个位置指示器 front 和 rear，它们分别指向队头和队尾的位置。使用 C 语言，我们可以定义以下的结构类型来表示顺序队列或循环队列，设其类型名用 SeqCQueue 表示：

```
MaxQueueSize=队列中允许存放元素个数的最大值;
typedef struct
 {
  DataType queue[MaxQueueSize];
  int rear;                          /*队尾指针*/
  int front;                         /*队头指针*/
 } SeqCQueue;
```

在定义了顺序队列的类型 SeqCQueue 之后，我们就可以定义属于这种类型的队列，例如：SeqCQueue Q1；

此后可在程序中引用顺序队列 Q1 的相应成分，例如，Q1.queue[Q1．rear]表示队尾元素等。

思政要点

元素间的关系：顺序存储结构中，队列的元素是连续存放的，每个元素之间有固定的前后关系。这可以类比到社会生活中的各种关系，如人与人之间的亲情、友情等，从而理解人与人之间的联系和互相影响。

4.3 队列的有关操作

在存储结构确定以后，就要考虑队列操作的实现。下面分别按队列的顺序存储结构与链式存储结构两种方式来介绍有关算法的实现过程。

4.3.1 循环队列的操作实现

前面已经介绍了循环队列的类型定义 SeqCQueue，在这种类型中包括了一个存储数据元素的一维数组 queue[MaxQueueSize]以及头指针 front 和尾指针 rear。下面就讨论在这种存储方式下，队列的有关操作的实现。

1. 入队操作

循环队列的入队操作可表示如下：

```
int QueueAppend(SeqCQueue *Q, DataType x);
```

其中，参数 Q 表示指定的循环队列，其类型为 SeqCQueue；参数 x 表示入队列的元素，其类型为元素类型 DataType。该操作返回一个函数值，表示入队操作是否执行成功。

操作的功能为：在循环队列 Q 中插入元素 x。若循环队列 Q 不满，则插入 x 新的队尾元素，并返回函数值 1，否则队列的状态不变且返回函数值 0。

处理过程为：判断是否队列满，若队列满，则返回 0；否则，队列尾指针加 1，将 x 从队尾插入队列并返回 1。

程序如下：

```
int QueueAppend(SeqCQueue *Q, DataType x)
    /*把数据元素值 x 插入顺序循环队列 Q 的队尾，成功返回 1，失败返回 0 */
{
    if((Q->rear+1) % MaxQueueSize == Q->front)
    {
        printf("队列已满无法插入! \n");
        return 0;
    }
    else
    {
        Q->rear = (Q->rear + 1)%MaxQueueSize;
        Q->queue[Q->rear] = x;
        return 1;
    }
}
```

2. 出队操作

循环队列的出队操作可表示为

int QueueDelete(SeqCQueue *Q, DataType *d);

其中，参数 Q 表示指定的循环队列，其类型为 SeqCQueue。该操作是一个函数，删除顺序循环队列 Q 的队头元素，成功返回 1，失败返回 0。

操作的功能为：若循环队列 Q 非空，则从 Q 中取出队头元素并赋给 d，返回 1；否则返回 0。

处理过程为：判断队列是否为空队列。若队列为空队列，则返回 0；否则，队列头指针加 1 并返回队头元素。

程序如下：

```
int QueueDelete(SeqCQueue *Q, DataType *d)
    /*删除顺序循环队列 Q 的队头元素并赋给 d，成功则返回 1，失败则返回 0*/
{
    if(Q->front==Q->rear)
    {
        printf("循环队列已空无数据元素出队列! \n");
        return 0;
    }
    else
    {
        Q->front=(Q->front + 1)%MaxQueueSize;
        *d = Q->queue[Q->front];
        return 1;
    }
}
```

3. 其他操作

(1) 初始化操作：设置循环队列 Q 为空的循环队列。

```
void QueueInitiate(SeqCQueue *Q)     /*初始化顺序循环队列 Q*/
{
    Q->rear = 0;                      /*定义初始队尾指针下标值*/
    Q->front = 0;                     /*定义初始队头指针下标值*/
}
```

(2) 求长度操作：返回循环队列 Q 中所含元素的个数。

```
int QueueSize(SeqCQueue *Q)
{
    return(Q->rear−Q->front+ MaxQueueSize)% MaxQueueSize;
}
```

(3) 判断空队列操作：若队列为非空，则返回 1；否则返回 0。

```
int QueueNotEmpty(SeqCQueue Q)
/*判断顺序循环队列 Q 非空否，非空则返回 1，否则返回 0*/
{
    if(Q.front == Q.rear) return 0;
    else return 1;
}
```

(4) 取队头操作：若队列非空，则返回队头元素；否则返回 NULL。

```
int QueueGet(SeqCQueue Q, DataType *d)
    /*取顺序循环队列 Q 的当前队头元素并赋给 d，成功则返回 1，失败则返回 0*/
{
    if(Q.front == Q.rear)
    {
        printf("循环队列已空无数据元素可取! \n");
        return 0;
    }
    else
    {
        *d = Q.queue[Q.front];
        return 1;
    }
}
```

思政要点

循环队列的入队操作体现了“谦让”的精神。在循环队列中，当队列已满时，新来的元素无法加入队列，需要等待队列中的元素出队后才能空出位置。这就像我们在社会生活中遇到的各种问题，需要我们学会耐心等待和谦让，而不是急于求成或自私自利。

4.3.2 链队列的操作实现

前面已经介绍了链队列的类型定义 LQueue，在这种类型中包括了一个指向链队列的头指针 LQueue *front 和一个尾指针 LQueue *rear。下面就讨论在这种存储方式下，队列的有关操作的实现。

1. 入队列操作

链队列的入队操作可表示为：

```
int QueueAppend(LQueue *Q, DataType x);
```

其中，参数 Q 表示指定的链队列，其类型为 Lqueue，参数 x 表示入队列的元素，其类型为元素类型 DataType。

该操作的功能为在链队列 Q 中插入新的队尾元素 x。其处理过程为：

(1) 生成一个元素值为 x 的新结点；

(2) 将该结点从队尾插入队列。

链队列入队的操作示意图如图 4.9 所示，程序如下：

```
int QueueAppend(LQueue *Q, DataType x)
    /*把数据元素值 x 插入链式队列 Q 的队尾，入队列成功则返回 1，否则返回 0*/
{
    LQNode * p;
    if ((p = (LQNode *) malloc(sizeof(LQNode))) ==NULL)
    {
        printf("内存空间不足！");
        return 0;
    }
    p -> data = x;
    p -> next = NULL;
    Q -> rear -> next = p;
    Q -> rear = p;
    return 1;
}
```

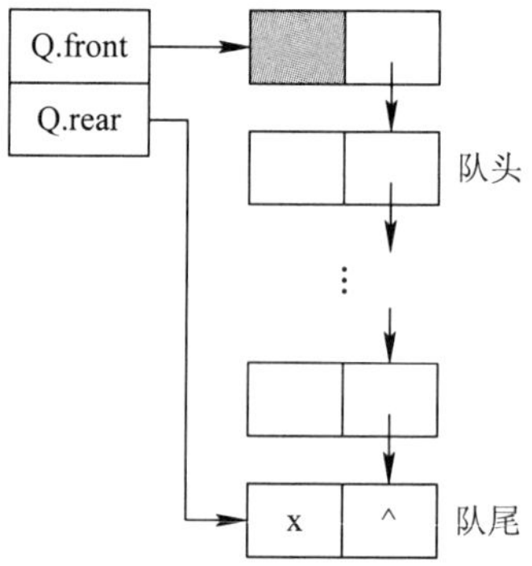

图 4.9 链队列入队操作示意图

2. 出队列操作

链队列的出队操作可表示为：

```
int QueueDelete(LQueue *Q, DataType *d);
```

其中，参数 Q 表示指定的链队列，其类型为 LQueue。该操作是一个函数，删除链式队列 Q 的队头数据元素值到 d。

操作的功能为：若链队列 Q 非空，则删除链式队列 Q 的队头数据元素值到 d 并返回 1，否则返回 0。

处理过程为(如图 4.10)：

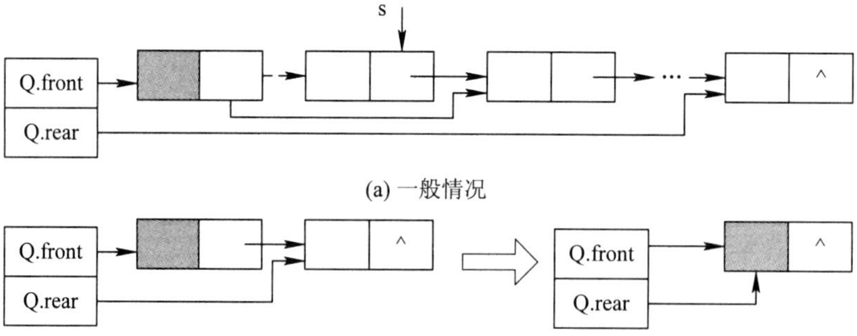

图 4.10 链队列出队操作示意图

若链队列 Q 为空，则返回 0，否则：

(1) 删除队头元素，即使头结点中的指针指向队头的下一个结点。

(2) 若删除后成为空队列，则使头尾指针值相同。

(3) 取删除结点的值由 d 带回，并释放该结点。

程序如下：

```
int QueueDelete(LQueue *Q, DataType *d)
    /*删除链式队列 Q 的队头数据元素值到 d，出队列成功则返回 1，否则返回 0*/
{
    LQNode *p;
    if(Q->front ==Q-> rear)
    {
        printf("队列已空无数据元素出队列! \n");
        return 0;
    }
    else
    {
        *d = Q->front->next->data;
        p = Q->front->next;
        Q->front ->next= Q->front->next->next;
        if(Q->front ==NULL)
            Q->rear =Q->front;
        free(p);
        return 1;
    }
}
```

3. 其他操作

(1) 初始化操作：设置一个空的链队列，由 Q 表示之。

处理过程：生成一个头结点，并使 Q 的头尾指针均指向它。

```
int QueueInitiate(LQueue *Q)            /*初始化链式队列 Q*/
{
    LQNode *p;
    if((p = (LQNode *)malloc(sizeof(LQNode))) == NULL)
    {
        printf("内存空间不足！ ");
        return 0;
    }
    Q->rear = Q->front =p;              /*定义初始队头尾指针下标值*/
    return 1;
}
```

(2) 求长度操作：返回链队列 Q 中所含元素的个数。

```
int QueueSize(LQueue Q)
{
    LQueue * p;
    int i;
    P=Q.front->next;
    i=0;
    while (p!=NULL)
    {
        i=i+1;
        p=p->next ;
    }
    return i;
}
```

(3) 判空队列操作：若队列为非空，则返回 1；否则返回 0。

```
int QueueNotEmpty(LQueue Q)
    /*判链式队列 Q 非空否，非空则返回 1，否则返回 0*/
{
    if(Q.front == Q.rear)
        return 0;
    else
        return 1;
}
```

(4) 取队头操作：若队列非空，取链式队列 Q 的当前队头数据元素值到 d，成功则返回 1；否则返回 0。

```
int QueueGet(LQueue Q, DataType *d)
    /*取链式队列 Q 的当前队头数据元素值到 d，成功则返回 1，否则返回 0*/
{
    if(Q.front == Q.rear)
    {
        printf("队列已空无数据元素出队列! \n");
        return 0;
    }
    else
    {
        *d = Q.front->next->data;
        return 1;
    }
}
```

(5) 销毁操作：释放所有的空间。

```
void Destroy(LQueue Q)
{
    LQNode *p, *p1;
    p = Q.front;
    while(p != NULL)
    {
        p1 = p;
        p = p->next;
        free(p1);
    }
}
```

4.4 队列的 ADT 定义

以上我们讨论了队列的结构特征、存储方式及其相关操作的实现，在本节中我们将给出队列的 ADT 定义即抽象数据类型定义。

与线性表、栈的情形类似，我们可以定义队列的抽象数据类型。一种数据类型的 ADT 定义由数据元素、结构及操作三部分组成。以下是队列的 ADT 定义。

元素：可以是各种类型的数据，但必须同属于一个数据对象；

结构：队列中的 n 个元素呈线性关系；

操作：对队列可执行以下的基本操作：

(1) int QueueInitiate(Q)：初始化操作。设定一个空的队列 Q。

(2) int QueueSize(Q)：求长度函数。函数值为给定队列 Q 中数据元素的个数。

(3) int QueueNotEmpty(Q)：判空队列函数。若队列为非空，则返回 1；否则返回 0。

(4) QueueClear(Q)：队列清空操作。操作的结果使 Q 成为空队列。

(5) QueueAppend(Q, x)：入队列操作。在队列 Q 的尾部插入元素 x。若队列 Q 不满，则元素 x 成为插入前队尾元素的后继，即 x 为新的队尾元素。

(6) int QueueDelete(Q, d)；出队列函数。若队列 Q 非空，则删除链式队列 Q 的队头数据元素值到 d，出队列成功则返回 1，且其后继为新的队头元素；否则返回 0。

(7) int QueueGet(Q, d)：取队头元素函数。若队列 Q 非空，则返回 1；否则返回 0。

由于在具体的应用中，对队列所进行的操作不一定相同，因此队列的函数定义就会有所不同。而且由于数据存储方式的不同，函数定义的实现方法也就不同。

思政要点

链队列插入操作中的“包容”精神：在链队列中，当新元素想要插入队列时，如果队列已满，新元素则需要等待，直到队列中有空闲的位置。这就像我们在生活中要学会包容他人，无论他人是否完美，都要有一颗包容的心，给予他人成长和进步的空间。

4.5 顺序循环队列的应用

由于顺序循环队列和顺序队列结构近似，但顺序循环队列的功能大大优于顺序队列的功能，所以顺序队列几乎不被采用。顺序循环队列的应用很广泛，例如，操作系统中的各种数据缓冲区的先进先出管理，应用系统中的各种事件排队管理等。这里我们讨论一个用顺序循环队列和顺序堆栈实现判断一个字符序列是否是回文(回文是指一个字符序列以中间字符为基准两边字符完全相同)的例子。

例 4.1 编程序判断一个字符序列是否是回文。

程序从键盘输入一个字符序列存入字符串 str 中，字符串长度小于等于 80，输入字符序列以回车换行符为结束标记，字符串 str 中不包括回车换行符。把字符串中字符逐个分别存入队列和堆栈，然后逐个出队列和退栈并比较出队列的元素和退栈的元素是否相等，若全部相等则该字符序列是回文，否则就不是回文。实现程序如下：

```
#define MaxStackSize 100
typedef char DataType;        /*定义具体应用的数据类型 DataType*/
#include "SeqCQueue.h"
#include "SeqStack.h"
void HuiWen(char str[])
{
    SeqCQueue myQueue;
    SeqStack myStack;
    char x, y;
    int i, length;
    length = strlen(str);
    QueueInitiate(&myQueue);
    StackInitiate(&myStack);
    for(i = 0; i < length; i++)
    {
        QueueAppend(&myQueue, str[i]);
        StackPush(&myStack, str[i]);
    }
    while(QueueNotEmpty(myQueue) == 1 && StackNotEmpty(myStack) == 1)
    {
        if(QueueDelete(&myQueue,&x)==1&& StackPop(&myStack,&y)==1&& x!=y)
        {
            printf("%s 不是回文!\n", str);
            return;
```

```
            }
        }
        if(QueueNotEmpty(myQueue)||StackNotEmpty(myStack))
            printf("%s 不是回文!\n", str);
        else
            printf("%s 是回文!\n", str);
    }
    void main(void)
    {
        char str1[] = "ABCDEDCBA";
        char str2[] = "ABCDEDCAB";
        HuiWen(str1);
        HuiWen(str2);
    }
```

思政要点

培养批判性思维：在实现判断字符序列是否为回文的操作中，需要学会判断输入的字符序列是否为回文。这需要具备一定的批判性思维。通过该操作学习，可以培养批判性思维和判断能力。

4.6 上机实验

实验目的：

通过上机实验，熟悉队列的各种存储结构，锻炼学生运用队列的知识解决实际问题的能力。

实验要求：

1. 完成自己的队列头文件；
2. 完成后附上范例的上机验证；
3. 模仿实例，完成其他算法；
4. 完成实验报告。

实验步骤：

1. 逐步完成自己的顺序存储的循环队列头文件。

(1) 编写头文件；

(2) 编写验证主函数；

(3) 上机调试程序，上机验证。

2. 逐步完成自己的链式存储的队列头文件。

(1) 编写头文件；
(2) 编写验证主函数；
(3) 上机调试程序，上机验证。
3. 完成应用实例程序。
4. 撰写实验报告。

范例： 链式队列头文件内容。

```
#include <stdio.h>
#include <stdlib.h>
typedef char    DataType;
typedef struct qnode
{
    DataType data;
    struct qnode *next;
} LQNode;

typedef struct
{
    LQNode *front;                        /*队头指针*/
    LQNode *rear;                         /*队尾指针*/
} LQueue;
int QueueInitiate(LQueue *Q)              /*初始化链式队列 Q*/
{
    LQNode *p;
    if((p = (LQNode *)malloc(sizeof(LQNode))) == NULL)
    {
        printf("内存空间不足！");
        return 0;
    }
    Q->rear = p;                          /*定义初始队尾指针下标值*/
    Q->front = p;                         /*定义初始队头指针下标值*/
    return;
}
int QueueNotEmpty(LQueue Q)
    /*判断链式队列 Q 非空否，非空则返回 1，否则返回 0*/
{
    if(Q.front->next == NULL)
        return 0;
    else
```

```
        return 1;
}

int QueueAppend(LQueue *Q, DataType x)
    /*把数据元素值 x 插入链式队列 Q 的队尾，入队列成功则返回 1，否则返回 0 */
{
    LQNode *p;
    if((p = (LQNode *)malloc(sizeof(LQNode))) == NULL)
    {
        printf("内存空间不足！ ");
        return 0;
    }
    p->data = x;
    p->next = NULL;
    Q->rear->next = p;
    Q->rear=p;
    return 1;
}

int QueueDelete(LQueue *Q, DataType *d)
    /*删除链式队列 Q 的队头数据元素值到 d，出队列成功则返回 1，否则返回 0*/
{
    LQNode *p;
    if(Q->front->next == NULL)
    {
        printf("队列已空无数据元素出队列! \n");
        return 0;
}
    else
    {
        *d = Q->front->next->data;
        p = Q->front->next;
        Q->front->next = Q->front->next->next;
        if(Q->front->next == NULL)
            Q->rear =Q->front;
        free(p);
        return 1;
    }
}
```

```
int QueueGet(LQueue Q, DataType *d)
    /*取链式队列 Q 的当前队头数据元素值到 d，成功则返回 1，否则返回 0*/
{
    if(Q.front == NULL)
    {
        printf("队列已空无数据元素出队列! \n");
        return 0;
    }
    else
    {
        *d = Q.front->next->data;
        return 1;
    }
}

void Destroy(LQueue Q)
{
    LQNode *p, *p1;
    p = Q.front;
    while(p != NULL)
    {
        p1 = p;
        p = p->next;
        free(p1);
    }
}
void main(void)
{
    LQueue myQueue;
    int i ;
    char x='a';
    QueueInitiate(&myQueue);
    for(i = 0; i < 26; i++)
        QueueAppend(&myQueue, i+x);
    QueueDelete(&myQueue, &x);
    printf("%c", x);
    while(QueueNotEmpty(myQueue) == 1)
    {
        if(QueueGet(myQueue, &x) == 0)
```

```
        {
            printf("错误! \n");
            return;
        }
        else
        {
            printf("%c     ", x);
            QueueDelete(&myQueue, &x);
        }
    }
    Destroy(myQueue);
}
```

思政要点

坚持与耐心：在队列的实验操作中，可能会遇到各种各样的问题和困难。在遇到问题时，需要坚持不懈地寻找问题的原因，耐心地解决问题。这期间有助于培养耐心和坚持不懈的精神。

本 章 小 结

本章主要讨论队列的逻辑结构和物理存储结构以及各种存储结构下的算法实现。在后续学习中要广泛地应用。本章主要内容包括：

1. 基本概念和术语

(1) 队列是由 n 个元素组成的有限序列，可记作：

$$Q = (a_0，a_1，\cdots a_i，\cdots，a_{n-1})$$

其中，每个 a_i 都是队列 Q 的数据元素，数据元素可以是各种类型，但必须属于同一种数据对象。数据元素之间呈线性关系，其操作的特点是“先进先出”，主要操作有入队、出队和取队头元素等。

(2) 队列是限定只能在表的一端进行插入操作，另一端进行删除操作的线性表。在表中允许插入的一端叫作队尾(Rear)，而允许删除的另一端叫作队头(Front)，向队尾插入一个元素的操作叫作入队操作，从队头取出一个元素的操作叫作出队操作。

2. 队列的存储结构

(1) 顺序存储结构。

循环队列，设其类型名用 SeqCQueue 表示，类型定义如下：

```
MaxQueueSize=队列中允许存放元素个数的最大值;
typedef struct
 {
```

```
    DataType queue[MaxQueueSize];
    int rear;                           /*队尾指针*/
    int front;                          /*队头指针*/
} SeqCQueue;
```

(2) 链式存储结构。

链队列类型 LQueue 可定义如下：

```
typedef struct qnode
{
    DataType data;
    struct qnode *next;
} LQNode;


typedef struct
{
    LQNode *front;          /*队头指针*/
    LQNode *rear;           /*队尾指针*/
} LQueue;
```

3. 队列的有关操作

对队列可执行以下基本操作：

(1) int QueueInitiate(Q)：初始化操作。设定一个空的队列 Q。

(2) int QueueSize(Q)：求长度函数。函数值为给定队列 Q 中数据元素的个数。

(3) int QueueNotEmpty(Q)：判空队列函数。若 Q 为非空队列，则返回 1；否则返回 0。

(4) Queueclear(Q)：队列清空操作。操作的结果使 Q 成为空队列。

(5) QueueAppend(LQueue *Q, DataType x)：入队列操作。在队列 Q 的尾部插入元素 x。若队列 Q 不满，则元素 x 成为插入前队尾元素的后继，即 x 为新的队尾元素。

(6) int QueueDelete(Q, d)：出队列函数。若队列 Q 非空，删除链式队列 Q 的队头数据元素值到 d，出队列成功则返回 1，且其后继为新的队头元素；否则返回 0。

(7) int QueueGet(Q, d)：取队头元素函数。若队列 Q 非空，则返回 1；否则返回 0。

习 题 4

一、填空题

1. 向量(线性表)和队列都是________结构，可以在向量的_________位置插入和删除元素；对于队列只能在__________插入和__________删除元素。

2. ________是被限定为只能在表的一端进行插入运算，在表的另一端进行删除运算的线性表。

3. 在一个循环队列中，队首指针指向队首元素的__________位置。

4. 在具有 n 个单元的循环队列中，队满时共有________个元素。

5. 从循环队列中删除一个元素时，其操作是先________，后________。

6. 带表头结点的空循环双向链表的长度等于________。

二、判断题

( ) 1. 在表结构中最常用的是线性表，栈和队列不太常用。

( ) 2. 对于不同的使用者，一个表结构既可以是栈，也可以是队列，也可以是线性表。

( ) 3. 栈和队列是一种非线性数据结构。

( ) 4. 队是一种插入与删除操作分别在表的两端进行的线性表，是一种先进后出型结构。

三、单项选择题

1. 判定一个队列 QU(元素最多为 M)为满队列的条件是______。

(A) QU->rear-QU->front==M　　(B) QU->rear-QU->front-1==M

(C) QU->front==QU->rear　　(D) QU->front==QU->rear+1

2. 数组 Q［n］用来表示一个循环队列，front 为当前队列头元素的前一位置，rear 为队尾元素的位置，假定队列中元素的个数小于 n，计算队列中元素的公式为______。

(A) rear-front;　　(B) (n+front-rear)% n;

(C) n+rear-front;　　(D) (n+rear-front)% n;

四、简答题

1. 说明线性表、栈与队的异同点。

2. 假设正读和反读都相同的字符序列为“回文”，例如，‘abba’和‘abcba’是回文，‘abcde’和‘ababab’则不是回文。假设一字符序列已存入计算机，请分析用线性表、堆栈和队列等方式正确输出其回文的可能性。

3. 顺序队列的“假溢出”是怎样产生的？如何知道循环队列是空还是满？

4. 设循环队列的容量为 40(序号从 0 到 39)，现经过一系列的入队和出队运算后，有

① front=11，rear=19;　　② front=19，rear=11;

问在这两种情况下，循环队列中各有元素多少个？

五、阅读理解

1. 写出下列程序段的输出结果(队列中的元素类型 QElem Type 为 char)。

```
void main( ){
    Queue Q; Init Queue (Q);   Char x='e'; y='c'
    EnQueue (Q, 'h'); EnQueue (Q, 'r'); EnQueue (Q, 'y');   DeQueue (Q, x); EnQueue (Q,x);
    DeQueue (Q, x); EnQueue (Q, 'a');
    while(!QueueEmpty(Q))
    {
        DeQueue (Q,y);
        printf(y);
```

```
    }
    Printf(x);
}
```

2. 简述以下算法的功能(栈和队列的元素类型均为 int)。

```
void algo3(Queue &Q)
{
    Stack S; int d;   InitStack(S);
    while(!QueueEmpty(Q))
    {
        DeQueue (Q,d);
        Push(S,d);
    }
    while(!StackEmpty(S))
    {
        Pop(S,d);
        EnQueue (Q,d);
    }
}
```

六、算法设计

假设一个数组 squ[m]存放循环队列的元素。若要使这 m 个分量都得到利用，则需另一个标志 tag。以 tag 为 0 或 1 来区分尾指针和头指针值相同时队列的状态是“空”还是“满”。试编写相应的入队和出队的算法。

第5章　串

总体要求：

- 熟悉串类型的定义；
- 熟悉串的抽象数据类型描述中各种操作的含义；
- 熟练掌握顺序存储串的各种算法；
- 熟练掌握链式存储串的各种算法。

核心技能点：

- 选择串的各种存储结构应用于实际问题的能力；
- 熟练掌握顺序存储串的各种算法实现的能力；
- 熟练掌握链式存储串的各种算法实现的能力；
- 合理应用字符串的各种操作的能力。

扩展技能点：

- C 语言环境下字符串各种操作的实现。

相关知识点：

- C 语言字符数组的知识；
- C 语言结构体的知识；
- C 语言字符串指针的知识；
- C 语言函数及参数传递的知识。

学习重点：

- 熟悉串类型的定义；
- 熟悉串的抽象数据类型描述中各种操作的含义；
- 掌握串各种存储结构下算法的实现。

思政目标：

- 学习自警自励的智慧；
- 培养谦虚谨慎、艰苦奋斗的品质；
- 培养实事求是、具体问题具体分析的思维品格；
- 树立统筹兼顾的科学意识。

5.1 串的应用实例及基本概念

计算机处理的对象有数值数据和非数值数据，字符串是最基本的非数值数据，如在汇编和高级语言的编译程序中，源程序和目标程序都是字符串数据；在事务处理程序中，如学生的姓名、家庭地址、爱好特长等，一般也是作为字符串处理的。随着计算机的发展，串在文字编辑、信息检索、符号处理等许多领域得到越来越广泛的应用。在这些应用中，涉及字符数据如何组织、如何存储、进行什么样的操作等。比如，在文本编辑中，主要工作是修改字符数据的形式和格式，也就是对字符串进行查找、插入、删除和修改等操作。

串(string)是由零个或多个字符组成的有限序列。一般记作：

S="$a_0a_1 \ldots a_{n-1}$"

其中：S 是串名，用双引号括起来的字符序列为串值，引号是界限符，$a_i(0 \leq i \leq n-1)$是一个任意字符(字母、数字或其他字符)，它称为串的元素，是构成串的基本单位；串中所包含的字符个数 n 称为串的长度，当 n=0 时，称为空串，通常记为 Φ。

将串值括起来的双引号本身不属于串，它的作用是避免串与常数或与标识符混淆。

例如，A="123" 是数字字符串，长度为 3，它不同于整常数 123；B="lxx" 是长度为 3 的字符串，而 lxx 通常表示一个标识符。

常将仅由一个或多个空格组成的串称为空白串。注意空串和空白串的不同，例如" "和" "分别表示长度为 1 的空白串和长度为 0 的空串。

串中任意连续的字符组成的子序列称为该串的子串。包含子串的串相应地称为主串。

通常称字符在序列中的序号为该字符在串中的位置。子串在主串中的位置则以子串的第一个字符首次在主串中的位置来表示。

例如，设有两个字符串 A 和 B

A="This is a string. "

B="is"

则它们的长度分别为 17、2，B 是 A 的子串，A 为主串。B 在 A 中出现了两次，其中首次出现所对应的主串位置是 2。因此，称 B 在 A 中的序号(或位置)为 2。

若两个串的长度相等且对应字符都相等，则称两个串是相等的。当两个串不相等时，可按“字典顺序”分大小。

串也是线性表的一种，因此串的逻辑结构和线性表极为相似，区别仅在于串的数据对象限定为字符集。

思政要点

密码学应用：在密码学中，密码的破解往往需要对字符串进行操作。串的基本概念和操作可以帮助我们理解和设计更安全的密码算法，保障信息安全。这可以帮助引导理解保护隐私和信息安全的重要性，激发保密意识。

5.2　串的存储结构

因为串是数据元素类型为字符型的线性表，所以线性表的存储方式仍适用于串。也因为字符的特殊性和字符串经常作为一个整体来处理的特点，串在存储时还有一些与一般线性表的不同之处。

5.2.1　串的顺序存储

串的顺序存储结构简称为顺序串。与顺序表类似，顺序串是用一组地址连续的存储单元来存储串中的字符序列。因此可用高级语言的字符数组来实现，按其存储分配的不同可将顺序串分为静态存储分配顺序串和动态存储分配的顺序串两类。

1. 静态存储分配顺序串

所谓静态存储分配是指按预定义的大小，为每一个串变量分配一个固定长度的存储区，即串值空间的大小在编译时刻就已确定，是静态的。所以串空间最大值为 MaxSize 时，最多只能放 MaxSize−1 个字符。其类型描述如下：

```
#define MaxSize 256          /*该值依赖于应用，由用户定义*/
typedef struct
{
    char str[MaxSize];       /*256 个字符依次存储在 str[0]...str[MaxSize-1]中。*/
    int length;              /*String 是顺序串类型，则串的最大长度不能超过 255。*/
}String;String s;            /*定义串变量 s*/
```

在直接使用定长的字符数组存放串内容外，一般可使用一个不会出现在串中的特殊字符放在串值的末尾来表示串的结束。例如，C 语言中以字符'\0'表示串值的终结。

在 C 语言中串的静态存储结构如图 5.1 所示。

s.str[MaxSize]

0	1	2	3	4	5	6	7	…	MaxSize－1
s	t	u	d	e	n	t	\0	…	

s.length=7

图 5.1　C 语言中串的静态存储结构

2. 动态存储分配的顺序串(堆串)

这种存储表示的特点是：仍以一组地址连续的存储单元存放串值字符序列，但它们的存储空间是在程序执行过程中动态分配而得。系统将一个地址连续、容量很大的存储空间作为字符串的可用空间，每当建立一个新串时，系统就从这个空间中分配一个大小和字符串长度相同的空间存储新串的串值。

假设以一维数组 heap[MaxSize]表示可供字符串进行动态分配的存储空间，并设一整型变量 free 指向 heap 中未分配区域的开始地址。在程序执行过程中，当生成一个新串时，就从 free 指示的位置起为新串分配一个所需大小的存储空间，同时记录该串的相关信息。这种存储结构称为堆结构。动态分配存储空间的顺序串也叫堆串。

在 C 语言中，已经有一个称为“堆”的自由存储空间，并可利用 malloc()和 free()等动态存储管理函数，根据实际需要动态分配和释放字符数组空间。其类型可描述如下：

```
typedef struct
{
    char *str;          /*指示串的起始地址，可按实际的串长分配存储区*/
    int length;
    int maxLength;
}HString;
HString s;              /*定义一个串变量*/
```

在 C 语言中，顺序串的动态存储结构如图 5.2 所示。

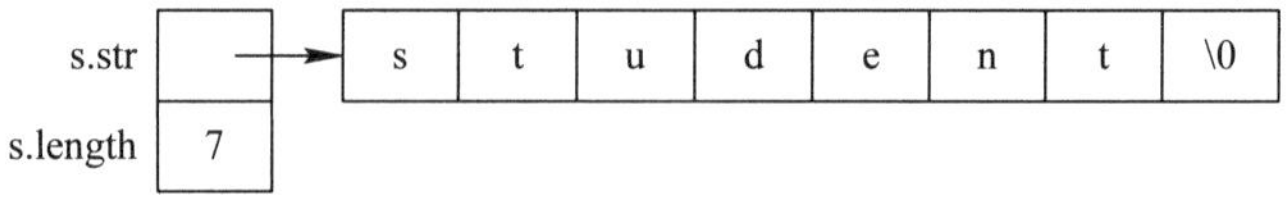

图 5.2　顺序串的动态存储结构

在程序中，可根据实际需求为这种类型的串变量动态分配存储空间，非常有效、方便，只是在程序执行过程中要不断地生成新串和销毁旧串。

思政要点

由于字符在内存中连续存储，因此访问串中的任意字符时速度较快。这可以类比我们在学习中积累知识。当知识体系构建完备，解答问题时能够迅速找到答案，提高效率。

5.2.2　串的链式存储

顺序串上的插入和删除操作不方便，需要移动大量的字符。因此，我们可用单链表方式来存储串值，串的这种链式存储结构简称为链串。

链串的类型可描述如下：

```
typedef struct node
{
    char ch;
    struct node *next;      /*next 为指向结点的指针*/
}LString;
LString *s;                 /*定义一个串变量 s*/
```

一个链串由头指针唯一确定。串的链式存储结构如图 5.3 所示。

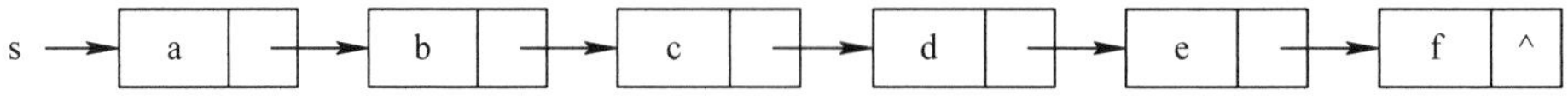

图 5.3　串的链式存储结构

链串结构便于进行插入和删除运算，但存储空间利用率太低。为了提高存储密度，可使每个结点存放多个字符，通常将结点数据域存放的字符个数定义为结点的大小。显然，当结点大小大于 1 时，串的长度不一定正好是结点的整数倍，因此要用特殊字符来填充最后一个结点，以表示串的终结。例如：S="abcdefg",共 7 个字符，不是结点大小 4 的整数倍，所以用‘#’填充，如图 5.4 所示。

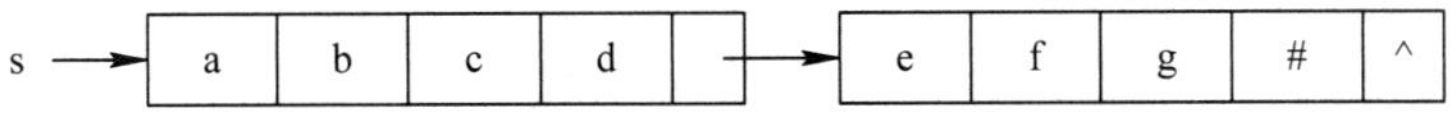

图 5.4　结点大小为 4 的链串

从以上例子可以看出，对于结点大小不为 1 的链串，其类型定义只需对上述的结点类型做简单的修改即可。

```
#define NodeSize 4
typedef struct node
{
    char data[NodeSize];
    struct node *next;
}LString;
```

虽然提高结点的大小使得存储密度增大，但是做插入、删除运算时，需要考虑结点的分拆与合并，可能会引起大量字符的移动，给运算带来不便。在图 5.4 所示链串的第三个字符之后插入“xyz”，之后的链串如图 5.5 所示。

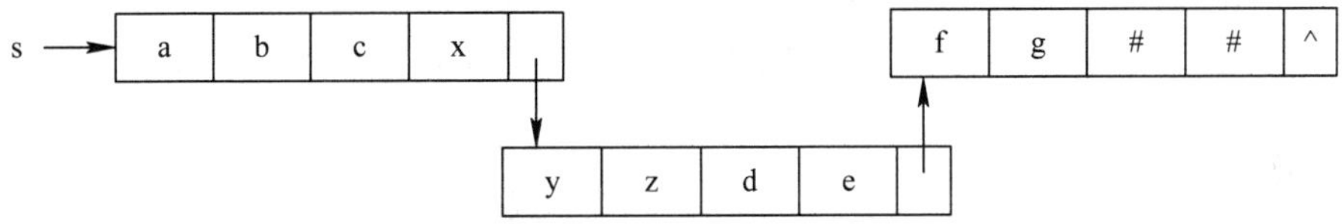

图 5.5　链串的插入

思政要点

与顺序存储相比，链式存储中的每个节点都较为独立，但同时也需要承担自己的责任，确保整体结构的完整和稳定。在生活中，我们要有自主性，学会独立思考和行动。同时，也要有责任心，对自己的行为和选择负责。

5.3　串运算的实现

选择不同的存储结构，则有不同的运算算法。这一节我们将讨论在不同的存储结构下串的部分基本运算。

采用静态存储顺序串，则串变量的长度是固定的，即是一个定长字符数组。这时，串的长度可在定义的长度范围内随意改变，超过预定义长度的串值则被舍去。所以，在改变串长的操作中，如串的连接、插入和替换等运算中就要考虑超出预定义长度的串值将被截去的情况。

采用动态存储顺序串，串变量的存储空间是在程序执行过程中动态分配而得的，可根据实际需求为串变量动态分配存储空间，非常有效、方便，但需不断地生成新串、撤消旧串。

采用链串存储方式，便于进行插入和删除运算，但存储空间利用率相对较低。若提高结点的存储密度，又会给操作带来不便，所以较少使用。

下面，我们介绍采用静态存储顺序串，实现求子串操作、删除操作、插入操作、定位操作、替换操作。简要介绍采用动态存储顺序串，实现串插入、删除、求子串运算；采用链串存储方式实现串定位运算。

1．求子串操作(采用静态存储顺序串)

设源串为 S，则求子串操作为将源串 S 的一部分复制到新串 T 内。假设源串 String S 已在外部进行了说明，截取的子串位置为 int pos，截取长度为 int len，则子串操作过程如下：

```
int SubString(String S, int pos, int len, String *T);
```

功能：在源串 S 中截取从 pos 开始的长 len 的子串，并将其复制到字符串 T 中。

处理过程：

(1) 若截取子串的位置或长度超出合法值，即当 pos+len>s.length 或 pos<0 或 len<0 时，显示出错信息并终止。

(2) 否则，截取子串的位置在串长范围以内，且截取长度未超出最大可供截取长度，将源串 S 中从 pos 开始的长度为 len 的内容复制到串 T 中，如图 5.6 所示。

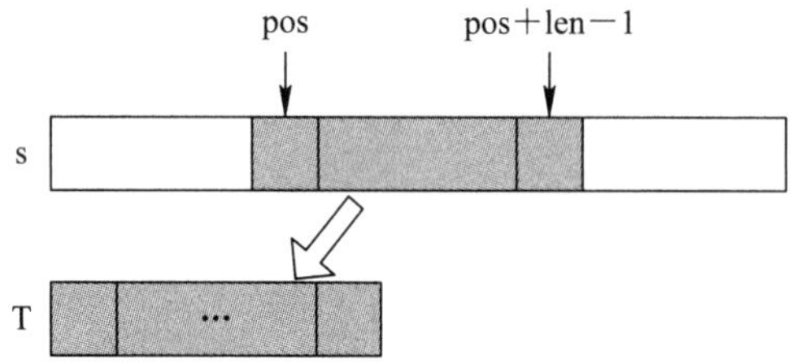

图 5.6　求子串操作示意图

程序如下：

```
int SubString(String S, int pos, int len, String *T)
{
    int i;
    if(pos < 0 || len < 0 || pos+len > S.length)
    {
        printf("参数 pos 和 len 出错");
        return 0;
    } else
    {
```

```
            for(i = 0; i < len; i++)
                T->str[i] = S.str[pos+i];       /*给子串 T 赋值*/
            T->length = len;
            T->str[i]='\0';       /*给子串 T 的长度域赋值*/
            return 1;
        }
    }
```

2．删除操作(采用静态存储顺序串)

删除操作可删除源串 S 中指定范围内的串值。设源串 String S 已在外部进行了说明，删除起始位置为 int pos，删除长度为 int len，则删除操作过程如下：

```
int StrDelete(String *S, int pos, int len);
```

功能：在源串 S 中删除从 pos 开始的长度为 len 的子串。

处理过程：

(1) 若删除起始位置或长度超出合法值，即当 pos+len>s.length 或 pos<0 或 len<0 时，显示出错信息并终止。

(2) 若删除起始位置在串长范围以内且删除长度未超出最大可供删除长度，即当 0≤pos≤s.length−1 且 1≤len≤s.length-pos+1 时，将源串 S 中从 pos 开始的长度为 len 的内容删除，如图 5.7 所示。

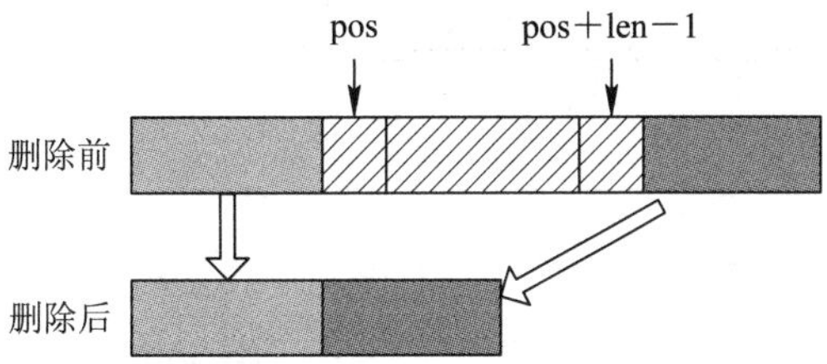

图 5.7　删除子串操作示意

程序如下：

```
int StrDelete(String *S, int pos, int len)
{
    int i;
    if(S->length <= 0)
    {
        printf("数组中未存放字符无元素可删! \n");
        return 0;
    } else if (pos < 0 || len < 0 || pos+len > S->length)
    {
        printf("参数 pos 和 len 出错");
        return 0;
    } else {
```

```
        for(i = pos+len; i <=S->length; i++)
            S->str[i-len] =S->str[i];       /*依次前移*/
        S->length= S->length-len;       /*产生新的长度值*/
        return 1;
    }
}
```

3. 插入操作(采用静态存储顺序串)

插入操作可将一个串插入源串 S 中的指定位置。设源串 String S 已在外部说明，插入的串为 T，插入位置为 int pos，则插入操作过程为

```
int StrInsert(String *S, int pos, String T);
```

功能：在源串 S 中 pos 指示的位置插入串 T。

处理过程：

(1) 当插入位置超出合法值或 S 串长已达最大值，即当 pos<0 或 pos>S.length 或 S–>S.length + T.length > MaxSize 时，显示出错信息并终止。

(2) 当插入位置在 S 串长范围以内，即当 0≤pos≤S.length 时，则将串 T 插入源串 S 中 pos 之后的位置，如图 5.8 所示。

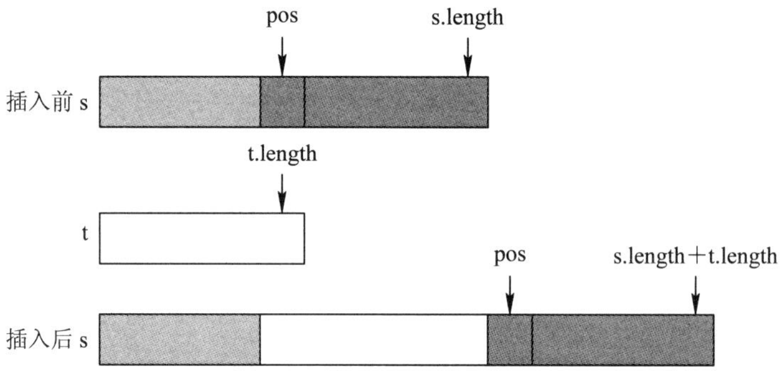

图 5.8　插入子串操作示意

程序如下：

```
int strInsert(String *S, int pos, String T)
    /*在串 S 的 pos 位置插入子串 T*/
{
    int i;
    if(pos<0||pos> s.length)
    {
        printf("参数 pos 出错！");
        return 0;
    }
    else if(S->length + T.length >MaxSize)
    {
```

```
            printf("数组空间不足无法插入！ ");
            return 0;
        } else {
            for(i = S->length; i >= pos; i--)
                S->str[i+T.length] = S->str[i];        /*为插入做准备*/
            for(i = 0; i < T.length; i++)
                S->str[pos+i] = T.str[i];              /*插入*/
            S->length += T.length;                     /*产生新的元素个数*/
            return 1;
        }
    }
```

4. 定位操作(采用静态存储顺序串)

串的定位运算也称为串的模式匹配，是一种重要的串运算。

设 S 和 T 是给定的两个串，在主串 S 中找到等于子串 T 的过程称为模式匹配。如果在 S 中找到等于 T 的子串，则称匹配成功，函数返回 T 在 S 中的首次出现的存储位置(或序号)，否则匹配失败，返回−1。T 也称为模式串。

算法思想如下：start 为匹配的起始位置。首先将 s_0 与 t_0 进行比较，若不同，就将 s_1 与 t_0 进行比较，……，直到 S 的某一个字符 s_i 和 t_0 相同，再将它们之后的字符进行比较，若也相同，则如此继续往下比较，当 S 的某一个字符 s_i 与 T 的字符 t_j 不同时，则 S 返回到本趟开始字符的下一个字符，即 s_{i-j+1}，t 返回到 t_0，继续开始下一趟的比较，重复上述过程。若 T 中的字符全部比较完，则说明本趟匹配成功，本趟的起始位置是 i−j，否则，匹配失败。

设主串 S ="ababcabcacbab"，模式串 T = "abcac"，匹配过程如图 5.9 所示。以下是该过程的程序。

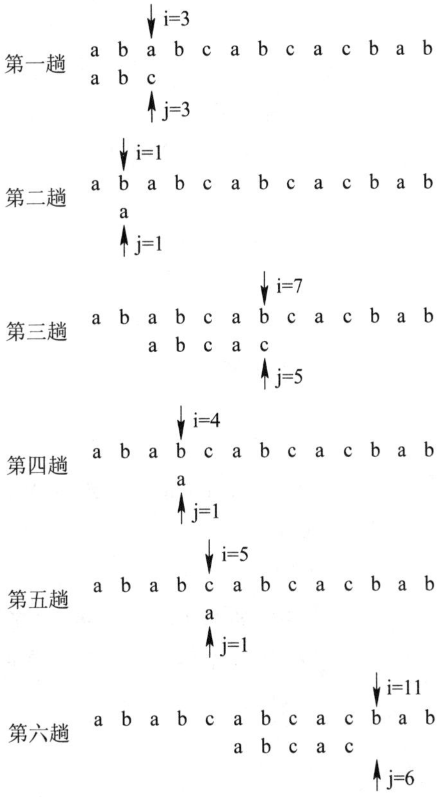

图 5.9　简单模式匹配的匹配过程

```
int BFIndex(String S, int start, String T)
{
    int i = start, j = 0, v;
    while(i < S.length && j < T.length)
    {
        if(S.str[i] == T.str[j])
        {
            i++;   j++;
```

```
            } else {
                i = i-j+1;
                j = 0;
            }
        }
        if(j == T.length)
            v = i-T.length;
        else v = -1;
        return v;
    }
```

5．替换操作(采用静态存储顺序串)

替换操作可将源串 S 中某一特定子串用另外一个串替换。要成功实现替换操作，必须首先查找 T 在 S 中的位置。这可通过以上模式匹配函数实现。若匹配成功，下一步则是进行替换。替换可通过在 S 中先删除子串 T，然后再插入串 R 来实现。设源串 String S 已在外部说明，被要求替换的串为 String T，替换串为 String R，则替换操作过程如下：

```
int StrReplace(String *S,String T,String R);
```

功能：在串 S 中用于串 R 替换子串 T。

处理过程：

(1) 查找子串 T 在 S 中的位置；

(2) 在 S 中删除子串 T；

(3) 在 S 中原来 T 的位置上插入子串 R。

程序如下：

```
int StrReplace(String *S,String T,String R)        /*在源串 S 中，用串 R 替换 T 串 t*/
{
  int pos;                          /*调用模式匹配函数求子串 T 的位置*/
  pos=BFIndex(S, 0, T);             /*若匹配失败则显示出错信息*/
  if(pos==-1)
  {
    printf("can not find substring");
    return 0;
  } else {
    Delete(&S, pos, T.length);      /*删除子串 T*/
    Insert(&S, pos, R);             /*插入串 R，完成替换*/
    return 1;
  }
}
```

以上替换过程只对源串 S 中第一个与 T 相匹配的子串进行替换。以此为基础，可实现更完整、有效的替换算法，读者可自行完成。

6. 其他存储结构的算法

(1) 插入运算(采用动态存储串)。

```
int HStrInsert(HString *S, int pos, HString T)
/*在串 S 的 pos 位置插入子串 T*/
{
  int i;
  char *p;
  if(pos < 0)
  {
    printf("参数 pos 出错！");
    return 0;
  } else
  {
    if(S->length + T.length > S->maxLength)
    {
      /*改变数组空间，原数组元素存放在新数组的前面*/
      p=(char *)realloc(S->str,(S->length+T.length+1)*sizeof(char));
      if(p == NULL)
       {
          printf("内存空间不足！");
          return 0;
       }
    }
    for(i = S->length; i >= pos; i--)         /*移动时包括'\0'*/
    S->str[i+T.length] = S->str[i];           /*依次后移数据元素*/
    for(i = 0; i < T.length; i++)
    S->str[pos+i] = T.str[i];                 /*插入*/
    S->length = S->length + T.length;         /*产生新的串长度值*/
    return 1;
   }
}
```

(2) 删除运算(采用动态存储串)。

```
int HStrDelete(HString *S, int pos, int len)
{
  int i;
  if(S->length <= 0)
  {
    printf("数组中未存放字符无元素可删! \n");
    return 0;
```

```
    } else if(pos < 0 || len < 0 || pos+len > S->length)
    {
        printf("参数 pos 和 len 不合法");
        return 0;
    } else
    {
        for(i = pos+len; i <= S->length; i++)       /*移动时包括'\0'*/
        S->str[i-len] = S->str[i];                  /*依次前移数据元素*/
        S->length = S->length - len;                /*产生新的串长度值*/
        return 1;
    }
}
```

(3) 求子串运算(采用动态存储串)。

```
int SubString(HString *S, int pos, int len, HString *T)
{
    int i;
    if(pos < 0 || len < 0 || pos+len > S->length)
    {
        printf("参数 pos 和 len 出错！");
        return 0;
    } else
    {
        for(i = 0; i < len; i++)
        T->str[i] = S->str[pos+i];
        T->length = len;
        return 1;
    }
}
```

(4) 串定位(采用链串存储)。

```
LString *LStrIndex(LString *s,LString *t)
/*求串 t 在串 s 中的位置，返回指向 t 串起始位置的指针*/
{
    LString *loc,*p,*q;
    loc=s;
    p=loc;、
    q=t;
    while(p && q)                   /*当 t、s 串均未结束时*/
    {
        if(p->data==q->data)        /*字符匹配时，指针后移*/
```

```
        {
            p=p->next;
            q=q->next;
        } else                      /*字符不匹配时，回溯*/
        {
            loc=loc->next;
            p=loc;
            q=t;
        }
    }
    if(q==NULL)
        return(loc);                /*匹配完成，返回*/
    else
        return(NULL);
}
```

思政要点

“修正”与“调整”的智慧：在进行插入和删除操作时，我们可能需要修正或调整已有的数据。这启发我们在面对问题时，要学会从错误中学习，及时修正和调整自己的思路和方法，培养批判性思维和自我修正能力。

5.4 串的ADT定义

以上我们讨论了串的结构特征、存储方式及其相关操作的实现，在本节中我们将给出串的ADT定义即抽象数据类型定义。

根据面向对象程序设计的原则，实现部分与接口部分两者应该分离。接口部分可以用ADT定义即抽象数据类型定义来进行描述。一种数据类型的ADT定义由数据元素、结构及操作三部分组成。以下是串的ADT定义：

元素：a_i同属于字符类型，i=1，2，…，n (n≥0)。

结构：元素间呈线性关系。

操作：串的操作有很多，下面介绍部分基本操作：

(1) StrAssign(&S, char s)：串赋值。已知串常量s，生成一个值等于s的串S。

(2) StrLength(S)：求串长。已知串S，返回串S的长度。

(3) StrConcat (&S_1, S_2)：串连接。已知串S_1，S_2，在S_1的后面连接S_2的串值。

(4) SubStr(S,i,len)：求子串。已知串S，返回从串S的第i个字符开始的长度为len的子串。

(5) StrCompare(S_1, S_2)：串比较。已知串S_1，S_2，若S_1==S_2，操作返回值为0；若S_1<S_2，

返回值<0；若 $S_1>S_2$，返回值>0。

(6) StrIndex(S, T)：子串定位。已知串 S，T，找子串 T 在主串 S 中首次出现的位置，即若 T∈S，则操作返回 T 在 S 中首次出现的位置，否则返回值为−1。

(7) StrInsert(&S, i, T)：串插入。已知串 S，T，将串 T 插入到串 S 的第 i 个字符位置上。

(8) StrDelete(&S, i, len)：串删除。已知串 S，删除串 S 中从第 i 个字符开始的长度为 len 的子串。

(9) StrReplace(&S, T, R)：串替换。已知串 S，T，R，用串 R 替换串 S 中出现的所有与串 T 相等的不重叠的子串。

(10) StrDestroy(&S)：销毁串。已知串 S，销毁串 S。

以上是串的一些基本操作。其中前 5 个操作是最为基本的，它们不能用其他的操作来合成，因此通常将这 5 个基本操作称为最小操作集，反之，其他操作可在这个最小操作集上实现。

思政要点

ADT 的定义需要精确且严谨，每一个操作都需要有明确的语义和预期行为。这可以引导学生培养精确且严谨的思维习惯，对待问题不轻率、不敷衍，树立高标准、追求卓越的人生态度。

5.5 上机实验

实验目的：

通过上机实验，熟悉串的各种存储结构，锻炼学生运用串的知识解决实际问题的能力。

实验要求：

1. 完成自己的串头文件；
2. 完成实验后附范例的上机验证；
3. 模仿实例，完成其他算法；
4. 完成实验报告。

实验步骤：

1. 逐步完成自己的顺序存储的串头文件；

(1) 编写头文件；

(2) 编写验证主函数；

(3) 上机调试程序，上机验证。

2. 逐步完成自己的动态存储的串头文件。

(1) 编写头文件；

(2) 编写验证主函数；

(3) 上机调试程序，上机验证。

3. 完成应用实例程序；
4. 撰写实验报告。

范例：静态顺序存储串。

```
#include <stdio.h>
#include <string.h>
#define MaxSize 100
typedef struct
{
   char str[MaxSize];
   int length;
}String;
int Insert(String *S, int pos, String T)        /*在串 S 的 pos 位置插入子串 T*/
{
   int i;
   if(pos < 0)
   {
      printf("参数 pos 出错！");
      return 0;
   }
   else if(S->length + T.length > MaxSize)
   {
      printf("数组空间不足无法插入！");
      return 0;
   } else
   {
      for(i = S->length-1; i >= pos; i--)
      S->str[i+T.length] = S->str[i];        /*为插入做准备*/
      for(i = 0; i < T.length; i++)
      S->str[pos+i] = T.str[i];              /*插入*/
      S->length+=T.length;                   /*产生新的元素个数*/
      return 1;
   }
}
int Delete(String *S, int pos, int len)
{
   int i;
   if(S->length <= 0)
   {
```

```
        printf("数组中未存放字符无元素可删! \n");    return 0;
    } else if(pos < 0 || len < 0 || pos+len > S->length)
    {
        printf("参数 pos 和 len 出错");
        return 0;
    } else
    {
        for(i = pos+len; i <= S->length-1; i++)
        S->str[i-len] = S->str[i];        /*依次前移*/
        S->length -= len;                 /*产生新的长度值*/
        return 1;
    }
}
int SubString(String S, int pos, int len, String *T)
{
    int i;
    if(pos < 0 || len < 0 || pos+len > S.length)
    {
        printf("参数 pos 和 len 出错");
        return 0;
    } else
    {
        for(i = 0; i < len; i++)
        T->str[i] = S.str[pos+i];         /*给子串 T 赋值*/
        T->length = len;                  /*给子串 T 的长度域赋值*/
        return 1;
    }
}
void main(void)
{
        String T,myString1 = {"Data ", 5},myString2 = {"Structure", 9},myString3={" & Algorithm", 12};
        int i;
        Insert(&myString2, 0, myString1);
        printf("\n-------------------\n");
        for(i = 0; i < myString2.length; i++)
        printf("%c", myString2.str[i]);
        Insert(&myString2, 14, myString3);
        printf("\n-------------------\n");
        for(i = 0; i < myString2.length; i++)
```

```
        printf("%c", myString2.str[i]);
        SubString(myString2, 5, 9, &T);
        printf("\n------------------\n");
        for(i = 0; i < T.length; i++)
        printf("%c", T.str[i]);
        Delete(&myString2, 6, 9);
        printf("\n------------------\n");
        for(i = 0; i < myString2.length; i++)
        printf("%c", myString2.str[i]);
    }
```

思政要点

在使用静态顺序存储串之前，需要根据预计的最大长度进行内存空间的预先分配，这体现了预见性和规划的重要性。在个人和团队发展中，我们也要有预见性和规划意识。要根据自己的实际情况和未来发展方向制定合理的计划和目标，有步骤、有计划地实现个人和团队的成长与进步。

本 章 小 结

本章主要讨论串的逻辑结构和物理存储结构以及各种存储结构下的算法实现。本章涉及的内容在后续学习中要广泛地应用，其主要包括：

1. 基本概念和术语

(1) 串(String)是由零个或多个字符组成的有限序列。一般记作：

S="$a_1a_2\cdots a_n$"

其中：S 是串名，用双引号括起来的字符序列为串值，引号是界限符，$a_i(1\leqslant i\leqslant n)$是一个任意字符(字母、数字或其他字符)，它称为串的元素，是构成串的基本单位；串中所包含的字符个数 n 称为串的长度，当 n=0 时，称为空串，通常记为 Φ。

(2) 串中任意连续的字符组成的子序列称为该串的子串。包含子串的串相应地称为主串。

(3) 若两个串的长度相等且对应字符都相等，则称两个串是相等的。当两个串不相等时，可按“字典顺序”分大小。

2. 串的存储结构

(1) 静态存储分配。

其类型描述如下：

```
#define MaxSize 256  /*该值依赖于应用，由用户定义*/
typedef struct
{
```

```
    char str[MaxSize];      /*255 个字符依次存储在 str[0]...str[MaxSize-1]中。*/
    int length;
}String;
```

(2) 动态顺序分配。

其类型可描述如下：

```
typedef struct
{
    char *str;      /*指示串的起始地址，可按实际的串长分配存储区*/
    int length;
    int maxLength;
}HString;
```

(3) 链式存储。

其类型可描述如下：

```
typedef struct node
{
    char ch;
    struct node *next;      /*next 为指向结点的指针*/
}LString;
```

3. 串的有关操作

对串可执行以下的基本操作：

(1) StrAssign(&S,char s)：串赋值。已知串常量 s，生成一个值等于 s 的串 S。

(2) StrLength(S)：求串长。已知串 S，返回串 S 的长度。

(3) StrConcat (&S1,S2)：串连接。已知串 S_1，S_2，在 S_1 的后面连接 S_2 的串值。

(4) SubStr(S,i,len)：求子串。已知串 S，返回从串 S 的第 i 个字符开始的长度为 len 的子串。

(5) StrCompare(S1,S2)：串比较。已知串 S_1，S_2，若 S_1==S_2，操作返回值为 0；若 S_1<S_2，返回值<0；若 S_1>S_2，返回值>0。

(6) StrIndex(S,T)：子串定位。已知串 S，T，找子串 T 在主串 S 中首次出现的位置，即若 T∈S，则操作返回 T 在 S 中首次出现的位置，否则返回值为−1。

(7) StrInsert(&S,i,T)：串插入。已知串 S，T，将串 T 插入到串 S 的第 i 个字符位置上。

(8) StrDelete(&S,i,len)：串删除。已知串 S，删除串 S 中从第 i 个字符开始的长度为 len 的子串。

(9) StrReplace(&S,T,R)：串替换。已知串 S，T，R，用串 R 替换串 S 中出现的所有与串 T 相等的不重叠的子串。

(10) StrDestroy(&S)：销毁串。已知串 S，销毁串 S。

以上是串的一些基本操作。其中前 5 个操作是最为基本的，它们不能用其他的操作来合成，因此通常将这 5 个基本操作称为最小操作集，反之，其他操作可在这个最小操作集上实现。

习　题　5

一、填空题

1. ____________________________称为空串；____________________________称为空白串。

2. 设 S="A:/document/Mary.doc"，则 StrLength (s)=____________，“/”的字符定位的位置为____________。

3. 子串的定位运算称为串的模式匹配：______________称为目标串，__________称为模式。

4. 设目标 T="abccdcdccbaa"，模式 P=“cdcc”，则第____________次匹配成功。

5. 若 n 为主串长，m 为子串长，则串的古典(朴素)匹配算法最坏的情况下需要比较字符的总次数为________________。

二、单选题

1. 串是一种特殊的线性表，其特殊性体现在_______。

(A) 可以顺序存储　　(B) 数据元素是一个字符

(C) 可以链式存储　　(D) 数据元素可以是多个字符

2. 设有两个串 p 和 q，求 q 在 p 中首次出现的位置的运算称作_______。

(A) 连接　　(B) 模式匹配　　(C) 求子串　　(D) 求串长

3. 设串 S_1 = 'ABCDEFG'，S_2 = 'PQRST'，函数 StrConcat (x, y)返回 x 和 y 串的连接串，SubStr (s, i, j)返回串 S 的从序号 i 开始的 j 个字符组成的子串，StrLength (s)返回串 S 的长度，则 StrConcat (SubStr (S_1, 2, StrLength (S_2)), SubStr(S_1, StrLength (S_2), 2))的结果串是：______。

(A) BCDEF　　(B) BCDEFG　　(C) BCPQRST　　(D) BCDEFEF

三、计算题

1. 设 s='I AM A STUDENT'，t='GOOD'，q='WORKER'，求 StrReplace(s, 'STUDENT', q)和 StrConcat(SubStr(s, 6, 2)，StrConcat(t, SubStr(s, 7, 8)))。

2. 设 s="I am a student"，t="good"，q="programer"。给出下列操作的结果：

StrLength(s), StrIndex(s, 'a', 4)，StrConcat (StrConcat (sub1,t))

四、算法设计题

1. 编写一个实现串的置换操作 Replace(String *S, String T, String V)的算法。

2. 利用 C 的库函数 strlen, strcpy(或 strncpy)写一个算法 void StrDelete(String *S,int t,int m)，删除串 S 中从位置 i 开始的连续的 m 个字符。若 i≥strlen(S)，则没有字符被删除；若 i+m≥strlen(S)，则将 S 中从位置 i 开始直至末尾的字符均被删去。

提示：strlen 是求串长(length)函数：int strlen(char s)；strcpy 是串复制(copy)函数：char *strcpy(String to, String from)；该函数将串 from 复制到串 to 中，并且返回一个指向串 to 的开始处的指针。

第6章 数 组

总体要求：

- 熟悉数组的定义及存储；
- 熟悉特殊矩阵的定义及存储；
- 熟悉数组的抽象数据类型描述中各种操作的含义；
- 掌握数组在各种存储结构下算法的实现。

核心技能点：

- 数组应用于实际问题的能力；
- 特殊矩阵应用于实际问题的能力；
- 熟练掌握数组在各种存储结构下算法的实现能力。

扩展技能点：

- C 语言环境下各种算法的实现。

相关知识点：

- C 语言数组的知识；
- 线性代数的知识；
- C 语言指针的知识；
- C 语言函数的知识。

学习重点：

- 熟悉数组的定义及存储；
- 熟悉特殊矩阵的定义及存储；
- 熟悉数组的抽象数据类型描述中各种操作的含义；
- 掌握数组在各种存储结构下算法的实现方法。

思政目标：

- 树立勇于探索的科学意识；
- 培养团队协作，互帮互助理念；
- 培养理性分析，主动思考的能力；
- 深化爱国主义精神。

6.1 二维数组应用实例及概念

数组是我们很熟悉的一种数据类型，很多高级语言都支持这种数据类型。从逻辑结构上看，数组可以看作一般线性表的推广。数组作为一种数据结构其特点是结构中的元素本身可以是具有某种结构的数据，但属于同一数据类型，比如：一维数组可以看作一个线性表，二维数组可以看作“数据元素是一维数组”的一维数组，三维数组可以看作“数据元素是二维数组”的一维数组，依此类推。

如果说一维数组在逻辑上可看成一个向量，那么二维数组在逻辑上则可看成由若干行、列组成的表格或矩阵。如表6.1所示的学生成绩表就对应了一个二维数组。

表6.1 学生成绩表

学号	课程				
	数学	物理	英语	化学	计算机
001	87	95	80	90	100
002	89	88	99	98	97
003	97	85	88	99	100
004	89	90	98	95	99

表中每一行表示了某个学生的各门课程的成绩。可定义二维数组A存放以上学生成绩int A[4][5]；对线性表 $A=(A_0, A_1, A_2, \cdots, A_{m-1})$，如果其中的任意元素 $A_i(0\leqslant i\leqslant m-1)$ 是简单类型，则A是一个一维数组，如果 A_i 本身也是一个线性表，即 $A_i=(a_{i0}, a_{i1}, \cdots, a_i, a_{n-1})$，则A是一个二维数组。如图6.1所示。

A[0]	A[0][0]	A[0][1]	…	A[0][j]	…	A[0][n−1]
A[1]	A[1][0]	A[1][1]	…	A[1][j]	…	A[1][n−1]
⋮	⋮	⋮		⋮		⋮
A[i]	A[i][0]	A[i][1]	…	A[i][j]	…	A[i][n−1]
⋮	⋮	⋮		⋮		⋮
A[m−1]	A[m−1][0]	A[m−1][1]	…	A[m−1][j]	…	A[m−1][n−1]

图6.1 由线性表推广得到的二维数组

同理，三维数组可以看成是这样的一个线性表，其中每个数据元素均是一个二维数组。依此类推，可以得到多维数组。

从数组的特殊结构我们可以看出，数组中的每一个元素由一个值和一组下标来描述。“值”代表数组中元素的数据信息，一组下标用来描述该元素在数组中的相对位置信息。数组的维数不同，描述其对应位置的下标的个数也不同。例如，在二维数组中，元素a[i][j]由两个下标值i，j来描述，其中i表示该元素所在的行号，j表示该元素所在的列号。同样，我们可以将这个特性推广到多维数组，对于n维数组而言，其元素由n个下标值来描述其在n维数组中的相对位置。

根据数组的结构特性可以看出，数组实际上是一组有固定个数的元素的集合。也就是说，一旦定义了数组的维数和每一维的上下限，数组中元素个数就固定了。例如二维数组 A[3][4]，它有 3 行、4 列，即由 12 个元素组成。由于这个性质，使得对数组的操作不像对线性表的操作那样可以在表中任意一个合法的位置插入或删除一个元素。通常在各种高级语言中数组一旦被定义，每一维的大小及上下界都不能改变。对于数组的操作一般只有以下几种：

(1) 构造数组；

(2) 撤消数组；

(3) 取值操作：给定一组下标，读取对应的数据元素值；

(4) 赋值操作：给定一组下标，存储或修改与其相对应的数据元素值。

我们着重研究二维数组，因为它的应用最为广泛。

思政要点

在计算机科学中，二维数组也经常用于表示图像。每个元素代表一个像素，其值表示该像素的颜色或灰度等级。通过图像处理算法，我们可以对图像进行滤波、缩放、旋转等操作。在这个过程中，使大家认识到计算机科学在现实生活中的应用，以及算法对于计算机科学的重要性。

6.2 数组的顺序存储和实现

6.2.1 数组的顺序存储

对于数组 A，一旦给定其维数 n 及各维长度 b，则该数组中元素的个数就是固定的了，不能对数组做插入和删除操作，不涉及移动数据元素操作，因此对于数组而言，采用顺序存储方式比较合适。

我们知道，计算机内存器的结构是一维的，因此对于一维数组按下标顺序分配即可，而对于多维数组，就必须按照某种次序，将数据元素排成一个线性序列，然后将这个线性序列存放在存储器中。

数组的顺序存储结构有两种：一种是以行为主序(或先行后列)的顺序存放，如 BASIC、PASCAL、COBOL、C 等程序设计语言中用的是以行为主的顺序分配，即一行分配完了接着分配下一行。另一种是以列为主序(先列后行)的顺序存放，如 FORTRAN 语言中，用的是以列为主序的分配顺序，即一列一列地分配。

例如，二维数组 a[m][n]以行为主序的存储序列为：

A[0][0], a[0][1], …, a[0][n-1], a[1][0], a[1][1], …, a[1][n-1] , …a[m-1][0], a[m-1][1], …a[m-1][n-1]]。

以上的存放规则可推广到多维数组的情况。总之，知道了多维数组的维数，以及每维的上下界，就可以方便地将多维数组按顺序存储结构存放在计算机中了。同时，根据数组的下标，可以计算出其在存储器中的位置。因此，数组的顺序存储是一种随机存取的结构。

下面以“以行为主序”的分配为例，讨论数组中数据元素存储位置的计算。

设有二维数组 a[m][n]，下标从 0 开始，假设每个数组元素占 size 个存储单元，首元素 a[0][0]的存储地址为 LOC(a[0][0])，对任意元素 a[i][j]来说，因为 a[i][j]是排在第 i 行，第 j 列，前面的 i 行有 $n \times i$ 个元素，第 i 行第 j 列个元素前面还有 j 个元素，所以，可得 a[i][j]的地址计算公式如下：

$$LOC(A[i][j]) = LOC(A[0][0]) + (i \times n + j) \times size$$

6.2.2 数组的实现

数组是各种高级语言中已经实现的数据结构。在高级语言的应用层上，一般不会涉及数据元素的存储地址的计算，这一计算内存地址的任务是由高级语言的编译系统完成的。当使用数组进行程序设计时，只需给出数组的下标范围，编译系统将根据用户提供的必要参数进行地址分配，存取数据元素时，也只要给出下标，而不必考虑其内存情况。例如：定义数组 int a[3][4]；引用数组元素 printf("%d"，a[2][3])；这些在学习 C 语言时都已掌握。用这种方法定义的数组，一是必须预先定义，二是一经定义不能再改变大小，存在缺陷。下面介绍动态定义数组。

C 语言动态存储管理一章介绍过四个函数：① void*calloc(int n, int size)分配 n 块 size 大小的空间；② void*malloc(int size) 分配 size 大小的空间；③ void*realloc(*p,int size) 改变 p 所指存储空间大小为 size；④ free(p)释放 p 所指存储空间。有了这四个函数，我们就可以动态地创建数组了。

1. 一维数组的动态创建和销毁

下面的 DataType *Make1DArray(int n)实现创建 n 个元素的一维数组；Destroy1Darray (DataType *p)实现销毁；main()实现测试。

```
#define DataType int
#include <stdio.h>
#include <stdlib.h>
/*定义了 n 个元素的一维数组。*/
DataType *Make1DArray( int n )
{
  DataType *a;
/*动态申请 n 个 DataType 类型的内存空间，内存不足时退出*/
  if ((a = (DataType *) malloc (n * sizeof(DataType))) == NULL)
  {
    printf("内存空间不够！");
    exit(0);
  }
  return a;
}
```

```
/*销毁数组*/
Destroy1DArray(DataType *p)
{
   free(p);
}

void main(void)
{
   int i, n=10;
   DataType *a;
   a = Make1DArray(n);
   for(i = 0; i < n; i++)
      a[i]= i;
   for(i = 0; i < n; i++)
      printf("%4d", a[i]);
   Destroy1DArray(a);
}
```

2. 二维数组的动态创建和销毁

二维数组的创建要比一维复杂一些，下面的 int **Make2DArray(int row, int col)实现创建 row 行，col 列的二维数组；Destroy2DArray(int **a, int row)实现销毁；main()实现测试。

```
#include <stdio.h>
#include <stdlib.h>
#define DataType int
DataType **Make2DArray(int row, int col)
{
   DataType **a;
   int i;
   /*动态申请 row 行个 DataType 指针类型的内存空间，内存不足时退出*/
   if((a = (DataType **)malloc(row * sizeof(DataType *))) == NULL)
   {
      printf("内存空间不够！");   exit(0);
   }
   for (i = 0; i < row; i++)
      if ((a[i] = (DataType *) malloc (col * sizeof(DataType))) == NULL)
      {
         printf("内存空间不够！");
         exit(0);
      }
```

```
    return a;
}
    /*销毁动态二维数组存储空间*/
Destroy2DArray(DataType **a, int row)
{
    int i;
    for(i = 0; i < row; i++)
        free(a[i]);
    free(a);
}

void main(void)
{
    int i, j, c;
    int row = 5, col = 8;
    DataType **a;
    a = Make2DArray(row, col);
    c = 1;
    for(i = 0; i < row; i++)
    {
        for(j = 0; j < col; j++)
        {
            a[i][j] = c;
            c++;
        }
    }
    for(i = 0; i < row; i++)
    {
        for(j = 0; j < col; j++)
            printf("%4d", a[i][j]);
    printf("\n");
    }
    Destroy2DArray (a, row);
}
```

从以上实例可以看出，用动态的方式定义数组后，可以像静态数组一样使用。

思政要点

工匠精神是一种追求卓越、注重细节的精神。在数组顺序存储和实现中，工匠精神体现在对数据的严谨处理、对程序的细心打磨以及对算法的持续优化上。对于数据的严谨处理，程序员需要确保数据类型正确、数据范围适当、数据存储安全。他们需要具备扎实的编程基础和严密的逻辑思维，以确保在处理复杂数据时不会出现错误。

6.3 特殊矩阵的压缩存储

矩阵是科学计算、工程数学中大量研究的对象。对于一个矩阵结构显然用一个二维数组来表示是非常恰当的。但在有些情况下，例如有些高阶矩阵中，阶次很高，数据量很大，而非零元素非常少(远小于 $m \times n$)，若仍采用二维数组存放，就会有很多存储单元都存放的是 0，这不仅造成存储空间的浪费，而且给运算带来了很大的不便，这时，就很希望能够只存储部分有效元素。另外，还有一些矩阵的数据元素分布有一定的规律，如三角矩阵、对称矩阵、带状矩阵等，那么就可以利用这些规律，只存储部分元素，从而提高存储空间的利用率。这些问题都需要对矩阵进行压缩存储，一般的压缩原则是：对有规律的元素和值相同的元素只分配一个存储空间，对零元素不分配空间。

我们在这一节讨论几种特殊矩阵及对它们进行压缩存储的方式。

6.3.1 三角矩阵

三角矩阵可以分为三类：下三角矩阵、上三角矩阵、对称矩阵。

对于一个 n 阶矩阵 **A** 来说，若当 $i < j$ 时，有 $a_{ij} = 0$ 或 $a_{ij} = c$(c 为常数)，则称此矩阵为下三角矩阵；若当 $i > j$ 时，有 $a_{ij} = 0$ 或 $a_{ij} = c$(c 为常数)，则称此矩阵为上三角矩阵；若矩阵中的所有元素均满足 $a_{ij} = a_{ji}$，则称此矩阵为对称矩阵。

例如，下面是一个 $n \times n$ 的下三角矩阵，我们以此为例来讨论三角矩阵的压缩存储。

$$\mathbf{A}=\begin{bmatrix} a_{00} & & & & \\ a_{10} & a_{11} & & & 0 \\ a_{20} & a_{21} & a_{22} & & \\ \vdots & \vdots & \vdots & \ddots & \\ a_{n-1,0} & a_{n-1,1} & a_{n-1,2} & \cdots & a_{n-1,n-1} \end{bmatrix}$$

对于下三角矩阵，只需存储下三角的非零元素，对于零元素则不存储。若以“行序为主序”进行存储，得到的序列是：

$$a_{00},\ a_{10},\ a_{11},\ a_{20},\ \cdots,\ a_{n-1,0},\ a_{n-1,1},\ \cdots,\ a_{n-1,n-1}$$

由于下三角矩阵的元素个数为 $n(n+1)/2$，即

第 0 行：1 个

第 1 行：2 个

第 2 行：3 个

…

第 $n-1$ 行：n 个

共有 $1+2+3+\cdots+n=n(n+1)/2$ 个元素，所以可将三角矩阵压缩到一个大小为 n(n+1)/2 的一维数组 C 中，如图 6.2 所示。

位序	c[0]	c[1]	c[2]	c[3]	c[4]	c[5]	…	c[n(n+1)/2]
c	a_{00}	a_{10}	a_{11}	a_{20}	a_{21}	a_{22}	…	$a_{n-1,n-1}$

图 6.2　三角矩阵的压缩存储

假设每个数据元素占 size 个存储单元，下三角矩阵中任意元素 a_{ij} 在一维数组 C 中的存储位置可通过式(6-1)计算：

$$\text{Loc}(a_{ij})=\text{Loc}(a_{00})+\left(\frac{i(i+1)}{2}+j\right)\times \text{size}\quad (i\geqslant j) \tag{6-1}$$

也就是说，如果 A 中数据元素 a_{ij} 存于 C[k]，则下标 k 与下三角矩阵中数据元素 a_{ij} 的下标 i、j 之间的关系为

$$k=\frac{i(i+1)}{2}+j \tag{6-2}$$

若上三角部分为一常数 c，则数组的大小可设为 C[n(n+1)/2+1]，其中 C[n(n+1)/2]存放常数 c。

例如：一个 5×5 的下三角矩阵 ***A***，我们可以用一维数组 C[15]对其进行压缩存储，如图 6.3 所示。

$$\boldsymbol{A}=\begin{bmatrix}3&0&0&0&0\\6&2&0&0&0\\4&8&1&0&0\\7&4&6&0&0\\8&2&9&5&7\end{bmatrix}$$

	c[0]	c[1]	c[2]	c[3]	c[4]	c[5]	c[6]	c[7]	c[8]	c[9]	c[10]	c[11]	c[12]	c[13]	c[14]
C	3	6	2	4	8	1	7	4	6	0	8	2	9	5	7

图 6.3　5×5 的下三角矩阵的压缩存储

同理，对上三角矩阵，只需存储上三角的非零元素，对于零元素则不存储，同样可以将其压缩存储到一个大小为 n(n+1)/2 的一维数组中。若以“行序为主序”进行存储，得到的序列是：

$$a_{00},\ a_{01},\ a_{02},\ \cdots,\ a_{0,n-1},\ a_{1,n-1},\ \cdots,\ a_{n-1,n-1}$$

其中元素 $a_{ij}(i\leqslant j)$在数组 C 中的存储位置为

$$k=\frac{i(2n-i+1)}{2}+j-i\quad (i\leqslant j) \tag{6-3}$$

请大家试着自己推导这一结果。

对于对称矩阵，则可以只存储上三角部分，也可只存储下三角部分，将其压缩存储到一个大小为 n(n+1)/2 的一维数组中。若只存储下三角部分，那么元素 a_{ij} 在数组 C 中的存储位置为

$$k=\frac{i(i+1)}{2}+j \quad (i\geqslant j) \tag{6-4}$$

$$k=\frac{j(j+1)}{2}j+i \quad (i\leqslant j) \tag{6-5}$$

6.3.2　稀疏矩阵

设 $\mathbf{M}_{m\times n}$ 矩阵中有 t 个非零元素，且 t<<m × n，这样的矩阵称为稀疏矩阵。很多科学管理及工程计算中，常会遇到阶数很高的大型稀疏矩阵。如果按常规分配方法，顺序分配在计算机内，那将是相当浪费内存的，并且也给计算带来了不便。如图 6.4 所示的矩阵 **M** 中，非零元素个数为 7 个，矩阵元素为 42 个，显然是一个稀疏矩阵。

$$\mathbf{M}_{6\times7}=\begin{bmatrix} 0 & 12 & 0 & 0 & 0 & 0 & 0 \\ 0 & 0 & 0 & 0 & 0 & 0 & 0 \\ 3 & 0 & 0 & 0 & 0 & 14 & 0 \\ 0 & 0 & 20 & 0 & 0 & 0 & 0 \\ 0 & 18 & 0 & 0 & 0 & 0 & 0 \\ 15 & 0 & 0 & 0 & 0 & 0 & -7 \end{bmatrix}$$

图 6.4　稀疏矩阵

1. 稀疏矩阵的三元组表存储

对于稀疏矩阵，我们设想另外一种存储方法，即仅仅存放非零元素。但这类矩阵中零元素的分布通常没有规律，为了能找到相应的元素，仅存储非零元素的值是不够的，还要记下它所在的行和列。于是采取如下方法：将非零元素所在的行、列以及它的值构成一个三元组(row，col，value)，然后再按某种规律存储这些三元组，这就是稀疏矩阵的三元组表示法。每个非零元素在一维数组中的三元组的结构如图 6.5 所示。

行值	列值	元素值
row	col	value

图 6.5　三元组的结构

将三元组按行优先的顺序，按同一行中列号从小到大的规律将该行元素排列成一个线性表，称为三元组表，采用顺序存储方法存储该表。图 6.6 所示稀疏矩阵对应的三元组表如图 6.6 所示。

	行值	列值	元素值
	row	col	value
1	1	2	12
2	3	1	3
3	3	6	14
4	4	3	20
5	5	2	18
6	6	1	15
7	6	7	−7

图 6.6　稀疏矩阵的三元组表

显然，要唯一地表示一个稀疏矩阵，在存储三元组表的同时还需要存储该矩阵的总行数、总列数。为了运算方便，矩阵的非零元素的个数也同时存储。三元组表的类型说明如下：

```
define MAX    100                /*一个足够大的数*/
typedef struct
{
   int row,col;                  /*非零元素的行、列*/
   DataType v;                   /*非零元素值*/
} Triple;                        /*三元组类型*/

typedef struct
```

```
{
  int mu,nu,tu;                    /*矩阵的行、列及非零元素的个数*/
  Triple   data[MAX+1];            /*三元组表，data[0]未用*/
} TSMatrix;                        /*三元组表的存储类型*/
```

2．用三元组表实现稀疏矩阵的转置

矩阵的三元组存储方法确实节约了存储空间，但矩阵的运算从算法上可能变得复杂了。下面以稀疏矩阵的转置运算为例介绍其实现方法。

所谓的矩阵转置，是指把位于(row，col)位置上的元素转换到(col，row)位置上，也就是说，把元素的行列互换。如图 6.5 所示的 6 × 7 矩阵 M，它的转置矩阵就是 7 × 6 的矩阵 N，如下所示，M[row][col] = N[col][row]。

$$
\mathbf{N}_{7\times 6}=\begin{bmatrix}
0 & 0 & 3 & 0 & 0 & 15 \\
12 & 0 & 0 & 0 & 18 & 0 \\
0 & 0 & 0 & 20 & 0 & 0 \\
0 & 0 & 0 & 0 & 0 & 0 \\
0 & 0 & 0 & 0 & 0 & 0 \\
0 & 0 & 14 & 0 & 0 & 0 \\
0 & 0 & 0 & 0 & 0 & -7
\end{bmatrix}
$$

显然，稀疏矩阵的转置矩阵仍为稀疏矩阵，所以可以采用三元组表实现矩阵的转置。

设 TSMatrix A 为一个 m × n 的稀疏矩阵的三元组表示形式，A 的转置矩阵 B 是一个 n × m 的稀疏矩阵，因此也有 TSMatrix B。由 A 求 B 需要：

(1) 将 A 的行、列转化成 B 的列、行；

(2) 将 A.data 中每一三元组的行列交换后存放到 B.data 中；并且保证 B.data 中的数据也是以“行序为主序”(B.data 中的行号即为 A.data 中的列号)进行存放的。

要保证 B.data 中的数据也是以“行序为主序”进行存放的，有两种方法，下面分别介绍。

方法一：这种方法的思路是按照 A.data 中的列序进行转置，并依次将其送入 B.data 中，即在 A.data 中依次找第一列、第二列，直到最后一列，并将找到的每个三元组的行、列交换后顺序存储到 B.data 中。转置过程如图 6.7 所示。

	行值 row	列值 col	元素值 value
1	1	2	12
2	3	1	3
3	3	6	14
4	4	3	20
5	5	2	18
6	6	1	15
7	6	7	−7

	行值 row	列值 col	元素值 value
1	1	3	3
2	1	6	15
3	2	1	12
4	2	5	18
5	3	4	20
6	6	3	14
7	7	6	−7

图 6.7　矩阵的转置

附设一个位置计数器 j，用于指向当前转置后元素应放入三元组表 B.data 中的位置。处理完一个元素后，j 加 1，j 的初值为 1。具体转置算法如下：

```
/*稀疏矩阵转置*/
void TransTSMatrix1(TSMatrix   A,TSMatrix   *B)
/*为了能使调用函数得到转置结果，我们将 B 设为指针类型*/
{
  int i,j,k;
  B->mu=A.nu;
  B->nu=A.mu;
  B->tu=A.tu;
  /*稀疏矩阵的行、列、元素个数*/
  if (B->tu>0)
  /*有非零元素则转换*/
  {
    j=1;
    for (k=1; k<=A.nu; k++)
    /*按 A 的列序转换*/
      for (i=1; i<= A.tu; i++)
      /*扫描整个三元组表*/
        if (A.data[i].col==k )
        {
          B->data[j].row= A.data[i].col ;
          B->data[j].col= A.data[i].row ;
          B->data[j].v= A.data[i].v;
          j++;
        }
  }
}
```

分析该算法，其时间主要耗费在 k 和 i 的二重循环上，所以时间复杂性为 $O(n \times t)$，(设 m、n 是原矩阵的行、列，t 是稀疏矩阵的非零元素个数)，显然当非零元素的个数 t 和 $m \times n$ 同数量级时，算法的时间复杂度为 $O(m \times n^2)$，和通常存储方式下矩阵转置算法相比，可能节约了一定量的存储空间，但算法的时间性能更差一些。

方法二：方法一的效率低的原因是算法要从 A 的三元组表中寻找第一列、第二列直到最后一列的非零元素时，要反复搜索 A 表，若能直接确定 A 中每一三元组在 B 中的位置，则对 A 的三元组表扫描一次即可。这是可以做到的，因为 A 中第一列的第一个非零元素一定存储在 B.data[1]，如果还知道第一列的非零元素的个数，那么第二列的第一个非零元素在 B.data 中的位置便等于第一列的第一个非零元素在 B.data 中的位置加上第一列的非零元素的个数。依此类推，因为 A 中三元组的存放顺序是先行后列，对同一行来说，必定先遇到列号小的元素，这样只需扫描一遍 A.data 即可。

根据这个想法，需引入两个辅助数组来实现：num[n+1]和 pos[n+1]，num[col]表示矩阵 **A** 中第 col 列的非零元素的个数(为了方便均从 1 单元用起)，pos[col]的初始值表示矩阵 **A** 中的第 col 列的第一个非零元素在 B.data 中的位置。于是 pos 的初始值为：

pos[1]=1；

pos[col]=pos[col-1]+num[col-1]；　　2≤col≤n

例如对于矩阵图 6.7 矩阵 **A** 的 num 和 pos 的值如图 6.8 所示。

col	1	2	3	4	5	6	7
num[col]	2	2	1	0	0	1	1
pos[col]	1	3	5	6	6	6	7

图 6.8　矩阵 ***A*** 的 num 与 pos 值

依次扫描 A.data，当扫描到一个 col 列元素时，直接将其存放在 B.data 的 pos[col]位置，pos[col]加 1，pos[col]中始终是下一个 col 列元素在 B.data 中的位置。下面按以上思路改进转置算法如下：

```
/*稀疏矩阵的快速转置*/
#define N 100
void TransTSMatrix2(TSMatrix A ,TSMatrix   *B)
{
  int i,j,k,col;
  int num[N+1],pos[N+1];
  B->mu=A.nu;
  B->nu=A.mu;
  B->tu=A.tu;
  /*稀疏矩阵的行、列、元素个数*/
  if (B->tu)
  /*有非零元素则转换*/
  {
    for (col=1; col<=A.nu; col++)
    num[col]=0;
    for (k=1; k<=A.tu; k++)
    /*求矩阵 A 中每一列非零元素的个数*/
      num[A.data[k].col ]++;
    pos[1]=1;
    /*求矩阵 A 中每一列第一个非零元素在 B.data 中的位置*/
    for (col=2; col<=A.nu; col++)
      pos[col]= pos[col-1]+num[col-1];
    for (i=1; i<= A.tu; i++)
    /*扫描三元组表*/
    {
      col=A.data[i].col;
      /*当前三元组的列号*/
      j=pos[col];
```

```
                /*当前三元组在 B.data 中的位置*/
                B->data[j].col= A.data[i].row ;
                B->data[j].row= A.data[i].col;
                B->data[j].v= A.data[i].v;
                pos[col]++;
            }
        }
    }
```

分析这个算法的时间复杂度：这个算法中有四个循环，分别执行 n，t，n－1，t 次。在每个循环中，每次迭代的时间是一常量，因此总的计算量是 O(n+t)。当然它所需要的存储空间比前一个算法多了两个辅助数组。

3. 稀疏矩阵的十字链表存储

三元组表可以看作稀疏矩阵顺序存储，但是在进行一些操作(如加法、乘法)时，非零项数目及非零元素的位置会发生变化，这时这种表示就十分不便。下面我们介绍稀疏矩阵的一种链式存储结构——十字链表，它同样具备链式存储的特点。因此，在某些情况下，采用十字链表表示稀疏矩阵是很方便的。

用十字链表表示稀疏矩阵的基本思想是：将每个非零元素存储为一个结点，结点由 5 个域组成，其结构如图 6.9 表示。

(1) row：存储非零元素的行号；

(2) col：存储非零元素的列号；

(3) value：域存储本元素的值；

(4) right：链接同一行的下一个非零元素；

(5) down：链接同一列的下一个非零元素。

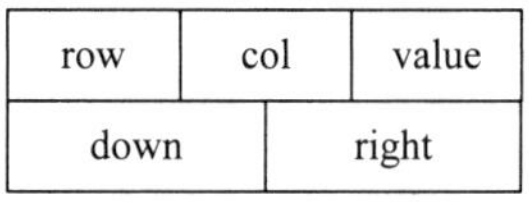

图 6.9　十字链表中的结点结构

稀疏矩阵中每一行的非零元素结点按其列号从小到大的顺序由 right 域链成一个带表头结点的单向行链表，同样每一列中的非零元素按其行号从小到大的顺序由 down 域也链成一个带表头结点的单向列链表，即每个非零元素 a_{ij} 既是第 i 行链表中的一个结点，又是第 j 列链表中的一个结点。这好像是处在一个十字交叉路上，所以称其为十字链表。同时再附设一个存放所有行链表的头指针的一维数组和一个存放所有列链表的头指针的一维数组。如图 6.10 所示是一个稀疏矩阵和其对应的十字链表。

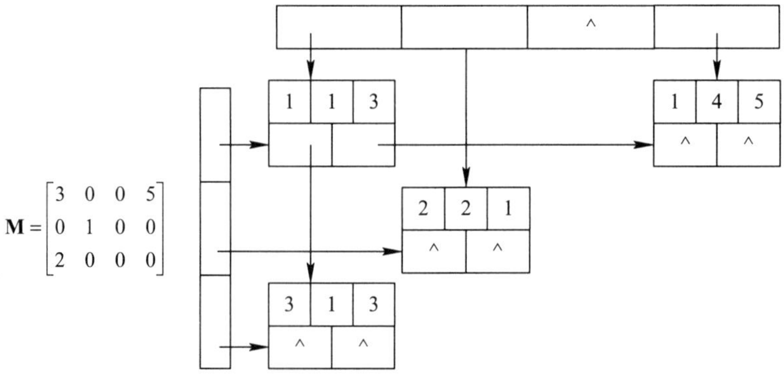

图 6.10　稀疏矩阵和对应的十字链表

十字链表的结构类型说明如下：

```
typcdcf  struct  OLNode
{
   int row, col;                    /*非零元素的行和列下标*/
   DataType value;
   struct OLNode *down , *right;    /*非零元素所在的行表、列表的后继链域*/
} OLNode; *Olink;

typedef struct
{
   Olink *rowHead; *colHead;        /*行、列链表的头指针*/
   int mu,nu,tu;                    /*稀疏矩阵的行数、列数和非零元素的个数*/
} CrossLink;
```

思政要点

华为公司在大数据压缩与存储领域拥有丰富的研发经验和技术实力。近年来，华为凭借工匠精神，不断追求卓越和创新，成功研发出一系列具有国际领先水平的数据压缩技术，并获得了众多国际专利。这些专利涵盖了数据编码、压缩算法、存储管理等多个方面，为大数据的高效存储与处理提供了有力保障。

华为的工匠精神体现在对数据压缩技术的持续研发与优化上。工程师们不断挑战技术极限，追求更高的压缩率和更快的处理速度，以满足日益增长的大数据需求。同时，他们注重细节和品质，确保每一项技术都能够在实际应用中发挥最佳性能。

科技报国是华为数据压缩国际专利背后的核心理念。华为始终坚持以创新驱动发展，将科技力量转化为国家和社会发展的动力。通过拥有自主知识产权的国际专利，华为不仅提升了自身在全球科技领域的竞争力，也为中国科技产业的发展做出了积极贡献。这些专利的授权与应用，推动了大数据技术的进步，助力国家实现数字化转型和高质量发展。

6.4　数组应用实例

迷宫问题是一个经典问题，下面我们利用数组来求解这一问题。

可以用一个二维数 maze[m+2][n+2]表示迷宫，其中元素 0 表示走得通，1 表示走不通。为了叙述上的方便，设定由 maze [1][1]进入迷宫，由 maze [m][n]走出迷宫。迷宫中任意一点的位置可由 maze [row][col]来表示。在 maze[row][col]的周围有八个方向可走，为了避免检测边界状态，二维数组 maze [m+2][n+2]的零行、零列及 m+1 行、n+1 列的值均为 1。另外，为了简化计算，设一个二维数组 move[8][2] = {0，1，1，1，1，0，1，−1，0，−1，−1，

−1，−1，0，−1，1}记录可走的八个方向坐标增量。move [k][0]表示第 k 个方向上 row 的增量，move[k][1]表示第 k 个方向上 col 的增量(第一个方向为正东，第二方向为东南)。例如，从 maze[row][col]出发，沿东南方向达到下一个位置 maze[i][j]为：

i=row+move[1][0]=row+1

j=row+move[1][1]=col+1

为了避免走重复路径，我们用 mark[m+2][n+2]来记走过的路径。它的初值为 0，一旦达到某个位置 maze[row][col]，就把 mark[row][col]置为 1。

规定计算机走迷宫时，每次都从正东的方向起顺时针检测，当检测到某个方向下一个位置的值为零，并且没有走过这一位置时，就沿此方向走一步。这样依次重复检测，当某一步七个可前进方向都为 1 时，则退回一步，重新检测下一个方向。因此，我们必须让计算机记下所走过的路径和方向，以便退到刚走过的方位，并继续检测下一个方位。可以设置一个栈 stack 来标记每一步的坐标 row、col。

下面是一个 7 × 10 的迷宫实例。

```
#include <stdio.h>
main()
{
  int maze[9][12] = {
    1,    1,1,1,1,1,1,1,1,1,1,    1,
    1,    0,1,0,0,0,1,1,0,1,1,    1,
    1,    1,0,1,1,0,0,0,1,1,0,    1,
    1,    1,0,1,1,0,1,1,0,0,1,    1,
    1,    1,1,1,1,0,0,1,1,1,1,    1,
    1,    0,0,1,1,1,1,0,1,1,0,    1,
    1,    0,1,1,0,0,0,1,1,0,1,    1,
    1,    1,0,1,1,0,1,0,0,1,0,    1,
    1,    1,1,1,1,1,1,1,1,1,1,    1
  };
  int move[8][2] = { 0,1, 1,1, 1,0, 1,-1, 0,-1, -1,-1, -1,0, -1,1 };
  /* move 为下一步行走方向，值为坐标增量 */
  int stack[64][2], mark[9][12] = { 0 };
  /* stack 为栈，记录路径；mark 为标记，记录已走过的点 */
  int top=1, row=1, col=1, k=0;                /*k 标记方向，从正东开始*/
  int i,j;
  mark[row][col]=1;                            /*第一步 */
  stack[top][0]=row;
  stack[top][1]=col;
  while (!(row==7&&col==10)&&!top==0)
  {
    i=row+move[k][0]; j=col+move[k][1];        /*下一步 */
```

```
        if (maze[i][j]==0&&mark[i][j]==0)
        {
            top=top+1; k=0; row=i; col=j;          /*可行走 */
            stack[top][0]=row;
            stack[top][1]=col;
            mark[row][col]=1;
        } else
        {
            k++;                                   /*不可行走，看下一个方向*/
            if (k==8)
            {
                k=0; top--; row=stack[top][0];
                col=stack[top][1];
            }                                      /*八个方向全部不通*/
        }
    }
    if (top==0)
        printf("NO PATH!!!\n");
    else
    {
        printf("ALL      PATH : ");
        for(i=1;i<top+1;i++)
            printf("%d, %d\n",stack[i][0],stack[i][1]);
        for(i=1;i<top+1;i++)
            maze[stack[i][0]][stack[i][1]]=2;      /*有通路标记为 2*/
        for(i=1;i<8;i++)
        {
            for(j=1;j<11;j++)
            printf("%d ",maze[i][j]);
            printf("\n");
        }
    }
}
```

思政要点

《移动迷宫》是由美国作家詹姆斯·达什纳撰写的同名科幻小说改编的系列电影。在这部电影中到处可见数组的影子，比如影中的迷宫是一个复杂的三维结构，由一系列的通道和墙壁组成。在迷宫中，角色们需要寻找通往出口的最短路径，这可以与数组在编程中用于存储和操作数据的相关概念进行类比。

此外，电影中的一些角色可能拥有特定的技能或能力，例如对迷宫的地图或路径规划的能力，这些能力可以与数组在处理和操作数据时的功能相联系。

虽然电影本身没有直接涉及数组的概念，但通过故事情节和角色互动，观众可以从中体验到与数组相关的逻辑思考和解决问题的能力。

6.5 上机实验

实验目的：

通过上机实验，熟悉数组的各种存储结构，锻炼学生运用数组的知识解决实际问题的能力。

实验要求：

1. 完成自己的数组头文件；
2. 完成实验后付范例的上机验证；
3. 模仿实例，完成其他算法；
4. 完成实验报告。

实验步骤：

1. 逐步完成自己的数组头文件

(1) 编写头文件；

(2) 编写创建动态数组的函数和验证主函数；

(3) 上机调试程序，上机验证。

2. 完成稀疏矩阵的三元组表示，实现转置

(1) 编写头文件；

(2) 编写实现矩阵转置的函数和验证主函数；

(3) 上机调试程序，上机验证。

3. 撰写实验报告

范例：

```
#include <stdio.h>
#include <stdlib.h>
#define DataType int
DataType **Make2DArray(int row, int col)
{
    DataType **a;    int i;
    /*动态申请 row 行个 DataType 指针类型的内存空间，内存不足时退出*/
    if((a = (DataType **)malloc(row * sizeof(DataType *))) == NULL)
    {
```

```
        printf("内存空间不够！");
        exit(0);
    }
    for (i = 0; i < row; i++)
        if((a[i] = (DataType *)malloc(col * sizeof(DataType))) == NULL)
    {
        printf("内存空间不够！");
        exit(0);
    }
    return a;
}
    /*销毁动态二维数组存储空间*/
Diliver2DArray(DataType **a, int row)
{
    int i;
    for(i = 0; i < row; i++)
    free(a[i]);
    free(a);
}
void main(void)
{
    int i, j, c;
    int row = 5, col = 8;
    DataType **a;
    a = Make2DArray(row, col);
    c = 1;
    for(i = 0; i < row; i++)
    {
        for(j = 0; j < col; j++)
        {
            a[i][j] = c;
            c++;
        }
    }
    for(i = 0; i < row; i++)
    {
        for(j = 0; j < col; j++)
            printf("%4d    ", a[i][j]);
        printf("\n");
```

```
    }
    Diliver2DArray(a, row);
}
```

思政要点

稀疏矩阵是大部分元素都是零的矩阵。它的转置是将矩阵的行变为列，列变为行。在这个过程中，虽然元素的位置发生了变化，但它们的值并没有改变。这就像人生，虽然会经历各种变化，但我们的初心和本质并没有改变。

在实际生活中，每一次的人生选择都是一次自我转置。我们从一个状态，一个环境，一个角色中走出来，进入到一个新的状态，新的环境，新的角色。在这个过程中，我们可能会遇到困难，可能会感到迷茫，但只要我们保持自己的初心，坚持自己的价值，我们就能像稀疏矩阵的转置一样，虽然位置变了，但本质不变。

通过稀疏矩阵的转置，我们可以得到许多启示。首先，它告诉我们，无论人生如何变化，我们都要坚持自己的价值和原则。其次，它教会我们，面对选择时，要有勇气和决心，敢于走出舒适区，迎接新的挑战。最后，它提醒我们，每一次选择，都是一次自我提升的机会，我们要珍惜每一次的机会，不断提升自己。

本 章 小 结

本章讨论数组的逻辑结构和存储结构、特殊矩阵以及矩阵的压缩存储等，并介绍了压缩存储下的算法实现，是以后解决工程问题的基础。本章主要内容包括：

1. 基本概念和术语

(1) 数组：可以视为一种扩展的线性数据结构，其特殊性反映在数据元素的构成上。在线性表中，每个数据元素都是不可再分的原子类型，而数组中的数据元素可以推广到一种具有特定结构的数据。数组实际上是一组有固定个数的元素的集合。也就是说，一旦定义了数组的维数和每一维的上下限，数组中元素个数就固定了。例如二维数组 A[3][4]，它有 3 行、4 列，即由 12 个元素组成。由于这个性质，使得对数组的操作不像对线性表的操作那样可以在表中任意一个合法的位置插入或删除一个元素。通常在各种高级语言中数组一旦被定义，每一维的大小及上下界都不能改变。

(2) 矩阵转置：指把位于(row，col)位置上的元素转换到(col，row)位置上，也就是说，把元素的行列互换。

2. 稀疏矩阵的存储结构

三元组表的类型说明如下：

```
define MAX 100              /*一个足够大的数*/
typedef struct
{
    int row,col;            /*非零元素的行、列*/
```

```
    DataType v;              /*非零元素值*/
}Triple;                     /*三元组类型*/

typedef struct
{
    int mu,nu,tu;            /*矩阵的行、列及非零元素的个数*/
    Triple data[MAX+1];      /*三元组表，data[0]未用*/
}TSMatrix;                   /*三元组表的存储类型*/
```

3. 数组的有关操作

在确定了数组的存储结构后，应考虑对数组所实行的操作。数组是各种高级语言中已经实现的数据结构。当我们使用数组进行程序设计时，只需给出数组的下标范围，编译系统将根据用户提供的必要参数进行地址分配，存取数据元素时，也只要给出下标，而不必考虑其内存情况。用这种方法定义的数组，一是必须预先定义，二是一经定义不能再改变大小，存在缺陷。下面仅介绍动态创建数组的有关操作。

对数组可执行基本操作为：

(1) Make1DArray(n)：创建 n 个元素的一维数组，创建成功后返回数组的首地址。

(2) Destroy1DArray(a)：销毁数组 a，释放 a 所指的存储空间。

(3) Make2DArray(row, col)：创建 row 行 col 列的二维数组，创建成功后返回数组的首地址。

(4) Destroy2DArray(a, row)：销毁数组 a，释放 a 所指的 row 行存储空间。

习　题　6

一、填空题

1. 假设有二维数组 A[6][8]，每个元素用相邻的 6 个字节存储，存储器按字节编址。已知 A 的起始存储位置(基地址)为 1000，则数组 A 的体积(存储量)为____________；末尾元素 A[5][7]的第一个字节地址为_________；若按行存储，则元素 A[1][4]的第一个字节地址为____________；若按列存储，则元素 A[4][7]的第一个字节地址为______________。

2. 设数组 a[60][70]的基地址为 2048，每个元素占 2 个存储单元，若以列序为主序顺序存储，则元素 a[32][58]的存储地址为______________。

3. 三元组表中的每个结点对应稀疏矩阵的一个非零元素，它包含有三个数据项，分别表示该元素的_________、_____________和____________。

4. 设矩阵 $\boldsymbol{A}$ 是一个对称矩阵，为了节省存储，将其下三角部分按行序存放在一维数组 B[n(n−1)/2]中，对下三角部分中任一元素 $a_{i,j}(i \leqslant j)$，在一维数组 B 中下标 k 的值是______。

二、简答题

1. 已知二维数组 A[m][n]采用按行优先顺序存放，每个元素占 K 个存储单元，并且第一个元素的存储地址为 Loc(a00)，请写出求 Loc(aij)的计算公式。如果采用列优先顺序存放，结果如何呢？

2. 试给出下列矩阵的三元组，并根据所得三元组求其转置矩阵的三元组。

$$\boldsymbol{A}=\begin{bmatrix}0&3&0&0&0\\6&0&0&5&0\\0&2&0&0&1\\0&0&8&0&0\\0&0&0&7&0\end{bmatrix}$$

3. 图 6.11(a)(b)各三元组表分别表示一个稀疏矩阵，试写出它们的稀疏矩阵。

(a)

	行值 row	列值 col	元素值 value
1	1	2	12
2	3	1	28
3	3	6	14
4	4	3	11
5	5	2	18
6	5	1	15
7	6	7	−7

(b)

	行值 row	列值 col	元素值 value
1	1	3	3
2	1	5	15
3	2	1	45
4	2	5	18
5	3	4	24
6	6	3	14
7	7	6	−7

图 6.11

三、编程题

1. 试设计一个算法，将数组 A[n]中的元素 A[0]至 A[n – 1]循环右移 k 位，并要求只用一个元素大小的附加存储，元素移动或交换次数为 O(n)。

2. 用数组结构存储一元多项式，编写算法求解两个一元多项式相加的结果。

第 7 章　树

总体要求：

- 熟悉树的定义和二叉树的定义；
- 熟悉二叉树的抽象数据类型描述中各种操作的含义；
- 掌握树的存储结构；
- 熟练掌握二叉树的各种存储结构；
- 熟练掌握二叉树各种存储结构下的建立、遍历算法；
- 熟练掌握线索二叉树的定义和线索化、遍历算法；
- 熟练掌握哈夫曼树的定义和建立算法及用途。

核心技能点：

- 具有二叉树应用于实际问题的能力；
- 具有熟练掌握二叉树各种存储结构下的建立、遍历算法实现的能力；
- 具有熟练掌握线索二叉树的线索化、遍历算法的能力；
- 具有熟练掌握哈夫曼树应用于实际问题的能力。

扩展技能点：

- C 语言环境下二叉树各种算法的实现。

相关知识点：

- C 语言数组的知识；
- C 语言结构体的知识；
- C 语言指针的知识；
- C 语言函数的知识。

学习重点：

- 熟悉树的定义和二叉树的定义；
- 熟练掌握二叉树的各种存储结构；
- 熟练掌握二叉树各种存储结构下的建立、遍历算法；
- 熟练掌握线索二叉树的定义和线索化、遍历算法；
- 熟练掌握哈夫曼树的定义和建立算法及用途。

思政目标：

- 树立终身学习的价值观；
- 培养敢于突破革新的科学精神；
- 培养抽象思维的能力；
- 培养遵守职业道德规范意识。

7.1 树的实例和基本概念

前几章主要讨论了线性表以及它的一些实例，这些数据结构都是线性结构，即数据元素之间是前后次序关系。本章将介绍一种重要的非线性结构，即树型结构，直观看来它是以分支关系定义的层次结构，其数据元素之间是上下层次关系。

7.1.1 树的实例

下面我们举两个树型结构最常见的实例。

例 7.1 如图 7.1 学院的行政机构，可以把一所高校名称看成树根，把下设的若干个系名看成它的树枝中间结点，把每个系分出的若干专业方向看成树叶，这样也形成一个树形结构。

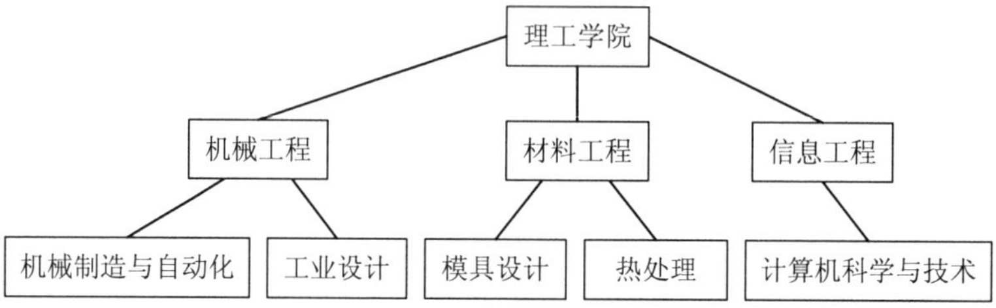

图 7.1 学院的行政机构

例 7.2 如图 7.2 是 Windows 2000 系统的注册表，第一层是“我的电脑”，第二层分别是 HKEY_CLASSES_ROOT、HKEY_CURRENT_USER、HKEY_LOCAL_MACHINE、HKEY_USERS 和 HKEY_CURRENT_CONFIG。第三层是“HKEY_LOCAL_MACHINE”下的 HARDWARE、SAM、SECURITY、SOFTWARE 及 SYSTEM。

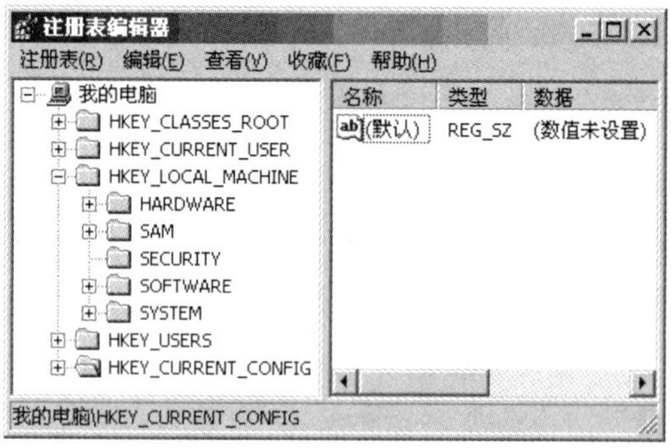

图 7.2 Windows 2000 系统的注册表

从以上两个实例可以看出，树型结构是一种层次结构，就像一棵倒挂的树。

7.1.2 树的基本概念

树(Tree)是由 n(n≥0)个结点构成的有限集合 T，n=0 的树称为空树；当 n≠0 时，树中的结点应该满足以下两个条件：

(1) 有且仅有一个特定的结点称之为根(Root)；

(2) 其余结点分成 m(m≥0)个互不相交的有限集合 T_1，T_2，…，T_m，其中每一个集合又都是一棵树，称 T_1，T_2，…，T_m 为根结点的子树(Subtree)。

这是一个递归定义，它反映了树的固有特性，因为一棵树是由根和它的子树构成，而子树又由子树的根和更小的子树构成。图 7.3 所表示的树 T 中，A 是根结点，其余结点分成三个互不相交的子集：T_1 = {B，E，F}，T_2 = {C}，T_3 = {D，G，H，I，J，K}，这三个集合分别构成了 A 的三棵子树；在 T_3 构成的子树中，D 是根结点，D 又具有三棵子树，这三棵子树的根结点分别是 G，H 和 I；对于结点 G 和 I，它们的子树均为空。图 7.3 中树的表示类似于自然界中一棵倒长的树，“树型结构”由此得名。

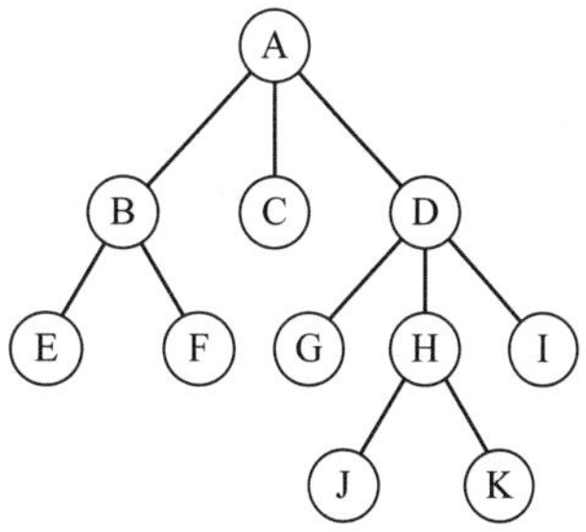

图 7.3 一棵树

7.1.3 树的常用术语

1. 结点的度和树的度

树的结点包含一个数据元素及若干指向其子树的分支。结点拥有的子树数称为结点的度(Degree)。而树的度是指树中结点的度的最大值。如图 7.3 所示，B 结点有 2 个子树，则它的度为 2。在树 T 中，A 和 D 结点的度最大，值为 3，也就是说，树 T 的度为 3。

2. 分支结点和叶子结点

称度不为 0 的结点为分支结点，也叫非终端结点。称度为 0 的结点为叶子(Leaf)或终端结点。如图 7.3 中，分支结点分别为 B、D、H，而叶子结点分别为 C、E、F、G、I、J、K。

3. 孩子、双亲、兄弟、子孙、祖先

结点的子树的根称为该结点的孩子(Child)，相应地，该结点称为孩子的双亲(Parent)。同一个双亲的孩子之间互称兄弟(Sibling)。如图 7.3 中，B、C、D 分别是根结点 A 的子树的根，三个都是 A 的孩子，相应地，A 是它们的双亲，其中，B、C、D 三者是兄弟。一棵树上除根结点以外的其他结点称为根结点的子孙。对于树中某结点，从根结点开始到该结点的双亲是该结点的祖先。

4. 结点的层次和树的高度

结点的层次(Level)从根结点开始定义，根为第一层，根结点的孩子为第二层，依此类推，其余结点的层次值为双亲结点层次值加 1。树中结点的最大层次值称为树的高度或深度(Depth)。如图 7.3 所示的树 T 高度为 4。

5. 无序树、有序树、森林

若树中结点的各子树看成从左至右是有次序的(即不能互换)，则称该树为有序树，否则称为无序树。在有序树中最左边的子树的根称为第一个孩子，最右边的称为最后一个孩子。

森林(Forest)是 m(m≥0)棵互不相交的树的集合。对树中每个结点而言，其子树的集合

即为森林。

7.1.4 树的表示方法

树的表示形式有多种，常见的三种方法是：

1. 倒悬树法

树的表示类似于自然界中一棵倒长的树，树的每个结点都用一个圆圈表示，圆圈内的符号代表该结点中的数据，结点之间的关系通过连线表示。连线上方的结点为连线下方的结点的父结点，而连线下方的结点则为连线上方结点的子女结点。这种表示方法形象、直观，大多数书中都采用这种方法，如图 7.3 所示。

2. 嵌套集合表示法

树的嵌套集合图表示法，其中每一个圆形对应着一棵树，圆内包含根结点和子树，如图 7.4 所示。

3. 凹入表示法

树的凹入表示法中的每个条形对应着一个树根，子树的树根对应的条形较短，并在其直接前驱对应的条形之下，如图 7.5 所示。

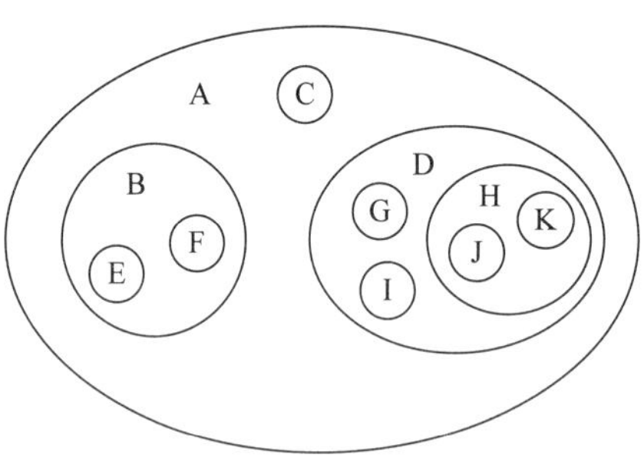

图 7.4 树的嵌套集合图表示

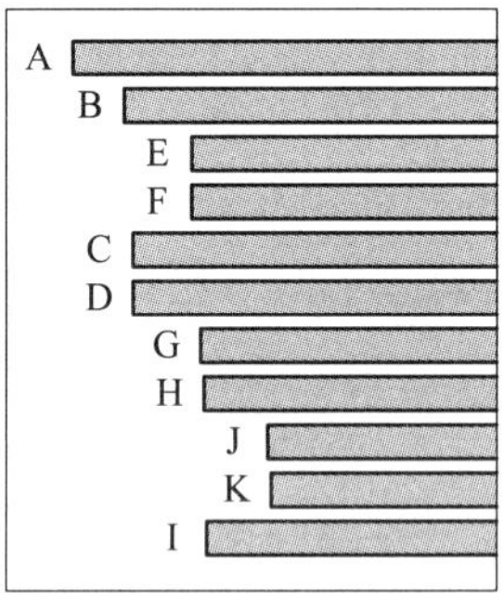

图 7.5 树的凹入表示法

思政要点

树形结构本身就来源于生活中的树，通过抽象迁移而形成了可以存储组织计算机数据的结构，它的层次和关系也能很好地体现出党在十八大报告中提出的社会主义核心价值观：首先，树形结构可以作为组织和管理社会的一种方式。每个节点可以代表不同的社会群体或组织，而整个树形结构则可以代表社会的层级结构和组织结构。在这种结构下，各节点需要遵循一定的规则和标准进行构建和管理，这可以类比为社会主义核心价值观中的“富强、民主、文明、和谐”。

其次，树形结构也可以体现社会主义核心价值观中的“自由、平等、公正、法治”。在树形结构中，每个节点都有其特定的位置和作用，但它们在遵循规则和标准的前提下，可以自由地发展和互动。这种自由和平等的氛围可以促进公正和法治的实现，同时也需要社会的规范和管理来维护这种秩序。

最后，树形结构还可以体现社会主义核心价值观中的“爱国、敬业、诚信、友善”。在树形结构中，每个节点都需要具备诚信和友善的态度来与其他节点建立良好的关系。这种态度可以类比为公民在社会中应该具备的道德品质，包括爱国、敬业、诚信、友善等方面。

7.2 二 叉 树

7.2.1 二叉树的定义

二叉树(Binary Tree)是 n(n≥0)个结点的有限集合。它或为空树(n=0)，或为非空树；对于非空树有：

(1) 有一个特定的称之为根的结点；

(2) 根结点以外的其余结点分别由两棵互不相交的称之为左子树和右子树的二叉树组成。

这个递归定义表明二叉树或为空，或是由一个根结点加上两棵分别称为左子树和右子树的互不相交的二叉树组成。由于左、右子树也是二叉树，则由二叉树的定义，它们也可以为空。由此，二叉树可以有五种基本形态，如图 7.6 所示。

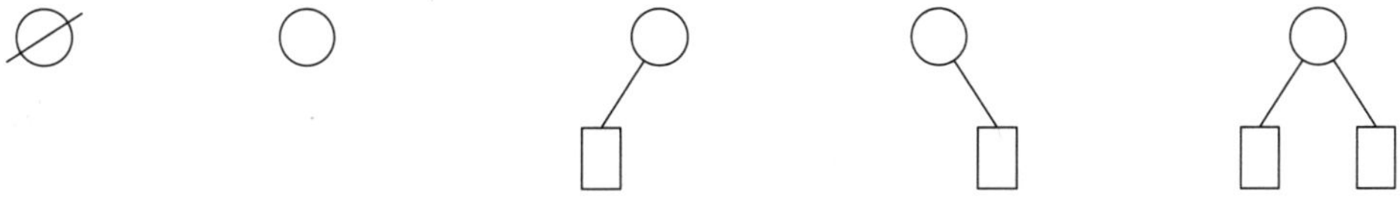

(a) 空二叉树 (b) 只有一个根结点 (c) 有根结点和左子树 (d) 有根结点和右子树 (e) 有根结点和左、右子树

图 7.6 二叉树的五种基本形态

从以上分析得知，二叉树与普通树比较，有以下特点。

(1) 二叉树可以为空树。

(2) 二叉树的度不大于 2(即每个结点至多只有两棵子树)。

(3) 二叉树是有序树，其左子树和右子树是严格区分且不能随意颠倒的。如图 7.6(c)和图 7.6(d)就是两棵不同的二叉树。

7.2.2 二叉树的重要性质

性质 1 二叉树第 i(i≥1)层上至多有 2^{i-1} 个结点。

根据二叉树和结点层次的定义可知，根结点在第一层上，这层结点数至多为 1 个，即 2^0 个；显然第二层上至多有 2 个结点，即 2^1 个；假设第 i－1 层的结点至多有 2^{i-2} 个，且每个结点最多有两个孩子，那么第 i 层上结点至多有 $2\times2^{i-2}=2^{i-1}$ 个。

性质 2 深度为 k(k≥1)的二叉树至多有 2^k-1 个结点。

由性质 1 可知各层结点最多数目之和为 $2^0+2^1+2^2+\cdots+2^{k-1}$；由二进制换算关系可知：$2^0+2^1+2^2+\cdots+2^{k-1}=2^k-1$，因此二叉树中结点的最大数目为 2^k-1。

性质 3 在任意二叉树中，若叶子结点(即度为零的结点)个数为 n_0，度为 1 的结点个数

为 n_1，度为 2 的结点个数为 n_2，那么 $n_0=n_2+1$。

证明：设 n 代表二叉树结点总数，那么

$$n = n_0 + n_1 + n_2 \tag{1}$$

由于有 n 个结点的二叉树总分支数为 n − 1 条，于是得

$$n - 1 = 0 \times n_0 + 1 \times n_1 + 2 \times n_2 \tag{2}$$

将式(1)代入式(2)得

$$n_0 = n_2 + 1$$

有两种特殊形态的二叉树，它们是满二叉树和完全二叉树。

满二叉树：深度为 k 且含有 2^k-1 个结点的二叉树为满二叉树，这种树的特点是每层上的结点数都是最大结点数，如图 7.7(a)所示。对满二叉树的结点可以从根结点开始自上向下，自左至右顺序编号，图 7.7(a)中每个结点斜上角的数字即是该结点的编号。

完全二叉树：深度为 k，含有 n 个结点的二叉树，当且仅当每个结点的编号与相应满二叉树结点顺序号从 0 到 n − 1 对应时，则称此二叉树为完全二叉树，如图 7.7(b)所示。而图 7.7(c)则不是完全二叉树。

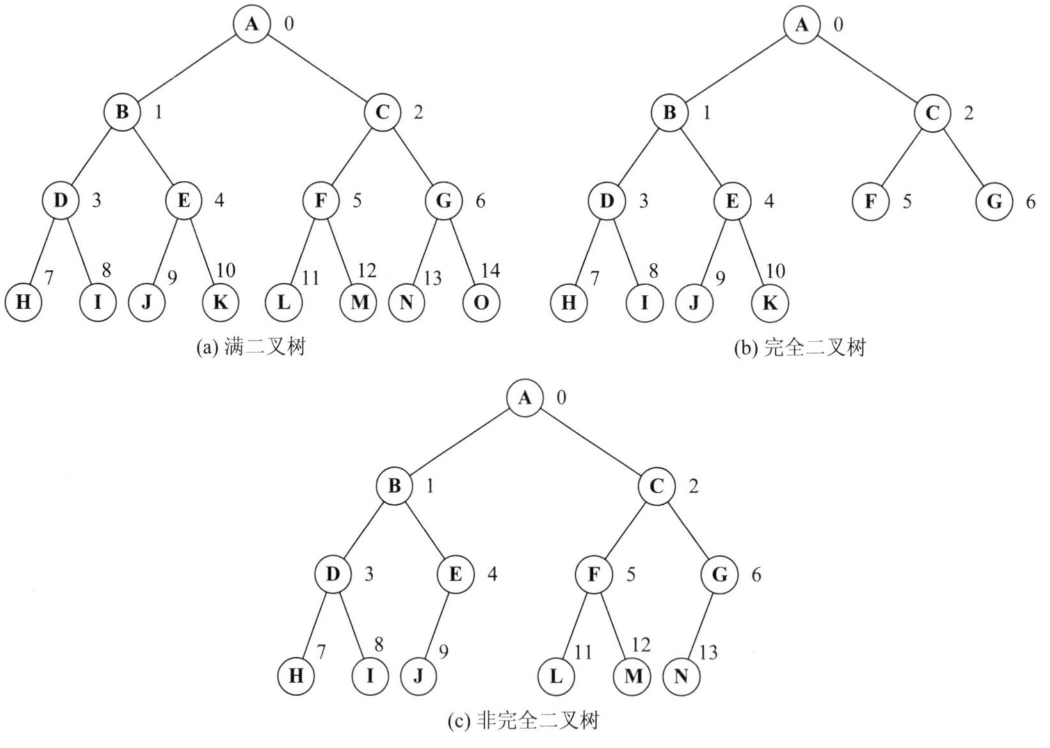

图 7.7 满二叉树、完全二叉树和非完全二叉树

性质 4 具有 n 个结点的完全二叉树深度为 $\lfloor \text{lb}n \rfloor +1$(其中$\lfloor x \rfloor$表示不大于 x 的最大整数)。

性质 5 若对有 n 个结点的完全二叉树进行顺序编号(0≤i≤n − 1，那么，对于编号为 i(i≥0)的结点：

(1) 当 i = 0 时，该结点为根，它无双亲结点；

(2) 当 i>0 时，该结点的双亲结点编号为$\lfloor (i-1)/2 \rfloor$；

(3) 若 $2i+1 \leqslant n-1$，则有编号为 $2i+1$ 的左孩子，否则没有左孩子；

(4) 若 $2i+2 \leqslant n-1$，则有编号为 $2i+2$ 的右孩子，否则没有右孩子。

对照图 7.7(a)或图 7.7(b)，读者可看到由性质 5 所描述的结点与编号的对应关系。

思政要点

深度和层次：二叉树的深度取决于节点的数量和结构，这可以类比为我们在学习和思考时需要具备深度和层次。在思考问题时，需要深入探究问题的本质和根源，从而找到更好的解决方案。同时，在知识和技能的学习中，也需要逐步深入和拓展，掌握更多的知识点和技能点。

7.2.3　二叉树的存储结构

二叉树常用的存储结构有两种，顺序存储结构(向量)和链表存储结构。

(1) 顺序存储结构(向量)可以作为二叉树的存储结构。这种存储结构适用于完全二叉树和满二叉树。假设用一维数组 a 存放图 7.7(a)的满二叉树。可以发现图 7.7(a)中结点的编号恰好与数组元素的下标相对应，见图 7.8。根据二叉树性质 5，在 a 数组中可以方便地由某结点 a[i]的下标 i 找到它们的双亲结点 a[(i−1)/2]或左、右孩子结点 a[2i+1]、a[2i+2]。在哈夫曼树构造算法中也用到顺序存储结构。一般二叉树较少采用顺序存储结构。

0	1	2	3	4	5	6	7	8	9	10	11	12	13	14
A	B	C	D	E	F	G	H	I	J	K	L	M	N	O

图 7.8　二叉树的顺序存储结构

(2) 链表存储结构通常用于二叉树存储。常见的有二叉链表和三叉链表。

二叉链表的每个结点都有一个数据域和两个指针域，一个指针指向左孩子，另一个指针指向右孩子。结点结构如图 7.9(a)所示，可以描述为：

```
typedef char DataType;              /*结点属性值的类型*/
typedef struct Node
{
  DataType data;                    /*数据域*/
  struct Node *leftChild;           /*左子树指针*/
  struct Node *rightChild;          /*右子树指针*/
}BiTreeNode;
```

leftChild	data	rightChild

(a) 二叉链表中的结点结构

leftChild	data	parent	rightChild

(b) 三叉链表中的结点结构

图 7.9　二叉树链表存储结构中的结点结构

三叉链表的结点比二叉链表多了一个指向双亲的指针域。结点结构如图 7.9(b)所示，可以描述为：

```
typedef struct Node3
{
  DataType data;                 /*数据域*/
  struct Node3 *leftChild;       /*左子树指针*/
  struct Node3 *rightChild;      /*右子树指针*/
  struct Node3 *parent;          /*双亲的指针*/
}BiTreeNode3;
```

对于图 7.10(a)中二叉树 T，它的二叉链表如图 7.10(b)，三叉链表如图 7.10(c)所示。

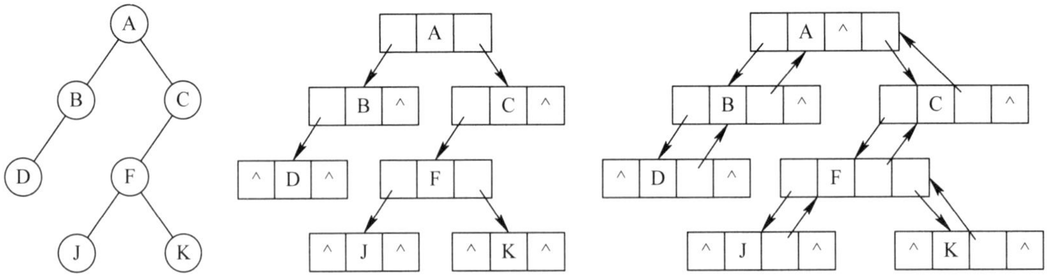

(a) (b) (c)

图 7.10 二叉树的链表存储结构

7.2.4 二叉树二叉链表的一个生成算法

算法思路分析：此方法主要利用二叉树的性质 5。对任意二叉树，先按满二叉树对其进行编号，如图 7.11(a)所示。由于此树并非完全二叉树，所以编号并不连续。算法中使用一个辅助向量 s 用于存放指向树结点的指针，如 s[i]中存放编号为 i 的结点的指针，即为该结点的地址。此例原始数据序列如图 7.11(b)所示，把它存入 a 数组，a 数组的类型定义如下：

```
typedef struct
{
  DataType data;
  int number;
}DataNum;
```

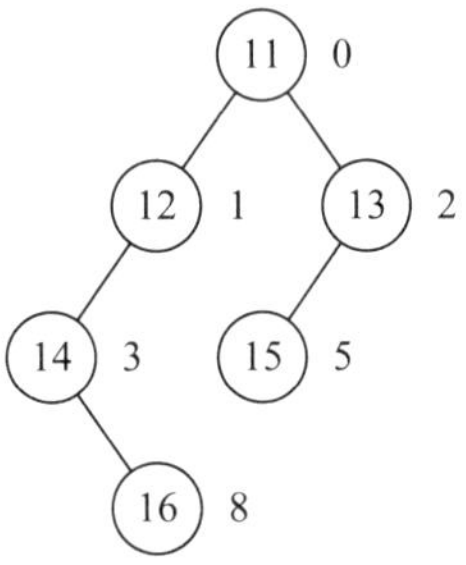

(a)

i	0	1	2	3	5	8
x	11	12	13	14	15	16

(b)

图 7.11 二叉树及数据表

当结点编号 i = 0 时，所产生的结点为根结点，同时将指向该结点的指针存入 s[0]。

当结点编号 i>0 时，产生一个新的结点之后，也要将指向该结点的指针存入 s[i]。由性质 5 可知：j = (i – 1)/2 为它的双亲结点编号。如果 i 为奇数，则它是双亲结点的左孩子，即让 s [j]-> leftChild=s[i]；如果 i 为偶数，则它是双亲结点的右孩子，即让 s[j]-> rightChild =s[i]。这样就将 a 数组的结点逐一与其双亲结点相连，生成二叉树。

二叉树生成算法如下：

```
BiTreeNode * creat(DataNum a[],int n)
```

```
{
  BiTreeNode *t,*q;
  BiTreeNode *s[20];
  /*动态申请 2*n+1 个 BiTreeNode 类型的数组空间*/
  int i,j,k;
  for(k=0;k<n;k++)
  {
    q=(BiTreeNode *) malloc(sizeof(BiTreeNode)); /* 产生一个结点 */   q->data=a[k].data;
    q->leftChild=NULL;
    q->rightChild =NULL;
    i=a[k].number;
    s[i]=q;
    if(i==0) t=q;              /* t 为局部变量，代表树根结点 */
    else
    {
      j=(i-1)/2;              /* 双亲结点编号 */
      if(i%2==1)
        s[j]-> leftChild =q;
      else
        s[j]-> rightChild =q;
    }
  }
  return(t);
}
```

思政要点

传承与延续：在三叉链表中，每个节点不仅有左右孩子指针，还有一个指向父节点的指针。这体现了在知识传递、文化传承中，我们不仅要了解当前的信息，还需要知道其背景和来源。这种传承与延续的精神是我们文化自信的体现。

7.3 二叉树的遍历

7.3.1 二叉树遍历的定义

前面已经指出，对于二叉树经常采用链表作为它的存储结构，本节及以后对二叉树的讨论将主要针对链表存储结构来进行。

在二叉树的应用中，常常需要在树中搜索具有某种特征的结点，或是对树中全部的结点逐一进行处理。这就涉及一个二叉树遍历的问题。二叉树遍历是指以一定的次序访问二叉树中的每个结点，并且每个结点仅被访问一次。所谓访问结点是指对结点进行各种操作的简称。例如，查询结点数据域的内容，或输出它的值，或找出结点位置，或是执行对结点的其他操作。二叉树遍历的过程实质是把二叉树的结点进行线性排列的过程。对于线性结构来说，遍历很容易实现，顺序扫描结构中的每个数据元素即可。但二叉树是非线性结构，遍历时是先访问根结点还是先访问子树，是先访问左子树还是先访问右子树必须有所规定，这就是遍历规则。采用不同的遍历规则会产生不同的遍历结果，因此必须人为设定遍历规则。

由于一棵非空二叉树是由根结点、左子树和右子树三个基本部分组成，遍历二叉树只要按照依次遍历这三部分即可。假定我们以 D、L、R 分别表示访问根结点，遍历左子树和遍历右子树则可以有六种遍历形式：DLR、LDR、LRD、DRL、RDL、RLD，若依习惯规定先左后右，则上述六种形式可归并为三种形式，即：

(1) DLR：前序遍历；

(2) LDR：中序遍历；

(3) LRD：后序遍历。

下面将分别具体介绍这三种形式的遍历规则的递归和非递归实现。

7.3.2 遍历的递归方法

1. 前序遍历

前序遍历可以递归地描述如下：

如果根不空：

(1) 访问根结点；

(2) 按前序次序遍历左子树；

(3) 按前序次序遍历右子树；

否则返回。

前序遍历的递归算法如下：

```
void PreOrder(BiTreeNode *t)
{
  if(t != NULL)
  {
    visit(t->data); /*visit()函数根据需要来定义。*/
    PreOrder(t->leftChild);
    PreOrder(t->rightChild);
  }
}
```

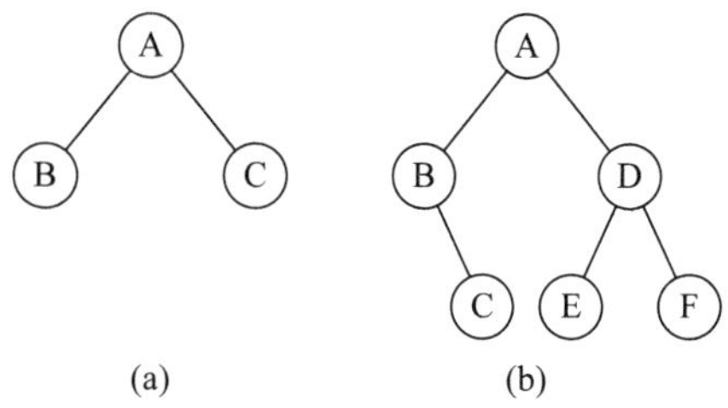

图 7.12 遍历序列示例

如图 7.12(a)所示二叉树的先序遍历序列为 ABC，7.12(b)所示二叉树的先序遍历序列为 ABCDEF。

2. 中序遍历

中序遍历可以递归地描述如下：

如果根不空：

(1) 按中序遍历左子树；

(2) 访问根结点；

(3) 按中序遍历右子树；

否则返回。

中序遍历递归算法如下：

```
void InOrder(BiTreeNode *t)
{
  if(t != NULL)
  {
    InOrder(t->leftChild);
    visit(t->data);            /*visit()函数根据需要来定义。*/
    InOrder(t->rightChild);
  }
}
```

如图 7.12(a)所示二叉树的中序遍历序列为 BAC，7.12(b)所示二叉树的中序遍历序列为 BCAEDF。

3. 后序遍历

后序遍历可以递归地描述如下：

如果根不空：

(1) 按后序次序遍历左子树；

(2) 按后序次序遍历右子树；

(3) 访问根结点；

否则返回。

后序遍历递归算法如下：

```
void PostOrder(BiTreeNode *t)
{
  if(t != NULL)
  {
    PostOrder(t->leftChild);
    PostOrder(t->rightChild);
    visit(t->data);   /*visit()函数根据需要来定义。*/
  }
}
```

如图 7.12(a)所示二叉树的后序遍历序列为 BCA，图 7.12(b)所示二叉树的后序遍历序列为 CBEFDA。

7.3.3 二叉树遍历的非递归实现

二叉树遍历的递归程序思路清晰，易于理解，但执行效率较低。为了提高程序的执行效率，我们可以采用非递归方式实现二叉树的遍历算法。

因此，我们首先给出一个顺序栈的定义及其部分操作的实现，在此基础上讨论二叉树遍历的非递归实现。

```
#define char DataType
typedef struct Node                    /*结点的结构体定义*/
{
    DataType data;                     /*数据域*/
    struct Node *leftChild;            /*左子树指针*/
    struct Node *rightChild;           /*右子树指针*/
}BiTreeNode;

typedef struct /*栈结构定义*/
{
    BiTreeNode *data[MaxStackSize];
    int tag[MaxStackSize];             /*为栈中每个元素设置的标记，用于后序遍历*/
    int top;
}SeqStack;
void push(SeqStack *s, BiTreeNode *x);          /*进栈*/
void pop(SeqStack *s, BiTreeNode ** x)          /*出栈*/
```

1. 二叉树前序遍历的非递归实现

二叉树前序遍历的非递归操作可表示为：

```
void PreOrder1(BiTreeNode *t);
```

其中，参数 t 表示指定的树根指针，其类型为 BiTreeNode。

操作的功能为：用非递归的方法先序遍历二叉树。

处理过程为：

当 t!=NULL 或 s.top!=−1：

(1) 当 t!=NULL：访问 t 所指结点，t 压栈，t 移向其左子树，重复(1)。否则执行(2)；

(2) 若 s.top!=−1，弹出栈顶元素给 t，t 移向其右子树，重复(1)，否则执行(3)；

(3) 当 t!=NULL 或 s.top!=−1 重复(1)；

否则，结束。

程序如下：

```
void PreOrder1(BiTreeNode *t)          /*非递归实现二叉树的前序遍历*/
{
    SeqStack s;   s.top=-1;
    while ((t!=NULL) || (s.top!=-1))   /*当前处理的子树不为空或栈不为空则循环*/
    {
        while (t!=NULL)
        {
```

```
        printf("%c ",t->data);
        push(&s, t);
        t=t-> leftChild;
    }
    if (s.top>-1)
    {
        pop(&s, &t);
        t=t-> rightChild;
    }
  }
}
```

2. 二叉树中序遍历的非递归实现

二叉树中序遍历的非递归操作可表示为：

```
void InOrder1(BiTreeNode *t);
```

其中，参数 t 表示指定的树根指针，其类型为 BiTreeNode。

操作的功能为：用非递归的方法中序遍历二叉树。

处理过程为：

当 t!=NULL 或 s.top!=−1：

(1) 当 t! = NULL：t 压栈，t 移向其左子树，重复(1)。否则执行(2)。

(2) 若 s.top!= −1，弹出栈顶元素给 t，访问 t 所指结点，t 移向其右子树，重复(1)，否则执行(3)。

(3) 当 t! = NULL 或 s.top! = −1 重复(1)。

否则，结束。

程序如下：

```
void InOrder1(BiTreeNode *t)                /*非递归实现二叉树的前序遍历*/
{
  SeqStack s;
  s.top=-1;
  while ((t!=NULL) || (s.top!=-1))          /*当前处理的子树不为空或栈不为空则循环*/
  {
    while (t!=NULL)
    {
      push(&s, t);
      t=t-> leftChild;
    }
    if (s.top>-1)
    {
      pop(&s, &t);
```

```
        printf("%c ",t->data);
        t=t-> rightChild;
      }
    }
  }
```

3. 二叉树后序遍历的非递归实现

二叉树后序遍历的非递归操作，比先序和中序要复杂，要区分第一次经过(s.tag[s.top] = = 0)和第二次经过(s.tag[s.top]==1，当从栈中弹出并且 s.tag[s.top] = = 0 时，要使 s.tag[s.top] = 1 再压栈，访问其右子树。当从栈中弹出并且 s.tag[s.top]==1 时才可访问。

二叉树后序遍历的非递归操作可表示为：

```
void PostOrder1(BiTreeNode *t);
```

其中，参数 t 表示指定的树根指针，其类型为 BiTreeNode。

操作的功能为：用非递归的方法后序遍历二叉树。

处理过程为：

当 t! = NULL 或 s.top! = –1：

(1) 当 t! = NULL：t 压栈，tag = 0 压栈，t 移向其左子树，重复(1)。否则执行(2)；

(2) 当 s.top!=–1 而且 s.tag[s.top]==1：弹出栈顶元素给 t，访问 t 所指结点，重复(2)，否则(3)；

(3) 若 s.top! = –1，弹出栈顶元素给 t，s.tag[s.top] = 1，t 移向其右子树，否则 t = NULL。重复(1)；

否则，结束。

程序如下：

```
void PostOrder1(BiTreeNode *t)                /*非递归实现二叉树的后序遍历*/
{
  SeqStack s;
  s.top=-1;
  while ((t!=NULL) || (s.top!=-1))            /*当前处理的子树不为空或栈不为空则循环*/
  {
    while (t!=NULL)
    {
      s.top++;
      s.data[s.top]=t;
      s.tag[s.top]=0;
      t=t-> leftChild;
    }
    while ((s.top>-1)&& (s.tag[s.top]==1))
    {
      t=s.data[s.top];
```

```
        printf("%c ",t->data);
        s.top--;
      }
      if (s.top>-1)
      {
        t=s.data[s.top];
        s.tag[s.top]=1;
        t=t-> rightChild;
      }
      else t=NULL;
    }
  }
```

思政要点

毛主席曾说：具体问题具体分析。这也如同二叉树的遍历方式，我们可以根据不同的方式进行分类，如先序遍历、中序遍历和后序遍历等。这些不同的遍历方式有各自的特点和应用场景，需要根据具体的需求进行选择。这可以类比当我们在面对问题时需要根据问题的特点进行分类和区别，采用不同的方法去解决问题。

7.4 二叉树其他运算的实现

1. 二叉树的查找 locate(t,x)

该运算实现返回二叉树 t 中值为 x 的结点的位置。根据二叉树的定义，首先应该将 x 与 t 的根结点的值进行比较，若相等，则返回指向根结点的指针；否则，进入 t 的左子树查找，若查找仍未成功，则进入 t 的右子树查找；查找过程中如找到值为 x 的结点，则返回；否则意味着 t 中无 x 结点。在左子树和右子树中的查找过程与在整棵二叉树中查找的过程完全相同，只是处理的对象范围不同，因此可以通过递归方式加以实现。具体实现过程如下。

```
BiTreeNode *locate(BiTreeNode *t, DataType x)
/*在二叉树 t 中查找值为 x 的结点*/
{
  BiTreeNode *p;
  if (t==NULL)
  return NULL;
  else if (t->data==x)
    return t;
  else
```

```
    {
        p=locate(t-> leftChild,x);
        if (p!=NULL)
            return p;
        else
            return    locate(t-> rightChild,x);
    }
}
```

2．统计二叉树中结点的个数 NumOfNode(t)

该运算返回二叉树 t 中所含结点的个数。显然，若 t 为空，则 t 中所含结点的个数为 0；否则，t 中所含结点的个数等于左子树中所含结点的个数加上右子树中所含结点的个数再加 1；而求左子树中所含结点的个数和右子树中所含结点的个数的过程与求整棵二叉树中所含结点个数的过程完全相同，只是处理的对象范围不同，因此可以通过递归调用加以实现。具体实现过程如下：

```
int NumOfNode (BiTreeNode *t)        /*统计二叉树 t 中的结点数*/
{
    if (t==NULL)
        return 0;
    else
        return(NumOfNode (t-> leftChild)+ NumOfNode (t-> rightChild)+1);
}
```

3. 判断二叉树是否等价 isEqual(t_1，t_2)

该运算判断两棵给定的二叉树 t_1 和 t_2 是否等价。两棵二叉树等价当且仅当其根结点的值相等且其左、右子树对应等价。若 t_1 与 t_2 等价，则该运算返回值 1，否则返回值 0。判断两棵二叉树的左子树是否等价及判断两棵二叉树的右子树是否等价的过程与判断两棵二叉树是否等价的过程完全相同，只是处理的对象范围不同而已，因此可以使用递归方式加以实现。具体实现过程如下：

```
int isEqual(BiTreeNode *t1, BiTreeNode *t2)
/*判断二叉树 t1 和 t2 是否等价*/
{
    int t;
    t=0;
    if (t1==NULL && t2==NULL)
        t=1;   /*t1 和 t2 均为空，则二者等价*/
    else if (t1!=NULL && t2!=NULL)                 /*处理 t1 和 t2 均不为空的情形*/
        if (t1->data==t2->data)                    /*如果根结点的值相等*/
            if (isEqual(t1-> leftChild,t2-> leftChild))    /*如果 t1 和 t2 的左子树等价*/
                t=isEqual(t1-> rightChild， t2-> rightChild);
```

```
    /*返回值取决于 t1 和 t2 的右子树是否等价的结果*/
      return(t);
}
```

4. 求二叉树的高(深)度 depth(t)

该运算返回一棵给定的二叉树 t 的高(深)度。根据二叉树的性质及其高度的定义可知，如果 t 为空二叉树，则其高度为 0；否则，其高度应为其左子树的高度和右子树的高度的最大值再加 1；而求其左子树和右子树高度的过程与求整棵二叉树高度的过程完全相同，因此可以通过递归调用加以实现。具体实现过程如下：

```
int depth(BiTreeNode *t)              /*返回二叉树的高度*/
{
  int h,lh,rh;
  if (t==NULL)
    h=0;                              /*处理空二叉树的情况*/
  else
  {
    lh=depth(t-> leftChild);          /*求左子树的高度*/
    rh=depth(t-> rightChild);         /*求右子树的高度*/
    if (lh>=rh)
      h=lh+1;                         /*求二叉树 t 的高度*/
    else
      h=rh+1;
  }
  return h;
}
```

思政要点

2019 年 12 月，武汉疫情暴发，我国在党的伟大领导下取得了抗疫胜利，这其中，也能看到二叉树的影子，管理者从二叉树的结构上得到了许多灵感：首先，二叉树的层级结构可以启示我们如何有效地组织和分配资源。在疫情防控过程中，需要将各种资源根据需求和重要程度进行分配，例如医疗物资需要及时分配给最需要的地方，人员需要根据工作需要和风险程度进行调度。这种分配和调度需要有一个层次结构和相应的决策机制，以确保资源的合理利用和疫情防控工作的顺利进行。

其次，二叉树的结构也启示我们如何有效地进行信息传递和沟通。在疫情防控过程中，需要及时收集、整理和传递各种信息，例如疫情数据、人员健康状况等。这种信息的传递和沟通需要有一个清晰的信息链和沟通机制，以确保信息的准确性和及时性。

最后，二叉树的结构也启示我们如何进行决策和风险管理。在疫情防控过程中，需要进行各种决策和风险管理，例如疫情预警、防控措施的制定和实施等。这种决策和风险管理需要有一个科学的方法和机制，以确保决策的准确性和风险管理的有效性。

7.5 线索二叉树

由上节可知，遍历二叉树可按一定的次序访问输出结点内容，得到一个线性序列。这实质上是对一个非线性结构进行线性化的操作，使每个结点(除第一个和最后一个外)在这个线性序列中有且仅有一个直接前驱和直接后继。换句话说，二叉树的结点之间隐含着一个线性关系，不过这个关系要通过遍历才能显示出来。

但是当我们以二叉链表作为二叉树的存储结构时，要找到结点的线性前驱或后继就不方便了。能否在不增加存储空间的前提下保留结点的线性前驱和后继的信息呢？为此，我们引入线索二叉树。

7.5.1 线索二叉树的基本概念

我们发现，具有 n 个结点的二叉树中有 n－1 条边指向其左、右孩子，这意味着在二叉链表中的 2n 个孩子指针域中只用到了 n－1 个域，还有另外 n＋1 个指针域是空的。我们可充分利用这些空指针来存放结点的线性前驱和后继信息。

试作如下规定：若结点有左子树，则其 leftChild 域指示其左孩子，否则令 leftChild 域指示其直接前驱；若结点有右子树，则其 rightChild 域指示其右孩子，否则令 rightChild 域指示其直接后继。为了严格区分结点的孩子指针域究竟指向孩子结点还是指向前驱或后继结点，需在原结点结构中增加两个标志域。新的结点结构为：

leftChild	leftTag	data	rightTag	rightChild

其中：

LeftTag=0，表示 leftChild 指示结点的左孩子；

leftTag=1，表示 leftChild 指示结点的直接前驱；

rightTag=0，表示 rightChild 指示结点的右孩子；

rightTag=1，表示 rightChild 指示结点的直接后继。

可以描述为：

```
typedef struct BiTreeThNode
{
    char data;
    struct BiTreeThNode *leftChild, *rightChild;
    int leftTag, rightTag;              /* 左、右标志域 */
} BiTreeThNode;
```

通常把指向前驱或后继的指针称作线索。对二叉树以某种次序进行遍历并且加上线索的过程称作线索化。经过线索化之后生成的二叉链表表示称为线索二叉树。

对一个已建好的二叉树的二叉链表进行线索化时规定(对 p 结点)：

(1) p 有左孩子时，则令左特征域 p->leftTag=0；

(2) p 无左孩子时，令 p->leftTag = 1，并且 p->leftChild 指向 p 的前驱结点；

(3) p 有右孩子时，令 p->rightTag = 0；

(4) p 无右孩子时，令 p->rightTag = 1，并且让 p->rightChild 指向 p 的后继结点。

针对图 7.13(a)的二叉树，它的中序线索树的链表表示如图 7.13(b)所示。线索用带箭头的虚线表示。

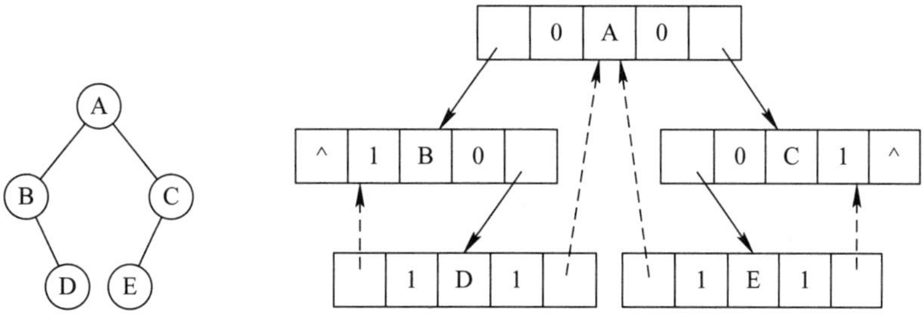

(a) 二叉树　　(b) 中序线索树

图 7.13　中序次序线索树

7.5.2　线索二叉树的逻辑表示图

按照不同的次序进行线索化，可得到不同的线索二叉树。有先序线索二叉树、中序线索二叉树和后续线索二叉树。对图 7.14(a)的二叉树线索化，可得到图 7.14(b)、(c)、(d)三种线索二叉树的逻辑表示。

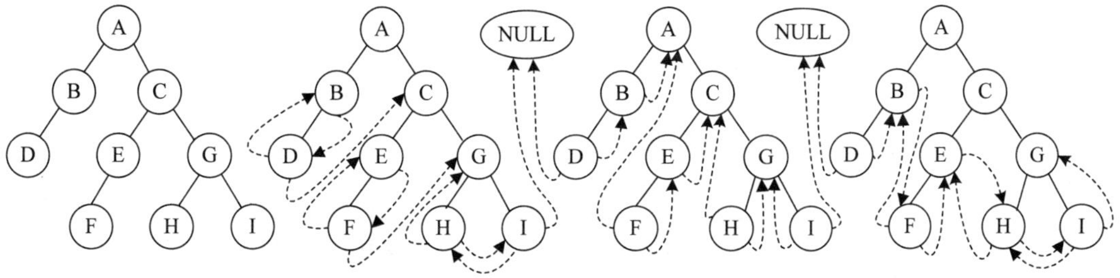

(a) 二叉树　(b) 先序线索二叉树　(c) 中序根线索二叉树　(d) 后序根线索二叉树

图 7.14　线索二叉树的逻辑表示图

读者应能熟练掌握三种不同的线索二叉树的逻辑图画法。画图时应注意，线索应画成带箭头的虚线，应从结点的左下方和右下方出发，左右分明，指向准确。

7.5.3　中序次序线索化算法

这里重点介绍中序次序线索化的算法。中序次序线索化是在已建立好的二叉链表之上(每个结点有 5 个域)，按中序遍历的方法在访问根结点时建立线索，程序如下：

```
void inThread (BiTreeThNode *p)
{
  if (p!=NULL)
```

```
{
  inThread (p-> leftChild);
  printf ("%6c\t",p->data);
  if(p-> leftChild!=NULL)
    p-> leftTag =0;
  else
  {
    p-> leftTag =1;
    p-> leftChild =pr;
  }/*  建 p 结点的左线索，指向前驱结点 pr */
  if(pr!=NULL)
  {
    if(pr-> rightChild!=NULL)
      pr-> rightTag =0;
    else
    {
      pr-> rightTag =1;
      pr-> rightChild =p;
    }/*  前驱结点 pr 建右线索，指向结点 p */
  }
  pr=p;/* pr 跟上 p，以便 p 向后移动 */
  inThread (p-> rightChild);
 }
}/* inThread */
```

此算法中 pr 是全局变量，在主程序中置初值为空。在 inThread 函数中 pr 始终作为当前结点 p 的前驱结点的指针。在线索化过程中，边判断二叉树的结点有无左、右孩子，边给相应标志域置 0 或 1，边建立线索。在阅读此算法时，将 inThread(p->leftChild 和 inThread (p->rightChild)之间的一组语句看成一个整体，把这段语句理解为“访问”，很明显这里应用了典型的中序遍历算法思路。在递归调用结束时 p 为空，这表明 pr 已是最后一个结点，应该没有后继结点。所以在返回主程序后还要使 pr->rch=NULL，至此整个线索化结束。主函数如下：

```
BiTreeThNode *pr;
typedef struct
{
  DataType data;
  int number;
}DataNum;
main( )
```

```
{
  BiTreeThNode *t=NULL;
  int n;
  DataNum test[]={{'a',0},{'b',1},{'c',2},{'d',3},{'e',4},{'f',5} ,{'g',6} };
  pr=NULL;
  n=7;
  t=creat( test,n);
  inThread (t);
  pr-> rightChild=NULL;
}
```

初学者在这里往往易犯错误，常把预处理 pr=NULL 和善后处理 pr->rightChild = NULL 放在线索化子函数 void inThread (BiTreeThNode * p)中，一个放最前边，另一个放最后边。这样每递归调用一次，pr 就置一次空，无法记下 p 的前驱结点。而在从深度递归返回时，每返回一次就让 pr->rightChild 置一次空，这显然是错误的。因此，在描述递归算法时，提倡同时写出主函数来示意递归调用前的初始化处理和递归调用结束后的善后处理。

7.5.4　在中序线索树上检索某结点的前驱或后继

(1) 已知 q 结点，找出它的前驱结点。

根据线索树的基本概念，当 q->leftTag==1 时，q->leftChild 就指向 q 的前驱。当 q->leftTag = = 0 时，表明 q 有左孩子。由中序遍历的规律可知，作为根 q 的前驱结点(或者说以根结点为后继的结点)，它应是中序遍历 q 的左子树时访问的最后一个结点，即左子树的最右尾结点。请看图 7.14(c)，结点 B 是 A 的左子树的最右尾结点，它就是 A 的前驱结点。而 B 的后继指针指向了 A，A 就是 B 的后继结点。若用 p 记录 q 的前驱，算法如下：

```
/*已知 q 结点，找出它的前驱结点*/
BiTreeThNode *inpre(BiTreeThNode *q)
{
  if(q-> leftTag ==1)
    p=q->leftChild;
  else {
    r=q->leftChild;
    while (r-> rightTag!==1)
      r=r-> rightChild;
    p=r;
  }
  return(p);
}
```

(2) 已知 q 结点，找出它的后继结点。

当 q->rightTag = = 1 时，q->rightChild 即指向 q 的后继结点。若 q->rightTag = = 0，表明 q 有右孩子，那么 q 的后继应是中序遍历 q 的右子树时访问的第一个结点，即右子树的最左尾结点。看图 7.14(c)，A 的后继为 F，C 的后继为 H。依照找前驱结点的算法请读者自己思考该算法的写法，这里不再细讲。

7.5.5 在中序线索树上遍历二叉树

在中序线索树上遍历二叉树，首先从根结点开始查找二叉树的最左结点，对最左结点进行访问。然后，利用在中序线索树上求某结点后继的算法，逐一找出每个结点加以访问，直到某结点的右孩子指针域为空为止。

思政要点

居里夫人是研究放射性的先驱之一，她对放射性的研究非常深入。在她的实验室里，她注意到一个细节：放射性物质会“自我加热”。这个细节最终帮助她发现了放射性衰变的规律，并开启了核能的研究和应用。线索二叉树的构造和遍历算法同样也需要注重细节。在学习和应用线索二叉树的过程中，我们需要注重每个细节和步骤，才能保证算法的正确性和效率。这种注重细节的精神也是我们在学习和工作中必备的品质。

7.6 树与森林

7.6.1 树的存储结构

存储结构的选择不仅要考虑数据元素如何存储，更重要的是要考虑数据元素之间的关系如何体现。根据数据元素之间关系的不同表示方式，常用的树存储结构主要有三种：双亲表示法、孩子表示法和孩子兄弟表示法。本小节主要讨论树的前两种常用的存储结构。

1. 双亲表示法

在树中，除根结点没有双亲外，其他每个结点的双亲是唯一确定的。因此，根据树的这种性质，存储树中结点时，应该包含两个信息：结点的值 data 和体现结点之间相互关系的属性，即该结点的双亲 parent。借助于每个结点的这两个信息便可唯一地表示任何一棵树。这种表示方法称为双亲表示法，为了查找方便，可以将树中所有结点存放在一个一维数组中，具体类型定义如下：

```
# define MAXSIZE 100              /*树中结点个数的最大值*/
typedef char DataType;            /*结点值的类型*/
typedef struct node               /*结点的类型*/
  {
  DataType data;
```

```
    int    parent;                    /*结点双亲的下标*/
    } node;
typedef struct tree
    {
    node treeList[MaxSize];           /*存放结点的数组*/
    int    length, root ;             /* 树中实际所含结点的个数及根结点的位置*/
    } Tree;                           /* 树的类型*/
```

其中 DataType 应根据结点值的具体类型给出定义，在此假设为字符型。这里值得一提的是，根结点在树中有着与其他结点不同的地位，树根的位置是非常关键的，正如单链表中抓住了表头指针，就掌握了整个链表一样，树中只要知道树根在哪里，便可以访问到树中所有的结点，因此树的存储结构中要特别考虑根结点的存储。

图 7.15 给出了一棵树及其双亲表示法。

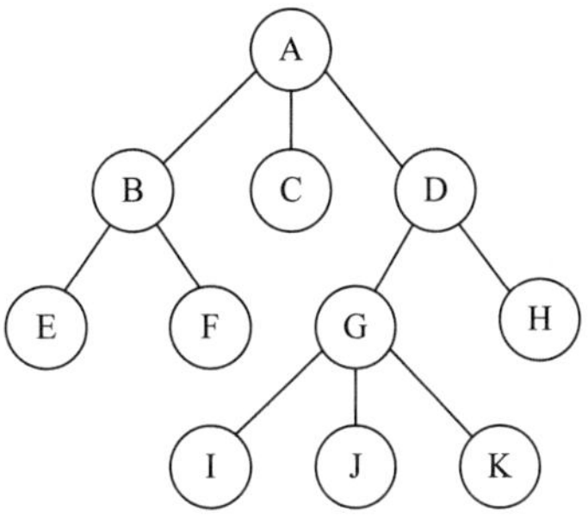

(a)

	data	parent	
0	A	−1	← root
1	B	0	
2	C	0	
3	D	0	
4	E	1	
5	F	1	
6	G	3	
7	H	3	
8	I	6	
9	J	6	
10	K	6	

(b)

图 7.15　树的双亲表示法

其中 parent 的值为−1 表示结点的双亲不存在。本树中 root 域的值为 0，表示树的根结点存放在数组的第一个元素中。

2. 孩子表示法

与双亲表示法不同的是，采用孩子表示法表示一棵树时，树中每个结点除了存储其自身的值之外，还必须指出其所有子女的位置。为此每个结点通常包含两个域：一个是元素的值域 data，另一个为指针数组，数组中的每个元素均为一个指向该结点子女的指针；一棵 m 度的树，其指针数组的大小即为 m。具体数据结构的定义如下：

```
# define M 3                          /*树的度数*/
typedef char DataType;                /*结点值的类型*/
typedef struct node                   /*结点的类型*/
{
  DataType data;
  struct node    *child[M];           /*指向子女的指针数组*/
```

```
}Tree;
Tree *root;
```

其中 root 表示指向树根结点的指针，整棵树中的结点是通过指向子女结点的指针数组相联系的，称这种孩子表示法为指针方式的孩子表示法。图 7.16 为图 7.15 中(a)的指针方式孩子表示法的表示。

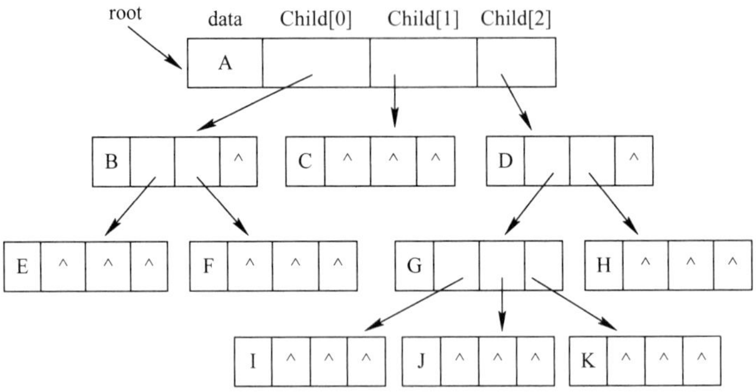

图 7.16 树的指针方式的孩子表示法

以上孩子表示法有个缺点：由于每个结点所含子女数不相同，因此指示结点子女的数组大小均由树的度数 m 来决定。这样如果一个结点子女个数少于 m，就有空间闲置与浪费。一种改进的办法是：把每个结点的子女排列起来形成一个单链表，这样 n 个结点就形成 n 个单链表；而 n 个单链表的头指针又组成一个线性表。为了查找方便，可以使用数组方式加以存储，称这种孩子表示法为链表方式的孩子表示法。其具体数据结构定义如下：

```
# define MAXSIZE 50
typedef char DataType;
typedef   struct   childNode              /* 孩子结点的类型*/
{
   int child;
   struct childNode *next;
}childNode, * childPoint;
typedef struct {                          /* 树中每个结点的类型 */
   DataType data;
   childPoint firstChild;                 /* 指向第一个子女结点的指针*/
} node;
typedef struct                            /*树的类型*/
{
   node treeList [MaxSize];
   int length, root;                      /*树中实际所含结点的个数和根结点的位置*/
} Tree;
```

图 7.17 给出了图 7.15 中(a)的链表方式孩子表示法的表示。

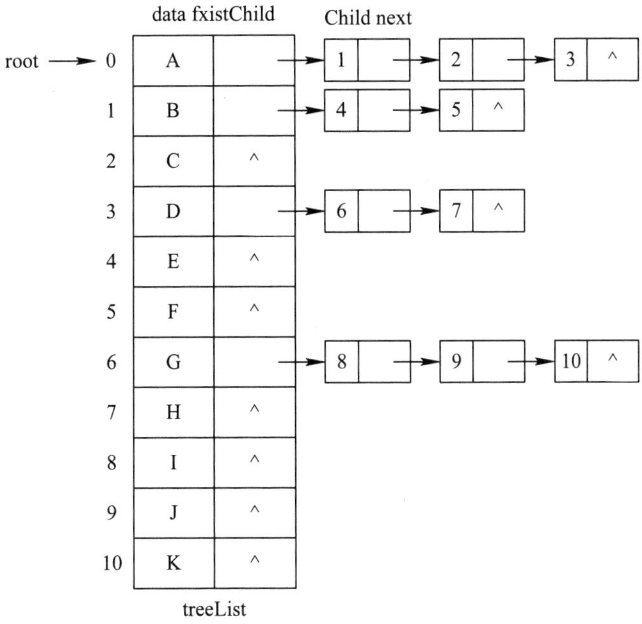

图 7.17 树的链表方式的孩子表示法

7.6.2 树、森林和二叉树的转换

树和二叉树虽然为两种不同的数据结构，但它们之间有一种自然的一一对应关系。任何一棵树(或森林)都唯一地对应于一棵二叉树；反之，任何一棵二叉树也唯一地对应于一棵树(或森林)。以下讨论它们之间的转换方法。

1. 树与二叉树之间的转换

对于一般树，树中孩子的次序并不重要，只要双亲与孩子的关系正确即可。但在二叉树中，左、右孩子的次序是严格区分的。所以在讨论二叉树与一般树之间的转换时，为了不引起混淆，就约定按树上现有结点次序进行转换。

1) 一般树转化为二叉树

将一般树转化为二叉树的思路，主要根据树的孩子－兄弟存储方式而来，步骤是：

(1) 加线。在各兄弟结点之间用虚线相连。可理解为每个结点的兄弟指针指向它的一个兄弟。

(2) 抹线。对每个结点仅保留它与其最左一个孩子的连线，抹去该结点与其他孩子之间的连线。可理解为每个结点仅有一个孩子指针，让它指向自己的长子。

(3) 旋转。把虚线改为实线，从水平方向向下旋转 45°，成右斜下方向。原树中实线成左斜下方向。这样就形成一棵二叉树。

由于二叉树中各结点的右孩子都是原一般树中该结点的兄弟，而一般树的根结点又没有兄弟结点，因此所生成的二叉树的根结点没有右子树。在所生成的二叉树中某一结点的左孩子仍是原来树中该结点的长子，并且是它的最左孩子。图 7.18 是一个由一般树转为二叉树的实例。

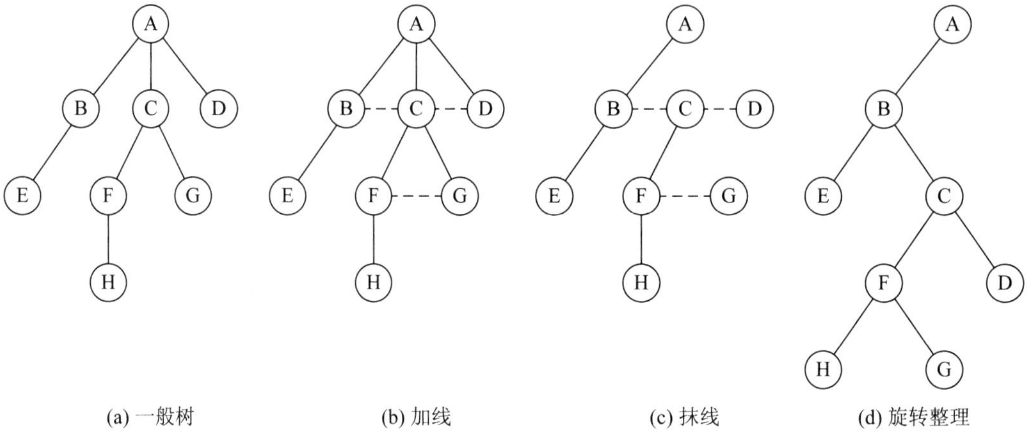

图 7.18 一般树转换为二叉树

2) 二叉树还原为一般树

二叉树还原为一般树，此时的二叉树必须是由某一树转换而来的没有右子树的二叉树。并非随便一棵二叉树都能还原成一般树。其还原过程也分为三步：

(1) 加线。若某结点 i 是双亲结点的左孩子，则将该结点 i 的右孩子以及当且仅当连续地沿着右孩子的右链不断搜索到所有右孩子，都分别与结点 i 的双亲结点用虚线连接。

(2) 抹线。把原二叉树中所有双亲结点与其右孩子的连线抹去。这里的右孩子实质上是原一般树中结点的兄弟，抹去的连线是兄弟间的关系。

(3) 进行整理。把虚线改为实线，把结点按层次排列。

二叉树还原为一般树的示例，如图 7.19 所示。

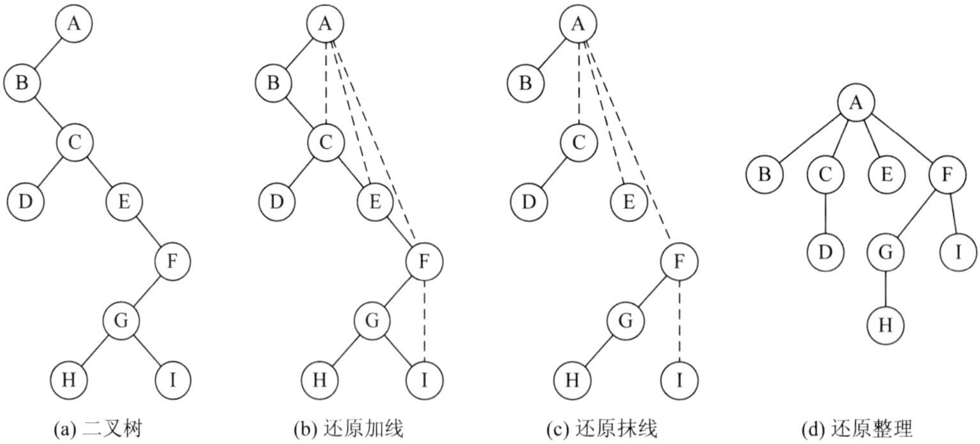

图 7.19 二叉树还原为一般树

2. 森林与二叉树的转换

森林是树的有限集合，如图 7.20(a)所示。

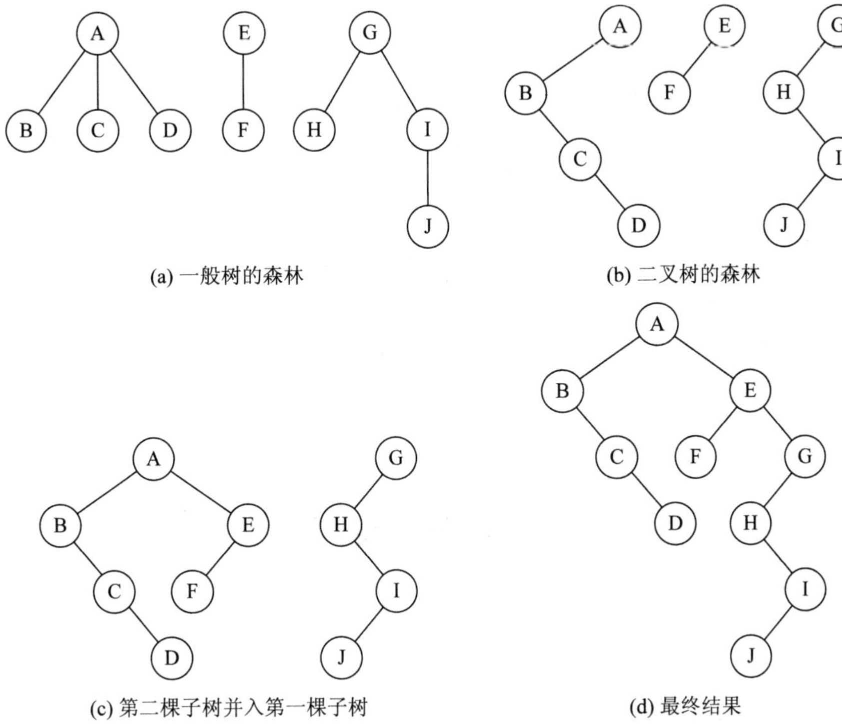
(a) 一般树的森林　(b) 二叉树的森林
(c) 第二棵子树并入第一棵子树　(d) 最终结果

图 7.20　森林转换为二叉树

1) *森林转换为二叉树*

森林转换为二叉树的步骤为：

(1) 将森林中每棵子树转换成相应的二叉树，形成有若干二叉树的森林。

(2) 按森林图形中树的先后次序，依次将后边一棵二叉树作为前边一棵二叉树根结点的右子树，这样整个森林就生成了一棵二叉树，实际上第一棵树的根结点便是生成后的二叉树的根结点。图 7.20 是森林转化为二叉树的示例。

2) *二叉树还原为森林*

将一棵由森林转换得到的二叉树还原为森林的步骤是：

(1) 抹线。将二叉树的根结点与其右孩子的连线以及当且仅当连续地沿着右链不断地搜索到的所有右孩子的连线全部抹去，这样就得到包含有若干棵二叉树的森林。

(2) 还原。将每棵二叉树按二叉树还原一般树的方法还原为一般树，于是得到森林。

这部分的图示，请读者自己练习画出。

7.6.3　一般树或森林的遍历

一般树的遍历主要是先序和后序遍历，一般不讨论中序遍历。树的先序遍历首先访问树的根结点，然后从左至右逐一先序遍历每一棵子树。树的后序遍历首先后序遍历树的最左边的第一棵子树，接着从左至右逐一后序遍历每一棵子树，最后访问树的根结点。一般树转换为二叉树后，此二叉树没有右子树，对此二叉树的中序遍历结果与上述一般树的后序遍历结果相同。

思政要点

我们在日常生活中需要处理各种任务和活动，如工作、学习、锻炼、娱乐等。为了使我们的生活更加平衡和优化，我们需要合理地安排时间，分配资源和注意力，以实现我们的目标和优先事项。时间管理可以帮助我们更好地平衡工作和休息，实现工作与生活的平衡。

树和森林的优化和平衡也是非常重要的概念。我们需要根据实际应用场景和需求来选择合适的树或森林结构，并进行优化和平衡操作，以提高算法的效率和性能。这种优化与平衡的精神可以类比为我们在工作和生活中追求最优解的精神，我们需要不断追求进步和完善，提高自身的素质和能力。

7.7 哈夫曼树及其应用

哈夫曼树(Huffman)，又称最优二叉树，是一类带权路径长度最短的树，有着广泛的应用。

7.7.1 哈夫曼树的基本概念

首先我们要学习一些与哈夫曼树有关的术语。

(1) 两个结点之间的路径。树中一个结点到另一个结点之间的分支序列称为这对结点之间的路径。

(2) 两个结点之间的路径长度。树中一个结点到另一个结点之间的分支数目称为这对结点之间的路径长度。

(3) 树的路径长度。从根结点到每个叶子结点的路径长度之和。

(4) 树的带权路径长度。设一棵二叉树有 n 个叶子，每个叶子结点拥有一个权值 w_1，w_2，…，w_n，从根结点到每个叶子结点的路径长度分别为 l_1，l_2，…，l_n，那么树的带权路径长度为每个叶子的路径长度与该叶子权值乘积之和，通常记作：

$$WPL=\sum_{i=1}^{n} w_i l_i$$

为了直观起见，在图 7.21 中，把带权的叶子结点画成方形，其他非叶子结点仍为圆形。请看图 7.21 中的三棵二叉树以及它们的带权路径长度。

(a) $WPL = 2 \times 2 + 4 \times 2 + 5 \times 2 + 8 \times 2 = 38$

(b) $WPL = 4 \times 2 + 5 \times 3 + 8 \times 3 + 2 \times 1 = 49$

(c) $WPL = 8 \times 1 + 5 \times 2 + 4 \times 3 + 2 \times 3 = 36$

请注意，这三棵二叉树叶子结点数相同，它们的权值也相同，但是它们的 WPL 带权路径长各不相同。图 7.21(c)WPL 最小。它就是哈夫曼树，最优树。哈夫曼树是在具有同一组权值的叶子结点的不同二叉树中，带权路径长度最短的树。

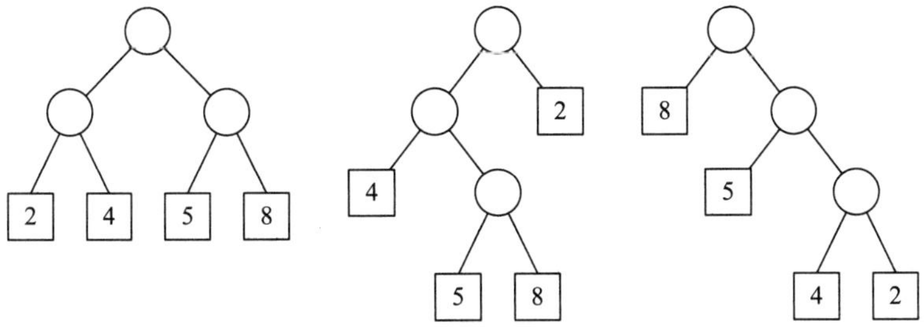

(a) WPL=38　(b) WPL=49　(c) WPL=36

图 7.21　具有不同带权路径长度的二叉树

7.7.2　哈夫曼树的构造及其算法

1. 构造哈夫曼树的方法

对于已知的一组叶子的权值 w_1，w_2，…，w_n：

(1) 首先把 n 个叶子结点看作 n 棵树(有一个结点的二叉树)，把它们看作一个森林。

(2) 在森林中把权值最小和次小的两棵树合并成一棵树，该树根结点的权值是两棵子树权值之和。这时森林中还有 n－1 棵树。

(3) 重复第(2)步直到森林中只有一棵树为止。此树就是哈夫曼树。

现给一组(n＝4)具体的权值{2，4，5，8}，图 7.22 是构造哈夫曼树的具体过程。

此时我们或许会问，n 个叶子构成的哈夫曼树其带权路径长度唯一吗？答案是确实唯一。树形唯一吗？答案是不唯一。因为将森林中两棵权值最小和次小的子树合并时，哪棵做左子树，哪棵做右子树并不严格限制。图 7.22 之中的做法是把权值较小的当作左子树，权值较大的当作右子树。如果反过来也可以，画出的树形有所不同，但 WPL 值相同。

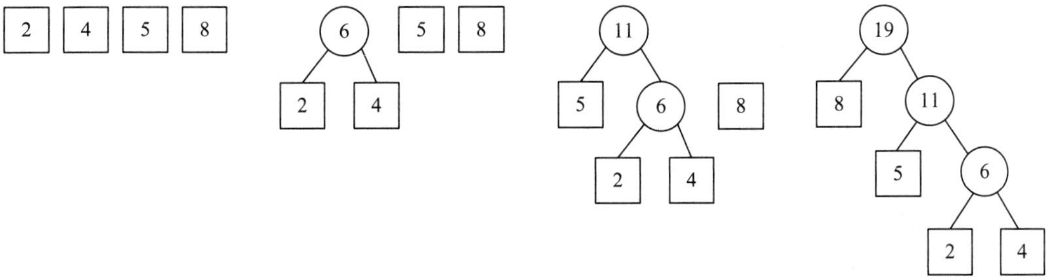

(a) 森林中有四棵树　(b) 森林中有三棵树　(c) 森林中有两棵树　(d) 生成一棵树

图 7.22　哈夫曼树构造过程

2. 哈夫曼算法实现

讨论算法实现需选择合适的存储结构，因为哈夫曼树中没有度为 1 的结点。这里选用顺序存储结构。由二叉树性质可知 $n_0=n_2+1$，而现在总结点数为 n_0+n_2，也即 $2n_0-1$，叶子数 n_0 若用 n 表示则二叉树结点总数为 $2n-1$。向量的大小就定义为 $2n-1$。假设 n<10，存储结构如下：

```
typedef struct
/*哈夫曼树的结点结构*/
```

```
{
int weight;                 /*权值*/
int flag;                   /*标记*/
int parent;                 /*双亲结点下标*/
int leftChild;              /*左孩子下标*/
int rightChild;             /*右孩子下标*/
}HaffNode;
HaffNode haffTree[];
```

首先需将叶子权值输入 haffTree 向量，leftChild, rightChild , flag 域全置零，如果用前边的一组数值{2，4，5，8}初始化向量 r，见图 7.23(a)。然后执行算法，可得出如图 7.23(b)所示的结果。

flag	leftChild	weight	rightChild	parent
0	−1	2	−1	−1
0	−1	4	−1	−1
0	−1	5	−1	−1
0	−1	8	−1	−1

(a) 初始状态

	flag	leftChild	weight	rightChild	parent
0	1	−1	2	−1	4
1	1	−1	4	−1	4
2	1	−1	5	−1	5
3	1	−1	8	−1	6
4	1	0	6	1	5
5	1	2	11	4	6
6	0	3	19	5	−1

(b) 最终状态

图 7.23 哈夫曼树向量存储结构示意

设 t 为指向哈夫曼树的根结点(在此是数组元素)的指针，算法如下：

```
void Haffman(int weight[], int n, HaffNode haffTree[])
/*建立叶结点个数为 n 权值数组为 weight 的哈夫曼树 haffTree*/
{
  int i, j, m1, m2, x1, x2;
/*哈夫曼树 haffTree[]初始化。n 个叶结点共有 2n-1 个结点*/
  for(i = 0; i <2*n-1 ; i++) {
    if(i < n)
      haffTree[i].weight = weight[i];
    else
      haffTree[i].weight = 0;
    haffTree[i].parent = -1;
    haffTree[i].flag = 0;
    haffTree[i].leftChild = -1;
    haffTree[i].rightChild = -1;
  }
  /*构造哈夫曼树 haffTree[]的 n-1 个非叶结点*/
```

```
    for(i = 0;i < n-1;i++)
    {
        m1 = m2 = MaxValue;
        x1 = x2 = 0;
        for(j = 0; j < n+i;j++)
        {
            if(haffTree[j].weight < m1 && haffTree[j].flag == 0)
            {
                m2 = m1;    x2 = x1;
                m1 = haffTree[j].weight;    x1 = j;
            }
            else if(haffTree[j].weight < m2 && haffTree[j].flag == 0)
            {
                m2 = haffTree[j].weight;    x2 = j;
            }
        }
        /*将找出的两棵权值最小的子树合并为一棵子树*/
        haffTree[x1].parent="n+i";
        haffTree[x2].parent="n+i";
        haffTree[x1].flag=1;
        haffTree[x2].flag=1;
        haffTree[n+i].weight = haffTree[x1].weight+haffTree[x2].weight;
        haffTree[n+i].leftChild = x1;    haffTree[n+i].rightChild = x2;
    }
}
```

图 7.23 中仅给出了所用到的数组元素，其他略去未画。在以上算法中主要有一个二重循环，内循环的平均循环次数均为 O(n)，外循环大约 n 次，所以该算法的时间复杂度为 $O(n^2)$。

7.7.3　哈夫曼树的应用

1. 判定树

在考查课记分时往往把百分制转换成优(x≥90)、良(80≤x<90)、中(70≤x<80)、及格(60≤x<70)、不及格(x<60)5 个等级。若不考虑学生考试分数的分布概率，程序判定过程很容易写成图 7.24(a)，可看出这种情况的 x 值要比较 2 至 3 次才能确定等级。而学生中考试不及格的人数很少，x 值比较一次即可定等级。能否使出现次数多的在 70～80 分之间的 x 值比较次数减少些，而使很少出现的低于 60 分的 x 值比较次数多一些，以便提高程序的运行效率呢？假设学生成绩对于不及格、及格、中等、良好和优秀的分布概率分别为 5%，15%，40%，30%，10%，以它们为叶子的权值来构造哈夫曼树，如图 7.24(b)所示。此时带权路径长最短，其值为 205。它可以使大部分的分数值经过较少的比较次数得到相应的等级。

但是，事情往往不是绝对的，此时每个判断框内的条件较为复杂，比较两次，反而降低运行效率。所以我们采用折中作法，调整后得图 7.24(c)判定树。它更加切合实际。

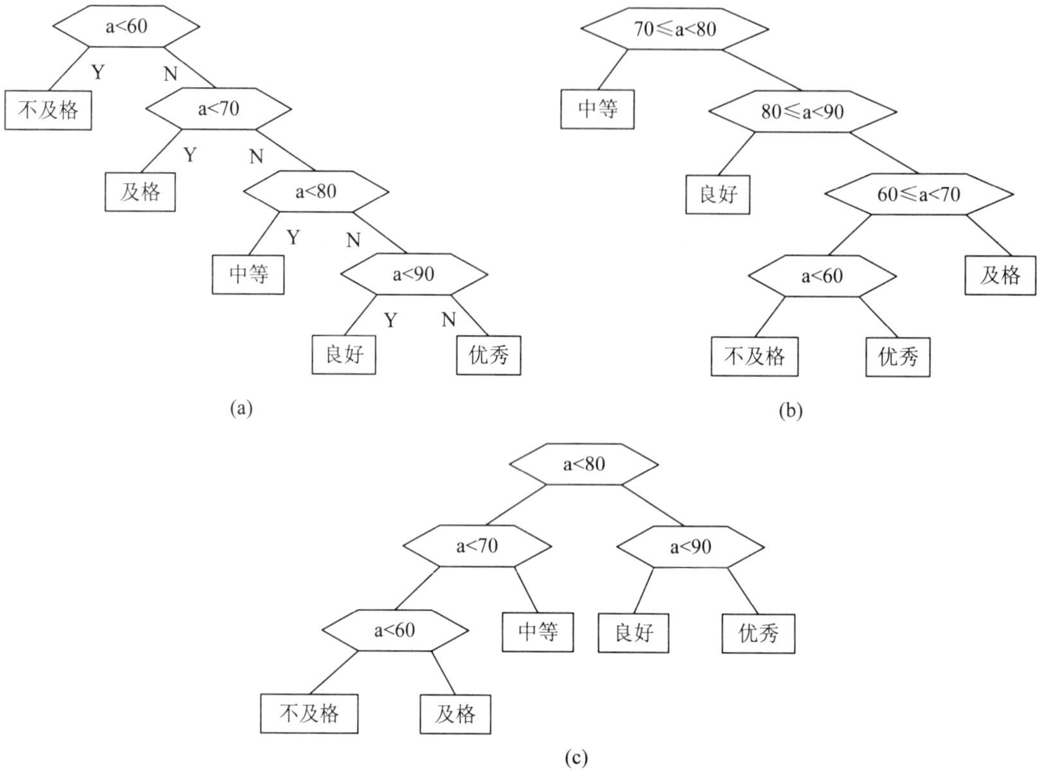

图 7.24　转换五分制不同判定过程

2. 哈夫曼编码

在通信及数据传输中多采用二进制编码，即由 0、1 组成的字符串。接收方收到一系列 0、1 串后，再把它还原成文字，即译码。

例如：需传送的电文为“ACDACAB”，其间只用到了四个字符，则只需两个字符的串便足以分辨。令“A、B、C、D”的编码分别为 00、01、10、11，则电文的二进制代码串为：00101100100001，总码长 14 位。接收方按两位一组进行分割，便可译码。

但是，在传送电文时，总希望总码长尽可能地短。如果对每个字符设计长度不等的编码，且让电文中出现次数较多的字符采用尽可能短的编码，则传送电文的总长便可减少。上例电文中 A 和 C 出现的次数较多，我们可以再设计一种编码方案，即 A、B、C、D 的编码分别为 0、01、1、11，此时，电文“ACDACAB”的二进制代码串为：011101001，总码长 9 位，显然缩短了。

但是，接收方收到该代码串后无法进行译码。比如代码串的“01”是代表 B 还是代表 AC 呢？因此，若要设计长度不等的编码，必须是任一个字符的编码都不是另一个字符的编码的前缀，这个编码称为前缀编码。电话号码就是前缀码，例如 110 是报警电话的号码，其他的电话号码就不能以 110 开头了。

利用哈夫曼树不仅能构造出前缀码，而且还能使电文编码的总长度最短。方法如下：

假定电文中共用了 n 种字符，每种字符在电文中出现的次数为 $W_i(i=1\cdots n)$。以 W_i 作为哈夫曼树叶子结点的权值，用我们前面所介绍的哈夫曼算法构造出哈夫曼树，然后将每个结点的左分支标上“0”，右分支标上“1”，则从根结点到代表该字符的叶子结点之间，沿途路径上的分支号组成的代码串就是该字符的编码。

例：在电文“ACDACAB”中，A、B、C、D 四个字符出现的次数为 3、1、2、1，则按上述方法可得到各字符的哈夫曼编码。A(0)，B(110)，C(10)，D(111)。见图 7.25。

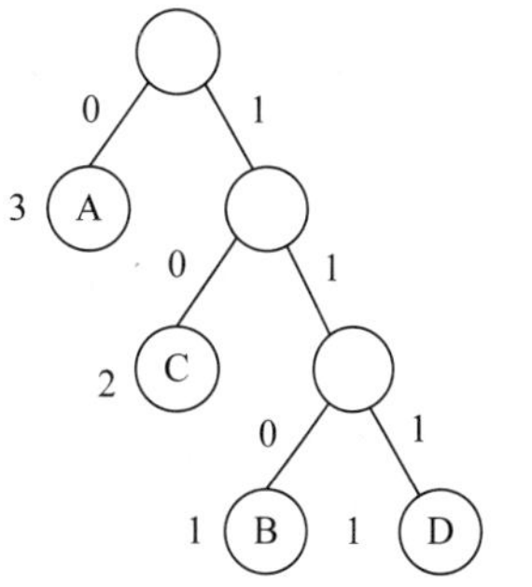

图 7.25 哈夫曼编码

信息编码是一个复杂的问题，还应考虑其他一些因素。比如译码时较困难，还有检测、纠正问题，都应考虑在内。这里仅对哈夫曼树举了一个应用实例。

思政要点

哈夫曼编码起源于 20 世纪 50 年代，当时有一位名叫 David Huffman 的年轻科学家在研究数据压缩算法时，发现了一种能够高效地编码字符的算法。

哈夫曼编码的灵感来自于一次在森林中散步的经历。当时，他看到了一棵奇怪的大树，这棵树的枝干呈现出一种非常不均匀的结构。哈夫曼开始思考，如果将这棵树看作一个编码表，那么每个枝干都可以代表一个字符的编码。那些较短的枝干可以用来编码出现频率较高的字符，而较长的枝干可以用来编码出现频率较低的字符。这样，就可以实现数据的压缩。

哈夫曼将这种编码方式称为“哈夫曼编码”，并发表了相关的论文。哈夫曼编码的提出引起了广泛的关注，并成为了一种经典的编码算法。

哈夫曼编码的核心思想是使用可变长度编码来提高数据压缩效率。在哈夫曼编码中，出现频率较高的字符被分配较短的编码，而出现频率较低的字符被分配较长的编码。这样，就可以在使用较短的空间存储数据的同时，实现较高的压缩比。

哈夫曼编码是一种创新的编码方式，它打破了传统固定长度的编码方式，通过可变长度编码实现了更优的压缩效果。这告诉我们要敢于打破常规，勇于创新，寻找更好的解决方案。

7.8 二叉树的 ADT 定义

以上讨论了二叉树的结构特征、存储方式及其相关操作的实现，在本节中我们将给出二叉树的 ADT 定义即抽象数据类型定义，为以后面向对象程序设计中的类定义奠定基础。

根据面向对象程序设计的原则，实现部分与接口部分两者应该分离。接口部分可以用 ADT 定义即抽象数据类型定义来进行描述。一种数据类型的 ADT 定义由数据元素、结构及操作三部分组成。

元素：a_i 同属于一个数据元素类，i=1，2，…，n，n≥0；

结构：对所有的数据元素 a_i(i=1，2，…，n−1)它或为空树(n=0)，或为非空树；对于非空树有：有一个特定的称之为根的结点；根结点以外的其余结点分别由两棵互不相交的称之为左子树和右子树的二叉树组成。

对二叉树可执行基本操作为：

(1) void Initiate(BiTreeNode **root)： 初始化操作，创建二叉树的头结点。

(2) void Destroy(BiTreeNode **root)：销毁操作，释放二叉树所有结点。

(3) BiTreeNode *InsertLeftNode(BiTreeNode *curr, DataType x)：插入左结点，若当前结点 curr 非空，在 curr 的左子树插入元素值为 x 的新结点，原 curr 所指结点的左子树成为新插入结点的左子树，若插入成功返回新插入结点的指针，否则返回空指针。

(4) BiTreeNode *InsertRightNode(BiTreeNode *curr, DataType x)：插入右结点，若当前结点 curr 非空，在 curr 的右子树插入元素值为 x 的新结点，原 curr 所指结点的右子树成为新插入结点的右子树，若插入成功返回新插入结点的指针，否则返回空指针。

(5) BiTreeNode *DeleteLeftTree(BiTreeNode *curr)：删除左子树操作。若 curr 非空，删除 curr 所指结点的左子树，若删除成功返回删除结点的双亲结点指针，否则返回空指针。

(6) BiTreeNode *DeleteRightTree(BiTreeNode *curr)：删除右子树操作。若 curr 非空，删除 curr 所指结点的右子树，若删除成功返回删除结点的双亲结点指针，否则返回空指针。

(7) void PreOrder(BiTreeNode *t)：先序遍历二叉树 t。

(8) void InOrder(BiTreeNode *t)：中序遍历二叉树 t。

(9) void PostOrder(BiTreeNode *t)：后序遍历二叉树 t。

对于二叉树还有其他一些操作，如：查找、求结点数、求树高等。对线索二叉树和哈夫曼树其实质是对二叉树的改进和应用。

思政要点

在古老的中国，有一个叫作“智慧之树”的传说。这棵树有一个特点，它的每一个枝条上都只生长着两个子枝条，分别代表“学问”和“品德”。学问代表知识的积累，而品德则代表人的道德和修养。这棵树在中国古代被看作是智慧的象征，因为它体现了知识与品德的平衡与和谐。

平衡与和谐：在二叉树中，每个节点都有两个子节点，分别代表左子树和右子树。这与中国古代智慧之树的传说相呼应，体现了平衡与和谐的思想。在现实中，我们也应该追求知识与品德的平衡，不可偏废其一。

层级与结构：二叉树的层级结构代表了事物的层次性和有序性。同样，在社会生活中，我们也应该尊重秩序，遵循规则，以构建有序和谐的社会。

根与叶：二叉树的根代表起始和根本，而叶则代表发展和结果。这启示我们，无论在学习还是工作中，都应该打好基础，注重根本，才能取得长远的发展。

7.9 上机实验

实验目的：

通过上机实验，熟悉二叉树的各种存储结构，锻炼学生应用二叉树的知识解决实际问题的能力。

实验要求：

1. 完成自己的二叉树头文件；
2. 完成实验后付范例的上机验证；
3. 模仿实例，完成其他算法；
4. 完成实验报告。

实验步骤：

1. 逐步完成自己的二叉树头文件。

(1) 编写头文件；

(2) 编写建立二叉树(链式存储)的函数和验证主函数；

(3) 上机调试程序，上机验证。

2. 完成二叉树的先序、中序、后序遍历。
3. 完成自己的哈夫曼树头文件。

(1) 编写头文件；

(2) 编写建立哈夫曼树的函数和验证主函数；

(3) 上机调试程序，上机验证。

4. 撰写实验报告。

范例：

```
#include <stdlib.h>
#include <stdio.h>
typedef char DataType;                /*结点属性值的类型*/
typedef struct Node
{
     DataType data;                   /*数据域*/
     struct Node *leftChild;          /*左子树指针*/
     struct Node *rightChild;         /*右子树指针*/
}BiTreeNode;

typedef struct
{
   DataType data;
   int number;
}DataNum;
BiTreeNode * creat(DataNum a[],int n)
{
   BiTreeNode *t,*q, *s[20];
   int i,j,k;
```

```
  for(k=0;k<n;K++)
  {
    q=(BiTreeNode *) malloc(sizeof(BiTreeNode));   /*产生一个结点*/
    q->data=a[k].data;
    q->leftChild=NULL;
    q->rightChild =NULL;
    i=a[k].number;
    s[i]=q;
    if(i==1)                      /* t 为局部变量，代表树根结点*/
      t=q;                        /*双亲结点编号 */
    else{
      j=i/2;
      if(i%2==0)
        s[j]-> leftChild =q;
      else
        s[j]-> rightChild =q;
    }
  }
  return(t);
}
void InOrder(BiTreeNode *t)
{
  if(t!= NULL)
  {
    InOrder(t->leftChild);
    printf("%c",t->data);   /*visit()函数根据需要来定义。*/
    InOrder(t->rightChild);
  }
}

main( )
{
  BiTreeNode *t=NULL;
  int n;
  DataNum test[5]={{'A',1},{'B',2},{'C',3},{'D',4},{'E',5} };
  n=5;
  t=creat( test,n);            /* 建立二叉树 */
  InOrder(t);                  /* 中序遍历*/
}
```

思政要点

平衡与发展：在二叉树中，平衡是一个重要的概念，如AVL树等就是追求平衡的例子。平衡意味着在各个方面保持适当的比例和关系，以实现整体的最优。在社会发展中，也需要注重平衡，如经济社会的协调发展、人与自然的和谐共生等。这启发我们认识到平衡的重要性，培养全局观念和协调能力。

本章小结

本章主要讨论树和二叉树的定义、二叉树的性质、二叉树的遍历、线索二叉树、哈夫曼树及应用等内容。二叉树是一种重要的非线性结构，是一种特殊的树型结构。由于二叉树的存储表示和基本操作的实现相对简单，所以，在计算机解决非线性问题时经常采用。是以后学习排序和查找的基础。其主要内容包括：

1. 基本概念和术语

1) 二叉树的概念及性质

(1) 二叉树的定义：二叉树是n(n≥0)个结点的有限集合。它或为空树(n=0)，或为非空树；对于非空树有：有一个特定的称之为根的结点，根结点以外的其余结点分别由两棵互不相交的称之为左子树和右子树的二叉树组成。

(2) 满二叉树：深度为k且含有2^k-1个结点的二叉树为满二叉树，这种树的特点是每层上的结点数都是最大结点数。

(3) 完全二叉树：深度为k，含有n个结点的二叉树，当且仅当每个结点的编号与相应满二叉树结点顺序号从1到n相对应时，则称此二叉树为完全二叉树。

(4) 二叉树的重要性质：

性质1：二叉树第i(i≥1)层上至多有2^{i-1}个结点。

性质2：深度为k(k≥1)的二叉树至多有2^k-1个结点。

性质3：在任意二叉树中，若叶子结点(即度为零的结点)个数为n_0，度为1的结点个数为n_1，度为2的结点个数为n_2，那么$n_0=n_2+1$。

性质4：具有n个结点的完全二叉树深度为$\lfloor lbn \rfloor+1$(其中$\lfloor x \rfloor$表示不大于x的最大整数)。

性质5：若对有n个结点的完全二叉树进行顺序编号(0≤i≤n−1，那么，对于编号为i(i≥0)的结点：

当i = 0时，该结点为根，它无双亲结点；

当i＞0时，该结点的双亲结点编号为$\lfloor (i-1)/2 \rfloor$；

若2i + 1≤n − 1，则有编号为2i + 1的左孩子，否则没有左孩子；

若2i + 2≤n − 1，则有编号为2i + 2的右孩子，否则没有右孩子。

2) 线索二叉树

为充分利用n + 1空指针来存放结点的线性前驱和后继信息，作如下规定：若结点有左子树，则其leftChild域指示其左孩子，否则令leftChild域指示其直接前驱；若结点有右子树，则其rightChild域指示其右孩子，否则令rightChild域指示其直接后继。为了严格区分结点的孩子指针域究竟指向孩子结点还是指向前驱或后继结点，需在原结点结构中增加两个标志域，leftTag 和 rightTag。含义如下：

(1) leftTag = 0，表示 leftChild 指示结点的左孩子；

(2) leftTag = 1，表示 leftChild 指示结点的直接前驱；

(3) rightTag = 0，表示 rightChild 指示结点的右孩子；

(4) rightTag = 1，表示 rightChild 指示结点的直接后继。

3) 哈夫曼树

(1) 树的路径长度：从根结点到每个叶子结点的路径长度之和。

(2) 树的带权路径长度：设一棵二叉树有 n 个叶子，每个叶子结点拥有一个权值 w_1，w_2，…，w_n，从根结点到每个叶子结点的路径长度分别为 l_1，l_2，…，l_n，那么树的带权路径长度为每个叶子的路径长度与该叶子权值乘积之和，通常记作：

$$WPL = \sum_{i=1}^{n} w_i l_i$$

(3) 哈夫曼树是在具有同一组权值的叶子结点的不同二叉树中，带权路径长度最短的树。

2. 二叉树的存储结构

1) 二叉链表示

C 语言结点结构可以描述为：

```
typedef char DataType;              /*结点属性值的类型*/
typedef struct Node
{
    DataType data;                  /*数据域*/
    struct Node *leftChild;         /*左子树指针*/
    struct Node *rightChild;        /*右子树指针*/
}BiTreeNode;
```

2) 线索二叉树表示

C 语言结点结构可以描述为：

```
typedef struct BiTreeThNode
{
   char data;
   struct BiTreeThNode *leftChild, *rightChild;
   int leftTag, rightTag;          /*左、右标志域 */
} BiTreeThNode;
```

3) 哈夫曼树的结点结构

C 语言结点结构可以描述为：

```
typedef struct
{
int weight;            /*权值*/
```

```
int flag;            /*标记*/
int parent;          /*双亲结点下标*/
int leftChild;       /*左孩子下标*/
int rightChild;      /*右孩子下标*/
}HaffNode;
HaffNode haffTree[];
```

3. 二叉树的有关操作

在确定了二叉树的存储结构后，应考虑对二叉树所进行的操作。二叉树的存储结构以链式存储为主。主要有以下操作。

(1) void Initiate(BiTreeNode **root)：初始化操作。

(2) void Destroy(BiTreeNode **root)：销毁操作。

(3) BiTreeNode *InsertLeftNode(BiTreeNode *curr, DataType x)：插入左结点。

(4) BiTreeNode *InsertRightNode(BiTreeNode *curr, DataType x)：插入右结点。

(5) BiTreeNode *DeleteLeftTree(BiTreeNode *curr)：删除左子树操作。

(6) BiTreeNode *DeleteRightTree(BiTreeNode *curr)：删除右子树操作。

(7) void PreOrder(BiTreeNode *t)：先序遍历二叉树 t。

(8) void InOrder(BiTreeNode *t)：中序遍历二叉树 t。

(9) void PostOrder(BiTreeNode *t)：后序遍历二叉树 t。

4. 二叉树的应用算法

Haffman(int weight[], int n, HaffNode haffTree[])：建立哈夫曼树，建立叶子结点个数为 n 权值数组为 weight 的哈夫曼树 haffTree。

习　题　7

一、判断题

(　　) 1. 若二叉树用二叉链表作存储结构，则在 n 个结点的二叉树链表中只有 n − 1 个非空指针域。

(　　) 2. 二叉树中每个结点的两棵子树的高度差等于 1。

(　　) 3. 二叉树中每个结点的两棵子树是有序的。

(　　) 4. 二叉树中每个结点有两棵非空子树或有两棵空子树。

(　　) 5. 二叉树中每个结点的关键字值大于其左非空子树(若存在)所有结点的关键字值，且小于其右非空子树(若存在)所有结点的关键字值。

(　　) 6. 二叉树中所有结点个数是 $2^{k-1}-1$，其中 k 是树的深度。

(　　) 7. 二叉树中所有结点，如果不存在非空左子树，则不存在非空右子树。

(　　) 8. 对于一棵非空二叉树，它的根结点作为第一层，则它的第 i 层上最多能有 2^i-1 个结点。

(　　) 9. 具有 12 个结点的完全二叉树有 5 个度为 2 的结点。

二、填空题

1. 由3个结点所构成的二叉树有________种形态。

2. 一棵深度为6的满二叉树有______________个分支结点和____________个叶子。

3. 一棵具有257个结点的完全二叉树，它的深度为________。

4. 设一棵完全二叉树有700个结点，则共有________个叶子结点。

5. 设一棵完全二叉树具有1000个结点，则此完全二叉树有___________个叶子结点，有________ 个度为2的结点，有______个结点只有非空左子树，有_______个结点只有非空右子树。

6. 二叉树的基本组成部分是：根(D)、左子树(L)和右子树(R)。因而二叉树的遍历次序有六种。最常用的是三种：前序法(即按D L R次序)，后序法(即按___________次序)和中序法(也称对称序法，即按L D R次序)。这三种方法相互之间有关联。若已知一棵二叉树的前序序列是BEFCGDH，中序序列是FEBGCHD，则它的后序序列必是____________________。

7. 中序遍历的递归算法平均空间复杂度为______________。

8. 用5个权值{3，2，4，5，1}构造的哈夫曼(Huffman)树的带权路径长度是_________。

9. 树是结点的有限集合，它有_______ 根结点，记为T。其余的结点分成为m(m≥0)个 _______________的集合T_1，T_2，…，T_m，每个集合又都是树，此时结点T称为T_i的父结点，T_i称为T的子结点(1≤i≤m)。一个结点的子结点个数为该结点的_________。

10. 二叉树___________序树。在完全的二叉树中，若一个结点没有______________，则它必定是叶结点。每棵树都能唯一地转换成与它对应的二叉树。由树转换成的二叉树内，一个结点N的左子女是N在原树内对应结点的___________，而N的右子女是它在原树内对应结点的______________。

三、选择题

1. 不含任何结点的空树_______。

(A) 是一棵树　　(B) 是一棵二叉树

(C) 是一棵树也是一棵二叉树　　(D) 既不是树也不是二叉树

2. 二叉树是非线性数据结构，所以______。

(A) 它不能用顺序存储结构存储

(B) 它不能用链式存储结构存储

(C) 顺序存储结构和链式存储结构都能存储

(D) 顺序存储结构和链式存储结构都不能使用

3. 具有n(n>0)个结点的完全二叉树的深度为_____。

(A) $\lceil \text{lbn} \rceil$　　(B) $\lfloor \text{lbn} \rfloor$　　(C) $\lfloor \text{lbn} \rfloor+1$　　(D) $\lceil \text{lbn}+1 \rceil$

4. 把一棵树转换为二叉树后，这棵二叉树的形态是______。

(A) 唯一的　　(B) 有多种，但根结点都没有左孩子

(C) 有多种　　(D) 有多种，但根结点都没有右孩子

四、简答题

1. 一棵度为2的树与一棵二叉树有何区别？

2. 给定二叉树的两种遍历序列，分别是：

前序遍历序列：D，A，C，E，B，H，F，G，I；中序遍历序列：D，C，B，E，H，A，G，I，F，试画出二叉树 B，并简述由任意二叉树 B 的前序遍历序列和中序遍历序列求二叉树 B 的思想方法。

3. 给定如图 7.26 所示二叉树 T，请画出与其对应的先序、中序和后序线索二叉树。

4. 试写出如图 7.27 所示的二叉树分别按先序、中序、后序遍历时得到的结点序列。

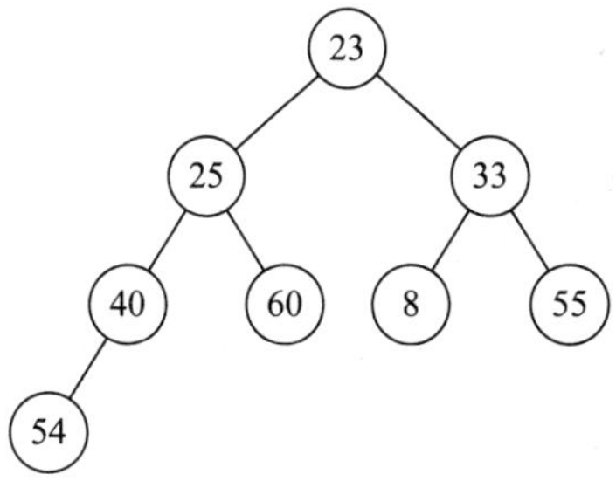

图 7.26

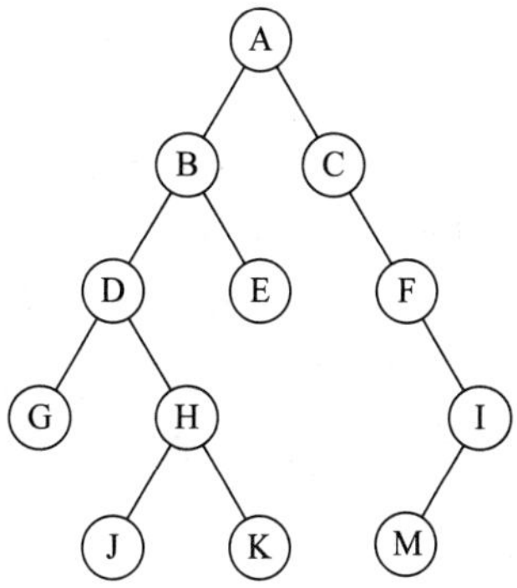

图 7.27

五、算法设计题

1. 编写递归算法，求二叉树中以元素值为 x 的结点为根的子树的深度。

2. 编写按层次顺序(同一层自左至右)遍历二叉树的算法。

3. 编写算法判别给定二叉树是否为完全二叉树。

4. 假设用于通信的电文仅由 8 个字母组成，字母在电文中出现的频率分别为 0.07，0.19，0.02，0.06，0.32，0.03，0.21，0.10。试为这 8 个字母设计哈夫曼编码。使用 0～7 的二进制表示形式是另一种编码方案。对于上述实例，比较两种方案的优缺点。

第8章 图

总体要求：

- 熟悉图的定义；
- 熟悉图的抽象数据类型描述中各种操作的含义；
- 掌握图的存储结构；
- 熟练掌握图各种存储结构下的建立、遍历算法；
- 熟练掌握带权图的最小生成树的定义和普里姆算法、克鲁斯卡尔算法；
- 熟练掌握带权图的最短路径的定义和迪杰斯特拉算法、弗洛伊德算法。

核心技能点：

- 具有图理论应用于实际问题的能力。

扩展技能点：

- 图各种存储结构和算法 C 语言环境下的实现。

相关知识点：

- C 语言数组的知识；
- C 语言结构体的知识；
- C 语言指针的知识；
- C 语言函数的知识；
- 离散数学图论的知识。

学习重点：

- 熟悉图的定义；
- 熟悉图的抽象数据类型描述中各种操作的含义；
- 掌握图的存储结构；
- 熟练掌握图各种存储结构下的建立、遍历算法；
- 熟练掌握带权图的最小生成树的定义和普里姆算法、克鲁斯卡尔算法；
- 熟练掌握带权图的最短路径的定义和迪杰斯特拉算法、弗洛伊德算法。

思政目标：

- 激发科学报国的责任感；
- 培养计算思维和应用能力；
- 树立加强人文关怀意识；
- 培养提出问题解决问题的能力。

图(Graph)是一种复杂的非线性结构。在线性表中，数据元素满足唯一的线性关系，每个元素(除第一个元素和最后一个元素之外)，只有一个直接前趋和直接后继；在树型结构中，数据元素有明显的层次关系，并且每个元素只与上层一个元素(双亲结点)及下层中多个元素(孩子结点)相关；而在图型结构中，数据元素之间的关系是任意的，任何两个元素都可以相关，因此它较线性结构和树结构更复杂。

图在各个领域的应用是十分广泛的。在计算机的应用领域如开关理论、逻辑设计、人工智能、形式语言、操作系统、编译程序以及信息检索内，图都起着重要的作用；在其他领域如电路分析、项目规划、遗传学、控制论以及一些社会科学中，图的应用也非常普遍。有关图论的内容是离散数学的主要内容之一，因此本章将主要讨论图在计算机中的存储表示、操作的实现及典型的应用等。

8.1　图的实例及概念

8.1.1　实例

在日常生活中，对象和对象之间的关系常常可以用包括点和线的示意图来表示。如图 8.1 表示的是我国部分省市之间的铁路交通示意图，反映了这几个城市之间的铁路分布情况。其中，省市用点表示，点和点之间的连线代表了对应的两个省市之间的铁路线。

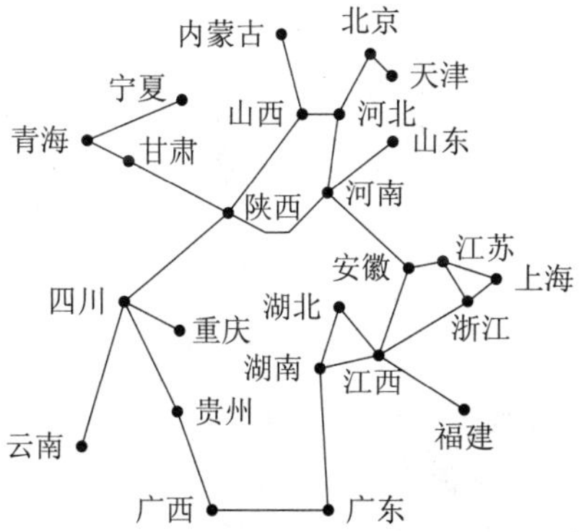

图 8.1　我国部分省市之间的铁路交通示意图

从以上例子可以看出，点及点之间的连线可被用来反映客观世界中某些对象之间的特定关系。

8.1.2　图的定义和基本概念

1. 图的定义

图(Graph)是由顶点集合(Vertex)及顶点间的关系集合组成的一种数据结构。

Graph=(V，E)

其中，V = {x|x∈某个数据对象}是顶点的有穷非空集合；

E={(x，y)|x，y∈V}或 E={<x，y>|x，y∈V 且 Path(x，y)}是顶点之间关系的有穷集合，也叫作边(Edge)集合。Path(x，y)表示从 x 到 y 的一条单向通路，它是有方向的。

2．一些与图有关的基本概念

1) 有向图(Directed Graph)与无向图(Undirected Graph)

在有向图中，顶点对<x，y>是有序的，它称为从顶点 x 到顶点 y 的一条有向边。因此，<x，y>与<y，x>是不同的两条边。此时，顶点对<x，y>用一对尖括号括起来，x 是有向边的始点，y 是有向边的终点。在无向图中，顶点对(x，y)是无序的，它称为与顶点 x 和顶点 y 相关联的一条边，这条边没有特定的方向，(x，y)与(y，x)是同一条边。一般为了有别于有向图，顶点对用一对圆括号括起来。图 8.2 中有 4 个图，其中图 G1 和 G2 是无向图，G1 的顶点集合为 V(G1) = {0，1，2，3}，边集合为 E(G1) = {(0，1)，(0，2)，(0，3)，(1，2)，(1，3)，(2，3)}。G2 的顶点集合为 V(G2) = {0，1，2，3，4，5，6}，边集合为 E(G2) = {(0，1)，(0，2)，(1，3)，(1，4)，(2，5)，(2，6)}。在无向图中边上不加箭头。图 G3 和 G4 是有向图，G3 的顶点集合为 V(G3) = {0，1，2}，边集合为 E(G3) = {<0，1>，<1，0>，<1，2>}。G4 的顶点集合为 V(G4) = {0，1，2，3}，边集合为 E(G4) = {<0，1>，<1，0>，<0，2>，<2，0>，<0，3>，<3，0>，<1，2>，<2，1>，<1，3>，<3，1>，<2，3>，<3，2>}。在有向图中，为了表示有向边，按边的方向用箭头画出，箭头从边的始点指向终点。

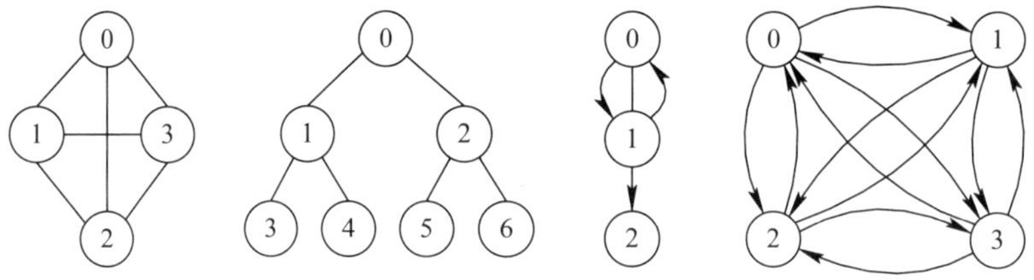

(a) G1　(b) G2　(c) G3　(d) G4

图 8.2　图的示例

并不是所有的图都是我们的研究对象，在讨论图的时候，对讨论的对象有一些限制。

(1) 图中不能有从自身到自身的边(即自身环 Self Loop)，就是说不应有形如(x，x)或<y，y>的边。如图 8.3(a)的带自身环的图不在本章讨论之内。

(2) 与两个特定顶点相关联的边不能多于一条。如图 8.3(b)所示的多重图也不讨论。

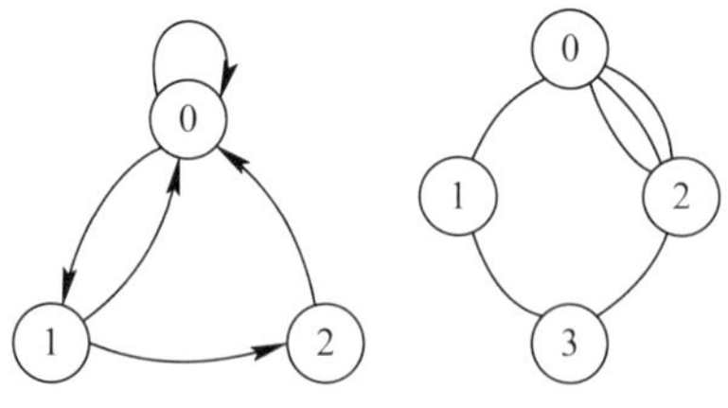

(a) 带自身环的图　(b) 多重图

图 8.3　本章不予讨论的图

2) 完全图(Complete Graph)

在有 n 个顶点的无向图中，若有 n(n−1)/2 条边，则称此图为完全无向图，如图 8.2(a)所示的图 G1。在有 n 个顶点的有向图中，若有 n(n−1)条边，则称此图为完全有向图，如图 8.1(d)所示的图 G4。完全图中的边数达到最大。

3) 权(Weight)

有些图的边附带有数据信息，这些附带的数据信息称为权。权可以表示实际问题中从一个顶点到另一个顶点的距离、花费的代价、所需的时间等。带权的图称作网络(Network)。图 8.4 就是带权图。其中，图 8.4(a)是一个工程的施工进度图，图 8.4(b)是一个交通网络图。

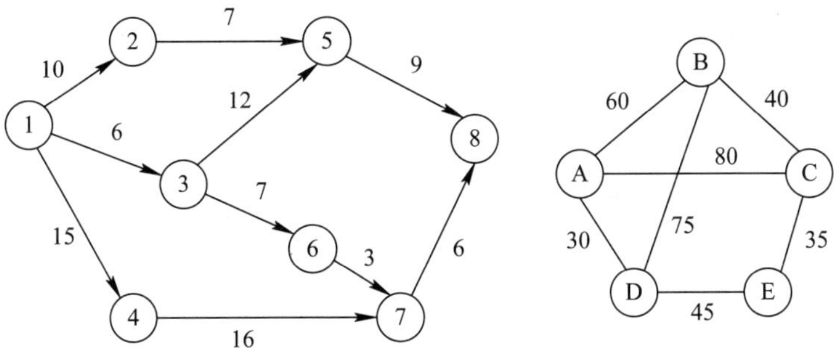

(a) 是一个工程的施工进度图　　(b) 是一个交通网络图

图 8.4　带权图

4) 邻接顶点(Adjacent Vertex)

如果(x，y)是 E 中的一条边，则称 x 与 y 互为邻接顶点，且边(x，y)依附于顶点 x 和 y。在图 8.2 的 G2 中，与顶点 1 相邻接的顶点有 0，3，4。在 G2 中依附于顶点 2 的边有(0，2)、(2，5)和(2，6)。如果<x，y>是图中的一条有向边，则称顶点 x 邻接到顶点 y，顶点 y 邻接自顶点 x，边<x，y>是顶点 x 的出边(Outedge)，是顶点 y 的入边(Inedge)。例如，在图 8.2 的 G3 中，有向边<1，2>的顶点 1 邻接到顶点 2，顶点 2 邻接自顶点 1，顶点 1 的出边是<1，0>和<1，2>，入边是<0，1>。

5) 子图(Subgraph)

设有两个图 G1 = (V，E)和 G2 = (V，E)。若 V(G1) ⊆V(G2)且 E(G1) ⊆E(G2)，则称图 G1 是图 G2 的子图。

6) 顶点的度(Degree)

一个顶点 v 的度是与它相关联的边的条数，记作 TD(v)。在有向图中，顶点的度等于该顶点的入度与出度之和。其中，顶点 v 的入度是以 v 为终点的有向边(入边)的条数，记作 ID(v)；顶点 v 的出度是以 v 为始点的有向边(出边)的条数，记作 OD(v)。顶点 v 的度 TD(v) =ID(v)+OD(v)。一般地，若图 G 中有 n 个顶点，e 条边(或弧)，则

$$E=\frac{1}{2}\left\{\sum_{i=1}^{n}\mathrm{TD}(v_i)\right\}$$

7) 路径(Path)

在图 G = (V，E)中，若从顶点 v_i 出发，沿一些边经过一些顶点 v_{p_1}，v_{p_2}，…，v_{p_m} 到达顶点 v_j。则称顶点序列(v_i，v_{p_1}，v_{p_2}，…，v_{p_m}，v_j)为从顶点 v_i 到顶点 v_j 的路径。它经过的边(v_i，v_{p_1})，(v_{p_1}，v_{p_2})，…，(v_{p_m}，v_j)应是属于 E 的边。

8) 路径长度(Path Length)

对于不带权的图，路径长度是指此路径上边的条数。对于带权图，路径长度是指路径

上各边的权之和。

9) 简单路径与回路(Cycle)

若路径上各顶点 v_1，v_2，…，v_m，均不互相重复，则称这样的路径为简单路径。若路径上第一个顶点 v_1 与最后一个顶点 v_m 重合，则称这样的路径为回路或环。如图 8.5 所示。图 8.5(a)所示是简单路径，图 8.5(b)所示是非简单路径。通常在解决实际应用问题时，只考虑简单路径。图 8.5(c)所示是回路。

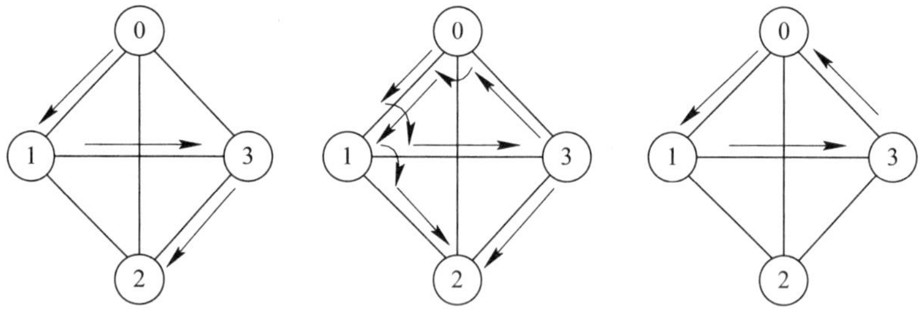

(a) 简单路径　(b) 非简单路径　(c) 回路

图 8.5　简单路径与回路

10) 连通图与连通分量(Connected Graph & Connected Component)

在无向图中若从顶点 v_1 到顶点 v_2 有路径，则称顶点 v_1 与 v_2 是连通的。如果图中任意一对顶点都是连通的，则称此图是连通图。非连通图的极大连通子图叫做连通分量。

11) 强连通图与强连通分量(Strongly Connected Graph)

在有向图中，若对于每一对顶点 v_i 和 v_j，都存在一条从 v_i 到 v_j 和从 v_j 到 v_i 的路径，则称此图是强连通图。非强连通图的极大强连通子图叫做强连通分量。

12) 生成树(Spanning Tree)

一个连通图的生成树是它的极小连通子图，在 n 个顶点的情形下，有 n – 1 条边。但有向图则可能得到它的由若干有向树组成的生成森林。

思政要点

平衡与发展：在二叉树中，平衡是一个重要的概念，如 AVL 树等就是追求平衡的例子。平衡意味着在各个方面保持适当的比例和关系，以实现整体的最优。在社会发展中，也需要注重平衡，如经济社会的协调发展、人与自然的和谐共生等。这启发我们认识到平衡的重要性，培养全局观念和协调能力。

8.2　图的存储结构及实现

图的存储结构比较多。对于图的存储结构的选择取决于具体的应用和需要进行的运算。下面给出两种常用的图的结构，邻接矩阵和邻接链表。

8.2.1　邻接矩阵

在图的邻接矩阵(Adjacency Matrix)表示中，除了一个记录各个顶点信息的顶点表外，还有一个称之为邻接矩阵的表示各个顶点之间关系的矩阵。若设图 A = (V，E)是一个有 n 个顶点的图，则图的邻接矩阵是一个二维数组 A.edge[n][n]，它的定义为

$$\text{A. Edge[i][j]}=\begin{cases}1，((i，j)\text{或}<i，j>\in E)\\ 0，\text{其他}\end{cases}$$

图 8.6 给出了无向图和它的邻接矩阵，图 8.7 给出了有向图和它的邻接矩阵。从图 8.6 中可知，无向图的邻接矩阵是对称的，将第 i 行的元素值或第 i 列的元素值累加起来就得到顶点 i 的度。但有向图的邻接矩阵可能是不对称的。如果第 i 行的 A.Edge[i][j]=1，则表示有一条从顶点 i 到顶点 j 的有向边，将第 i 行的所有元素值累加起来就得到顶点 i 的出度；如果第 j 列的 A.Edge[k][j]=l，则表示有一条从顶点 k 到顶点 j 的有向边，将第 j 列的所有元素值累加起来就得到顶点 j 的入度。

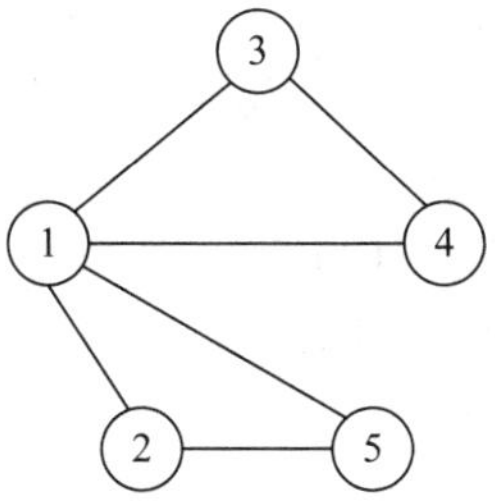

(a)

$$\text{A.Edge}=\begin{bmatrix}0&1&1&1&1\\1&0&0&1&0\\1&0&0&0&1\\1&1&0&0&0\\1&0&1&0&0\end{bmatrix}\begin{matrix}1\\2\\3\\4\\5\end{matrix}$$

(b)

图 8.6　无向图和它的邻接矩阵

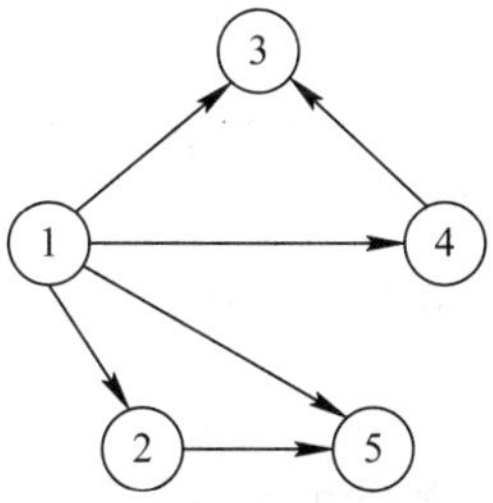

(a)

$$\begin{matrix}1&2&3&4&5\end{matrix}$$
$$\text{A.Edge}=\begin{bmatrix}0&1&1&1&1\\1&0&0&1&0\\1&0&0&0&1\\1&1&0&0&0\\1&0&1&0&0\end{bmatrix}$$

(b)

图 8.7　有向图和它的邻接矩阵

对于网络(或带权图)，邻接矩阵定义如下：

$$\text{A.Edge[i][j]}=\begin{cases}W_{i,j}，& i\neq j\ \text{且}<0，j>\in E\ \text{或}(i，j)\in E\\ \propto，& \text{其他，但}\ i\neq j\\ 0，& i=j\end{cases}$$

图 8.8 给出一个网络的邻接矩阵。

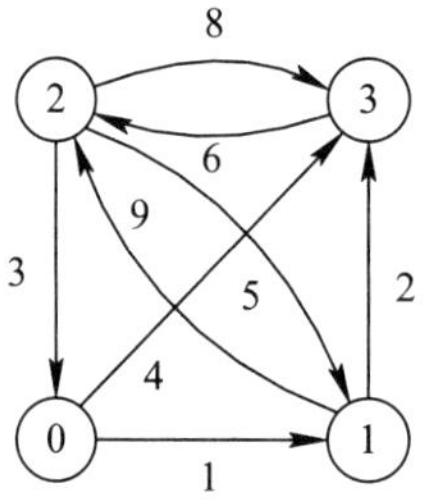

(a)

$$
\begin{matrix} & ⓪ & ① & ② & ③ & \\ A.Edge = & \left[\begin{matrix} 0 & 1 & \infty & 4 \\ \infty & 0 & 9 & 2 \\ 3 & 5 & 0 & 8 \\ \infty & \infty & 6 & 0 \end{matrix}\right] & & & & \begin{matrix} ⓪ \\ ① \\ ② \\ ③ \end{matrix} \end{matrix}
$$

(b)

图 8.8　一个网络和它的邻接矩阵

对于用邻接矩阵表示的图来说，要想确定“图中有多少条边?”和“图是否连通?”等问题，需要检查除对角线外的所有 n^2-n 个矩阵元素，时间开销很高。当图中的边数 e 远远小于图的邻接矩阵元素个数 n^2 时，图的邻接矩阵变成稀疏矩阵，存储利用率很低。为此，可以改用后面介绍的邻接表。

下面给出用邻接矩阵作为存储表示的图的类型定义及算法实现。其中有一个类型为顺序表的顶点表向量 Vertices，用以存储顶点的信息，还有一个作为邻接矩阵使用的二维数组 edge，用以存储图中的边，其矩阵元素个数取决于顶点个数，与边数无关。当前顶点个数在顺序表中声明，当前边数由 CurrentEdges 指明。

以下的类型定义和函数都放在邻接矩阵头文件 AdjMGraph.h 中。

```
#include "SeqList.h"                          /*包含顺序表头文件*/
typedef struct
{
    SeqList Vertices;                         /*存放顶点的顺序表*/
    int edge[MaxVertices][MaxVertices];       /*存放边的邻接矩阵*/
    int CurrentEdges;                         /*边的条数*/
}
AdjMWGraph;                                   /*图的结构体定义*/
```

1. 邻接矩阵的初始化

邻接矩阵的初始化可表示为：

```
void Initiate(AdjMWGraph *G, int n);
```

其中参数 G 表示指定的邻接矩阵，其类型为 AdjMWGraph，参数 n 表示顶点个数。

函数的功能：实现邻接矩阵的初始化。

处理过程为：

(1) 使图 G 邻接矩阵的对角线元素为 0，其他元素为∞；

(2) 使图 G 邻接矩阵的边数为 0；

(3) 图 G 顶点表向量 Vertices 的初始化。

函数实现如下：

```
void Initiate(AdjMWGraph *G, int n)
{
```

```
    int i, j;
    for(i = 0; i < n; i++)
      for(j = 0; j < n; j++)
      {
        if(i == j)
          G->edge[i][j] = 0;
        else
          G->edge[i][j] = MaxWeight;
      }
      G->CurrentEdges = 0;                 /*边的条数置为 0*/
      ListInitiate(&G->Vertices);          /*顺序表初始化*/
}
```

2. 图的邻接矩阵加入新顶点

图的邻接矩阵加入新顶点可表示为：

```
void InsertVertex(AdjMWGraph *G, DataType vertex);
```

其中参数 G 表示指定的邻接矩阵，其类型为 AdjMWGraph，参数 vertex 表示顶点，其类型为 DataType。

函数的功能：实现图的邻接矩阵加入新顶点。

处理过程为：

(1) 图 G 顶点表向量 Vertices 中增加一个新元素，元素个数加 1，即在顺序表表尾插入；

(2) 返回。

函数实现如下：

```
void InsertVertex(AdjMWGraph *G, DataType vertex)    /*在图 G 中插入顶点 vertex*/
{
  ListInsert(&G->Vertices, G->Vertices.size, vertex);
}
```

3. 图的邻接矩阵加入新边

图的邻接矩阵加入新边可表示为：

```
void InsertEdge(AdjMWGraph *G, int v1, int v2, int weight);
```

其中参数 G 表示指定的邻接矩阵，其类型为 AdjMWGraph，参数 v_1，v_2 表示顶点编号，其类型为 int，weight 为边的权值。

函数的功能：实现图的邻接矩阵加入新边。

处理过程为：

若 v1，v2 合法，则

(1) 使图 G->edge[v1][v2] = weight；

(2) G->CurrentEdges++。

函数实现如下：

```
void InsertEdge(AdjMWGraph *G, int v1, int v2, int weight)
```

```
/*在图 G 中插入边<v1, v2>，边<v1, v2>的权为 weight*/
{
  if(v1 < 0 || v1 > G->Vertices.size || v2 < 0 || v2 > G->Vertices.size)
  {
    printf("参数 v1 或 v2 越界出错!\n");
    exit(1);
  }
  G->edge[v1][v2] = weight;
  G->CurrentEdges++;
}
```

4. 图的邻接矩阵删除边

图的邻接矩阵删除边可表示为：

```
void DeleteEdge(AdjMWGraph *G, int v1, int v2);
```

其中参数 G 表示指定的邻接矩阵，其类型为 AdjMWGraph，参数 v_1，v_2 表示顶点编号，其类型为 int。

函数的功能：实现图的邻接矩阵删除边。

处理过程为：

若 v1，v2 合法，则

(1) 使图 G->edge[v1][v2]=MaxWeight；

(2) G->CurrentEdges--。

函数实现如下：

```
void DeleteEdge(AdjMWGraph *G, int v1, int v2)
/*在图 G 中删除边<v1, v2>*/
{
  if(v1<0|| v1>G->Vertices.size||v2<0||v2>G->Vertices.size||v1==v2)
  {
    printf("参数 v1 或 v2 越界出错!\n");
    exit(1);
  }
G->edge[v1][v2]=MaxWeight;
G->CurrentEdges--;
}
```

5. 图的邻接矩阵删除顶点

图的邻接矩阵删除顶点可表示为：

```
void DeleteVertex(AdjMWGraph *G, int v);
```

其中参数 G 表示指定的邻接矩阵，其类型为 AdjMWGraph，参数 v 表示顶点编号，其类型为 int。

函数的功能：实现图的邻接矩阵删除顶点。

处理过程为：

(1) 若 G->edge[i][j]是与该顶点相关的所有边，G->CurrentEdges--；

(2) 删除该顶点所在的行；

(3) 删除该顶点所在的列；

(4) 图 G 顶点表向量 Vertices 中删除该元素，元素个数减 1。

函数实现如下：

```
void DeleteVertex(AdjMWGraph *G, int v)
/*删除图 G 顶点 v*/
{
  int n = ListLength(G->Vertices), i, j;
  DataType x;
  for(i = 0; i < n; i++)
    for(j = 0; j < n; j++)
      if((i ==v||j==v)&&G->edge[i][j]>0&&G->edge[i][j]<MaxWeight)
        G->CurrentEdges--;
  for(i = v; i < n; i++)
    for(j = 0; j < n; j++)
      G->edge[i][j] = G->edge[i+1][j];        /*删除第 v 行*/
  for(i = 0; i < n; i++)
    for(j = v; j < n; j++)
      H->edge[i][j] = G->edge[i][j+1];        /*删除第 v 列*/
  ListDelete(&G->Vertices, v, &x);            /*删除结点 v*/
}
```

6. 寻找第一个邻接顶点

寻找第一个邻接顶点可表示为：

```
int GetFirstVex(AdjMWGraph G, int v);
```

其中参数 G 表示指定的邻接矩阵，其类型为 AdjMWGraph，参数 v 表示顶点编号，其类型为 int。

函数的功能：在图 G 中寻找序号为 v 的顶点的第一个邻接顶点，如果这样的邻接顶点存在则返回该邻接顶点的序号，否则返回−1。

处理过程为：

若 v 合法，在邻接矩阵的第 v 行，寻找 G.edge[v][col] > 0 && G.edge[v][col] < MaxWeight)的元素。寻找到，返回 col，否则返回−1。

函数实现如下：

```
int GetFirstVex(AdjMWGraph G, int v)
/*在图 G 中寻找序号为 v 的顶点的第一个邻接顶点*/
/*如果这样的邻接顶点存在则返回该邻接顶点的序号，否则返回 -1*/
{
  int col;
```

```
  if(v < 0 || v >=G.Vertices.size)
  {
printf("参数 v1 越界出错!\n");
exit(1);
  }
  for(col = 0; col <= G.Vertices.size; col++)
    if(G.edge[v][col] > 0 && G.edge[v][col] < MaxWeight)
      return col;
  return -1;
}
```

7. 寻找下一个邻接顶点

寻找下一个邻接顶点可表示为：

```
int GetNextVex(AdjMWGraph G, int v1, int v2);
```

其中参数 G 表示指定的邻接矩阵，其类型为 AdjMWGraph，参数 v_1，v_2 表示顶点编号，其类型为 int。

函数的功能：在图 G 中寻找序号为 v_1 顶点的邻接顶点 v_2 的下一个邻接顶点，如果这样的邻接顶点存在则返回该邻接顶点的序号，否则返回 −1。

处理过程为：

若 v1，v2 合法，在邻接矩阵的第 v1 行，从 v2+1 开始寻找 G.edge[v1][col] > 0 && G.edge[v1][col] < MaxWeight)的元素。寻找到，返回 col，否则返回 −1。

函数实现如下：

```
int GetNextVex(AdjMWGraph G, int v1, int v2)
/*在图 G 中寻找 v1 顶点的邻接顶点 v2 的下一个邻接顶点*/
/*如果这样的邻接顶点存在则返回该邻接顶点的序号，否则返回 -1*/
/*这里 v1 和 v2 都是相应顶点的序号*/
{
  int col;
  if(v1 < 0 || v1 >= G.Vertices.size || v2 < 0 || v2 >= G.Vertices.size)
  {
    printf("参数 v1 或 v2 越界出错!\n");
    exit(1);
  }
  for(col = v2+1; col <G.Vertices.size; col++)
    if(G.edge[v1][col] > 0 && G.edge[v1][col] < MaxWeight)
      return col;
  return -1;
}
```

8. 建立邻接矩阵

建立邻接矩阵可表示为：

void CreatGraph(AdjMWGraph *G, DataType V[], int n, RowColWeight E[], int e);

其中参数 G 表示指定的邻接矩阵，其类型为 AdjMWGraph，参数 V 表示顶点数组，其类型为 DataType，参数 n 表示顶点数，其类型为 int，参数 E 表示边数组，其类型为 RowColWeight，函数外定义，参数 e 表示边数，其类型为 int。

函数的功能：在图 G 中插入 n 个顶点信息 V 和 e 条边信息。

处理过程为：

(1) 顶点顺序表初始化；

(2) 顶点插入；

(3) 边插入。

函数实现如下：

```
/*建立邻接矩阵的 AdjMWGraph Create.h*/
typedef struct
{
   int row;
   int col;
   int weight;
}
RowColWeight; /*边信息三元组结构体定义*/

void CreatGraph(AdjMWGraph *G, DataType V[], int n, RowColWeight E[], int e)
/*在图 G 中插入 n 个顶点信息 V 和 e 条边信息 E*/
{
   int i, k;
   Initiate(G, n);  /*顶点顺序表初始化*/
   for(i = 0; i < n; i++)
      InsertVertex(G, V[i]); /*顶点插入*/
   for(k = 0; k < e; k++)
      InsertEdge(G, E[k].row, E[k].col, E[k].weight); /*边插入*/
}
```

有兴趣的读者，可以用下面函数测试，看一看执行的结果。

```
/*测试主函数*/
#include <stdio.h>
#include <stdlib.h>
typedef char DataType;
#define MaxSize 100
#define MaxVertices 10
#define MaxEdges 100
#define MaxWeight 10000
#include "AdjMGraph.h"
#include "AdjMGraphCreate.h"
```

```
void main(void)
{
   AdjMWGraph g1;
   DataType a[] = {'A','B','C','D','E'};
   RowColWeight rcw[] = {{0,1,10},{0,4,20},{1,3,30},{2,1,40},{3,2,50}};
   int n = 5, e = 5;
   int i, j;
CreatGraph(&g1, a, n, rcw, e);
   DeleteEdge(&g1, 0, 4);     /*删除边<0, 4>*/
DeleteVertex(&g1, 3);         /*删除顶点 3*/
   printf("顶点集合为：");
   for(i = 0; i < g1.Vertices.size; i++)
      printf("%c", g1.Vertices.list[i]);
   printf("\n");
   printf("权值集合为：\n");
   for(i = 0; i < g1.Vertices.size; i++)
   {
      for(j = 0; j < g1.Vertices.size; j++)
         printf("%5d ", g1.edge[i][j]);
   printf("\n");
   }
}
```

8.2.2 邻接链表

图的邻接链表(Adjacency List)存储结构是一种顺序分配和链式分配相结合的存储结构。它包括两个部分，一部分是向量；另一部分是链表。

原则上，在链表部分共有 n 个链表，即每个顶点一个链表。每个链表由一个表头结点和若干个表结点组成。表头结点用来指示第 i 个顶点 v_i 的数据信息(data)、是否被访问过(tag)和所对应的链表指针(adj)；表结点由顶点编号域(vertexnum)和链域(next)所组成，对带权图还可增加权值域(weight)。顶点域指示了与 v_i 相邻接的顶点的序号，所以一个表结点实际代表了一条依附于 v_i 的边；链域指示了依附于 v_i 的另一条边的表结点。因此，第 i 个链表就表示了依附于 v_i 的所有边。对有向图来讲，第 i 个链表就表示了从 v_i 发出的所有弧。如果要表示指向 v_i 的弧，则要采用逆邻接链表，第 i 个链表就表示了指向 v_i 的所有弧。邻接链表中的表头部分是向量，用来存储 n 个表头结点。向量的下标指示了顶点的序号。

在 C 语言中，图的邻接表存储表示如下：

```
typedef struct Node
{
   int vertexNum;             /*顶点编号域*/
   int weight;                /*权值域*/
   struct Node *next;         /*链表指针*/
```

```
} Edge;                          /*表结点*/
typedef struct
{
    DataType data;               /*结点信息*/
    int tag;                     /*标识域*/
    Edge *adj;                   /*头指针*/
} AdjLHeight;                    /*表头结点*/
 typedef struct
{
    AdjLHeight a[MaxVertices];   /*表头向量*/
    int numOfVerts;              /*顶点数*/
    int numOfEdges;              /*边数*/
} AdjLGraph;
```

例如，图 8.9 为无向图及其邻接链表，图 8.10 为有向图及其邻接链表、逆接链表，图 8.11 为有向带权图和其邻接链表。

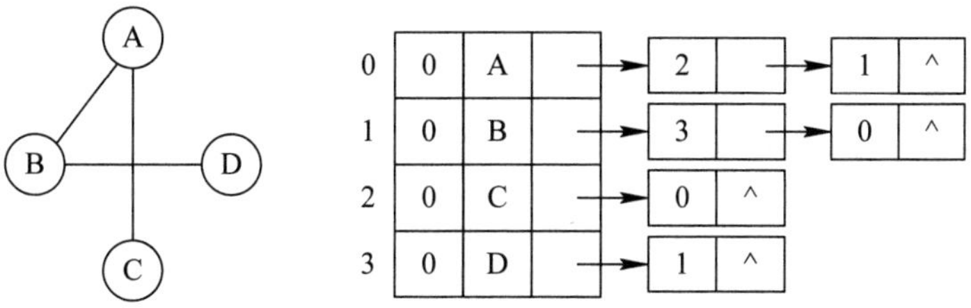

(a) 无向图　　(b) 邻接链表

图 8.9　无向图和其邻接链表

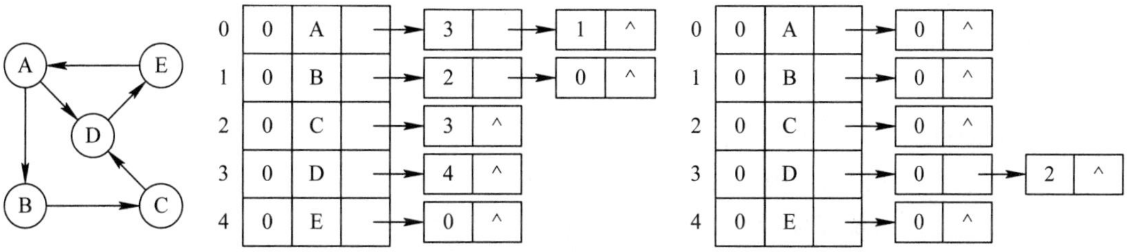

(a) 无向图　　(b) 邻接链表　　(c) 逆接链表

图 8.10　有向图及其邻接链表、逆接链表

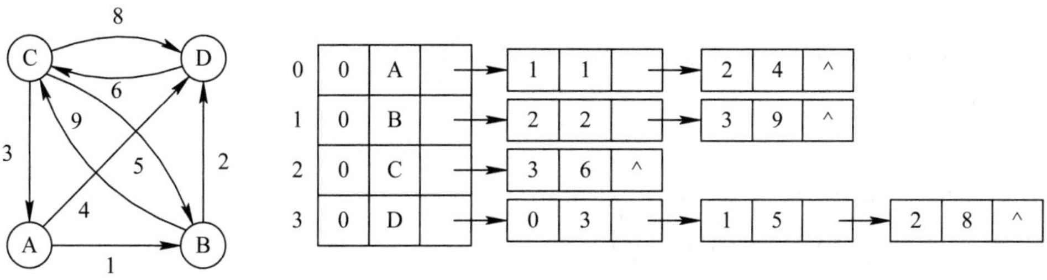

(a) 有向带权图　　(b) 邻接链表

图 8.11　有向带权图和其邻接链表

下面给出用邻接链表作为存储表示的图的类型定义及常用算法实现。

以上的类型定义和函数都放在邻接表头文件 AdjLGraph.h 中。

1. 邻接表的初始化

邻接表的初始化可表示为：

AdjInitiate(AdjLGraph *G);

其中参数 G 表示指定的邻接表，其类型为 AdjLGraph。

函数的功能：实现邻接表的初始化。

处理过程为：

(1) 使图 G 邻接表顶点数为 0；

(2) 使图 G 邻接表的边数为 0；

(3) 图 G 顶点表向量 a 初始化。

函数实现如下：

```
AdjInitiate(AdjLGraph *G)            /*图的邻接表初始化*/
{
   int i;
   G->numOfVerts = 0;
   G->numOfEdges = 0;
   for(i = 0; i < MaxVertices; i++)
   {
      G->a[i].tag = 0;
      G->a[i].adj = NULL;
   }
}
```

2. 销毁邻接表

销毁邻接表可表示为：

AdjDestroy(AdjLGraph *G);

其中参数 G 表示指定的邻接表，其类型为 AdjLGraph。

函数的功能：实现邻接表的销毁。

处理过程为：

从 0 号顶点开始，释放图 G 邻接表中顶点。

函数实现如下：

```
AdjDestroy(AdjLGraph *G)        /*销毁邻接表*/
{
   int i;
   Edge *p, *q;
   for(i = 0; i < G->numOfVerts; i++)
   {
      p = G->a[i].adj;
```

```
            while(p != NULL)
            {
                q = p->next;
                free(p);
                p = q;
            }
        }
    }
```

3. 图的邻接表加入新顶点

图的邻接表加入新顶点可表示为：

void InsertVertex(AdjLGraph *G, int i, DataType vertex);

其中参数 G 表示指定的邻接表，其类型为 AdjLGraph，参数 vertex 表示顶点，其类型为 DataType。i 为顶点编号。

函数的功能：实现图的邻接表加入新顶点。

处理过程为：

(1) 若 i 合法，图 G 顶点表向量 a[i] 中增加一个新元素，顶点个数加 1；

(2) 返回。

函数实现如下：

```
void InsertVertex(AdjLGraph *G, int i, DataType vertex)
/*邻接表插入顶点*/
{
    if(i >= 0 && i < MaxVertices)
    {
        G->a[i].data = vertex;
        G->numOfVerts++;
    }
    else
        printf("顶点越界");
}
```

4. 图的邻接表加入新边

图的邻接表加入新边可表示为：

void InsertEdge(AdjLGraph *G, int v1, int v2);

其中参数 G 表示指定的邻接表，其类型为 AdjLGraph，参数 v_1，v_2 表示顶点编号，其类型为 int。

函数的功能：实现图的邻接表加入新边。

处理过程为：

若 v1，v2 合法，则：

(1) 建立新结点 p，p->next = G->a[v1].adj， G->a[v1].adj = p；

(2) G->numOfEdges++。

函数实现如下：

```
void InsertEdge(AdjLGraph *G, int v1, int v2)
/*邻接表插入边*/
{
    Edge *p;
    if(v1 < 0 || v1 >= G->numOfVerts || v2 < 0 || v2 >= G->numOfVerts)
    {
        printf("参数 v1 或 v2 越界出错!");
        exit(0);
    }
    p = (Edge *)malloc(sizeof(Edge));
    p->next = G->a[v1].adj;
    G->a[v1].adj = p;
    G->numOfEdges++;
}
```

5. 图的邻接表删除边

图的邻接表删除边可表示为：

```
void DeleteEdge(AdjLGraph *G, int v1, int v2);
```

其中参数 G 表示指定的邻接表，其类型为 AdjLGraph，参数 v_1，v_2 表示顶点编号，其类型为 int。

函数的功能：实现图的邻接表删除边。

处理过程为：

若 v1，v2 合法，则

(1) 查找 v2 在 v1 邻接结点中，若存在，则删除到(2) ，否则，返回；

(2) G->numOfEdges--。

函数实现如下：

```
void DeleteEdge(AdjLGraph *G, int v1, int v2)
/*邻接表删除边*/
{
    Edge *curr, *pre;
    if(v1 < 0 || v1 >= G->numOfVerts || v2 < 0 || v2 >= G->numOfVerts)
    {
        printf("参数 v1 或 v2 越界出错!");
        exit(0);
    }
    pre = NULL;
    curr = G->a[v1].adj;
    while(curr != NULL && curr->vertexNum != v2)
```

```
    {
        pre = curr;
        curr = curr->next;
    }
    if(curr != NULL && curr->vertexNum == v2 && pre == NULL)
    {
        /*v1 的第一邻接点是 v2*/
        G->a[v1].adj = curr->next;
        free(curr);
        G->numOfEdges--;
    }
    else if(curr != NULL && curr->vertexNum == v2 && pre != NULL)
    {
        /*v1 的邻接点 v2 在其他位置*/
        pre->next = curr->next;
        free(curr);
        G->numOfEdges--;
    }
    else
    printf("边<v1, v2>不存在!");
}
```

6. 寻找第一个邻接顶点

寻找第一个邻接顶点可表示为：

```
int GetFirstVex(AdjLGraph G, int v);
```

其中参数 G 表示指定的邻接表，其类型为 AdjGraph，参数 v 表示顶点编号，其类型为 int。

函数的功能：在图 G 中寻找序号为 v 的顶点的第一个邻接顶点，如果这样的邻接顶点存在则返回该邻接顶点的编号，否则返回 –1。

处理过程为：

若 v 合法，在邻接表的第 v 行 p = G.a[v].adj，若 p!=NULL，返回 p->vertexNum，否则返回 –1。

```
int GetFirstVex(AdjLGraph G, int v)
/*取邻接表中第一个邻接顶点编号*/
{
    Edge *p;
    if(v < 0 || v >=G.numOfVerts)
    {
        printf("参数 v1 或 v2 越界出错!");
        exit(0);
```

```
    }
    p = G.a[v].adj;
    if(p != NULL)
        return p->vertexNum;
    else
        return -1;
}
```

7. 取邻接表中 v_2 之后邻接顶点编号

取邻接表中 v_2 之后邻接顶点编号可表示为：

int GetNextVex(AdjLGraph G, int v1, int v2);

其中参数 G 表示指定的邻接表，其类型为 AdjGraph，参数 v_1，v_2 表示顶点编号，其类型为 int。

函数的功能：在图 G 中寻找序号为 v_1 的顶点的 v_2 之后的邻接顶点，如果这样的邻接顶点存在则返回该邻接顶点的编号，否则返回 −1。

处理过程为：

若 v1，v2 合法，在邻接表的第 v 行 p = G.a[v].adj，若 p->next!=NULL，p->vertexNum==v2，返回 p->next-> vertexNum，否则返回 −1。

函数实现如下：

```
int GetNextVex(AdjLGraph G, int v1, const int v2)
/*取邻接表中 v2 之后邻接顶点编号*/
{
    Edge *p;
    if(v1 < 0 || v1 > G.numOfVerts || v2 < 0 || v2 > G.numOfVerts)
    {
        printf("参数 v1 或 v2 越界出错!");
        exit(0);
    }
    p = G.a[v1].adj;
    while(p != NULL)
    {
        if(p->vertexNum != v2)
        {
            p = p->next;
            continue;
        }
        else
            break;
    }
```

```
    p = p->next;
    if(p !=NULL)
        return p->vertexNum;
    else
        return -1;
}
/*建立邻接链表头文件 CreatGraph.h*/
typedef struct
{
    int row;
    int col;
}RowCol;
```

8. 建立邻接表

建立邻接表可表示为：

```
void CreatGraph(AdjLGraph *G, DataType v[], int n, RowCol d[], int e);
```

其中参数 G 表示指定的邻接表，其类型为 AdjGraph，参数 v 表示顶点数组，其类型为 DataType，参数 n 表示顶点数，其类型为 int，参数 d 表示边数组，其类型为 RowColWeight，函数外定义，参数 e 表示边数，其类型为 int。

函数的功能：在图 G 中插入 n 个顶点信息 v 和 e 条边信息。

处理过程为：

(1) 邻接表初始化；

(2) 插入顶点集；

(3) 插入边集。

函数实现如下：

```
void CreatGraph(AdjLGraph *G, DataType v[], int n, RowCol d[], int e)
{
    /*建立邻接链表*/
    int i, k;
    AdjInitiate(G);/*初始化*/
    for(i = 0; i < n; i++)
        InsertVertex(G, i, v[i]);/*插入顶点集*/
    for(k = 0; k < e; k++)
        InsertEdge(G, d[k].row, d[k].col);/*插入边集*/
}
```

有兴趣的读者，可以用下面函数测试，看一看执行的结果。

```
/*测试函数*/
#include <stdio.h>
#include <stdlib.h>
```

```
typedef char DataType;
#define MaxVertices 100
#include "AdjLGraph.h"
#include "CreatGraph.h"
void main(void)
{
   AdjLGraph g;
   char a[] = {'A','B','C','D','E'};
   RowCol rc[] = {{0,1},{1,3},{3,2},{2,1},{0,4}};
   int i, n = 5, e = 5;
   Edge *p;
   CreatGraph(&g, a, n, rc, e);
   printf("%d      %d\n", g.numOfVerts, g.numOfEdges);
   for(i = 0; i < g.numOfVerts; i++) /*输出每一个顶点的邻接顶点编号*/
   {
      printf("%c   ", g.a[i].data);
      p = g.a[i].adj;
      while(p != NULL)
      {
         printf("%d        ", p-> vertexNum);
         p = p->next;
      }
      printf("\n");
   }
   DeleteEdge(&g, 1, 3);/*删除一条边*/
   printf("%d      %d\n", g.numOfVerts, g.numOfEdges);
   for(i = 0; i < g.numOfVerts; i++)
   {
      printf("%c   ", g.a[i].data);
      p = g.a[i].adj;
      while(p != NULL)
      {
         printf("%d        ", p-> vertexNum);
         p = p->next;
      }
      printf("\n");
   }
   AdjDestroy(&g);
}
```

8.2.3　图的 ADT 定义

以上我们讨论了图的结构特征、存储方式及其相关操作的实现，在本节中我们将给出线性表的 ADT 定义即抽象数据类型定义，为以后面向对象程序设计中的类定义奠定基础。

根据面向对象程序设计的原则，实现部分与接口部分两者应该分离。接口部分可以用 ADT 定义即抽象数据类型定义来进行描述。一种数据类型的 ADT 定义由数据元素、结构及操作三部分组成。

元素：a_i 同属于一个数据元素类型，i = 1，2，…，n　(n≥0)；

结构：对所有的数据元素 a_i，a_j (i，j = 1，2，…，n – 1、i≠j)存在关系<ai，aj>或(ai，aj)；

对图可执行基本操作为：

(1) Initiate(G)：初始化，建立一个空的图 G。

(2) Destroy(G)：销毁，释放图 G 空间。

(3) InsertVertex(G, i, vertex)：插入顶点，图 G 插入一个顶点 vertex，编号为 i。

(4) InsertEdge(G, v_1, v_2)：插入边，构成边的两个顶点 v_1 和 v_2 是图中的顶点，则在图 G 中插入一条边。

(5) DeleteEdge(G, v_1, v_2)：删除边，若构成边的两个顶点 v_1 和 v_2 是图中的顶点，则在图 G 中删去边。

(6) GetFirstVex(G, v)：取第一个邻接顶点，给出顶点位置为 v 的第一个邻接顶点的位置，如果找不到，则函数返回 –1。

(7) GetNextVex(G, v_1, v_2)：取下一个邻接顶点，给出顶点位置为 v_1 的某邻接顶点 v_2 的下一个邻接顶点的位置，如果找不到，则返回 –1。

通过前面的学习，我们知道，同样的操作会因为存储结构的不同而不同。

8.3　遍　历　图

给定一个无向连通图 G，G = (V，E)，当从 V(G)中的任一顶点 v 出发，去访问图中其余顶点，使每个顶点仅被访问一次。这个过程叫做图的遍历。

然而，图的遍历要比树的遍历复杂得多。因为图中的任一顶点都可能和其余的顶点相邻接。所以在访问某个顶点后，可能沿着某条路径搜索之后，又回到该顶点。例如图 8.12，由于图中存在回路，因此在访问了 1，2，4，3 之后沿着边(3，1)又可访问到 1。为了避免同一顶点被访问多次，在遍历图的过程中必须记下每个已访问过的顶点。为此，我们设一个辅助数组：

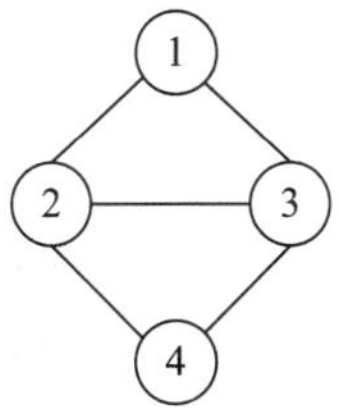

图 8.12　存在回路的图

$$\text{AdjLHeight a[v].tag}=\begin{cases}1 & \text{已访问过}\\ 0 & \text{未访问过}\end{cases}$$

可以利用表头向量 a，让其 tag 域作为标志域。

通常有两种遍历图的方法，一种是深度优先搜索法，另一种为广度优先搜索法。

8.3.1 深度优先搜索法

设有无向连通图 G(V，E)，从 V(G)中任一顶点 v 出发深度优先搜索法进行遍历的步骤是：

先访问指定顶点 v，然后访问与该顶点 v 相邻的顶点 v_t，再从 v_t 出发，访问与 v_t 相邻且未被访问过的任意顶点，然后从此顶点出发，重复上述过程，直到一个所有邻接点都被访问过为止，然后回溯到此顶点的直接前趋，从这儿出发再继续访问。显然搜索是一个递归过程。

对于图 8.9(a)，邻接表为图 8.9(b)，先选取 a 顶点作为搜索的起始点。顶点 a 的相邻顶点分别是 c、b，所以沿着它的一个相邻顶点往下走。当走到顶 c 时，它有一个相邻顶点 a，而 a 已被访问过所以应原路返回 a，访问 a 的下一个相邻顶点 b，往下走到 d，而 d 有一个相邻顶点 b 已被访问过所以应原路返回 b，其相邻顶点已被访问，原路返回上层 a，上层为空则结束。

深度优先遍历递归函数可表示为：

```
DepthFirstSearch (AdjLGraph g int v);
```

其中参数 g 表示指定的邻接表，其类型为 AdjGraph，v 为起始顶点编号。

函数的功能：从 v 开始对邻接表 g 所表示的图递归地进行深度优先遍历。

处理过程为：

(1) 访问顶点 v，并作访问标记；

(2) 按邻接取 v 的下一个未访问的邻接点 w，并从 w 出发进行深度优先遍历；

(3) 重复(2)直至 v 的所有邻接点均被访问。

程序如下：

```
DepthFirstSearch (AdjLGraph g int v)
/*从某顶点 v 出发深度优先搜索子函数*/
{
  int w;
  printf ("%d",v);
  g.a[v].tag =1;
  while (ptr[v]!=NULL)
    if (g.a[w].tag ==0)
      DepthFirstSearch (g, w);
/*如果该顶点未被访问过则递归调用，从该顶点 w 出发，*/
/*沿着它的各相邻顶点向下搜索*/
    ptr[v]=ptr[v]->next;
/*若从顶点 v 出发沿着某个相邻顶点的向下搜索已走到头，*/
/*则换一个相邻顶点，沿着它往下搜索*/
  }
/*从顶点 v 出发对各相邻顶点逐个搜索，*/
```

```
/*直至从顶点 v 出发的所有并行路线已被搜索*/
    return;
}
```

有兴趣的读者，可以用下面函数测试，看一看执行的结果。

```
include <stdio.h>
#include <stdlib.h>
typedef char DataType;
#define MaxVertices 100
#include "AdjLGraph.h"
#include "CreatGraph.h"
Edge *ptr[MaxVertices]
void main(void)
{
    AdjLGraph g;
    char a[] = {'A','B','C','D','E'};
    RowCol rc[] = {{0,1},{1,3},{3,2},{2,1},{0,4}};
    int i,w,v, n = 5, e = 5;
    Edge *p;
    CreatGraph(&g, a, n, rc, e);
    for(v=0;v<=n;v++)*/初始化指针数组及标志域/*
    {
        ptr [v]=g.a[v].adj;
        g.a[v].tag=0;
    }
    for(v=0;v<n;v++)
        if (g.a[v].tag ==0)
    DepthFirstSearch (g ,v);
}
```

请读者注意：(1) 在主函数中一定要初始化指针数组及标志域，否则程序无法执行。(2) 主函数中要从每一个顶点出发作深度优先遍历，因为图有可能不连通。

8.3.2　广度优先搜索法

设无向图 G(V，E)是连通的，从 V(G)中的任一顶点 v 出发按广度优先搜索法遍历图的步骤是：

首先访问指定的起始顶点 v，从 v 出发，依次访问与 v 相邻的未被访问过的顶点 w_1，w_2，w_3，…，w_t 然后依次从 w_1，w_2，w_3，…，w_t 出发，重复上述访问过程，直到所有顶点都被访问过为止。以图 8.13 为例，如选顶点 1 为起始点先进行访问。顶点有三个相邻顶点，依次是 4、3、2，则广度优先搜索时对这几个顶点依次访问，然后再将这些相邻顶点的第一相邻顶点 4 作为起始顶点重复上述步骤，再优先访问 6。再将第二个相邻顶点 3 作为起始顶点，重复上述步骤，顶点 3 有三个相邻顶点依次为 6、5、2，其中 2、6 被访问过(不再访问)，所以访问 5 。依次再判断 2、6、5，再重复上述步骤，因相邻顶点都被访问过即结束。

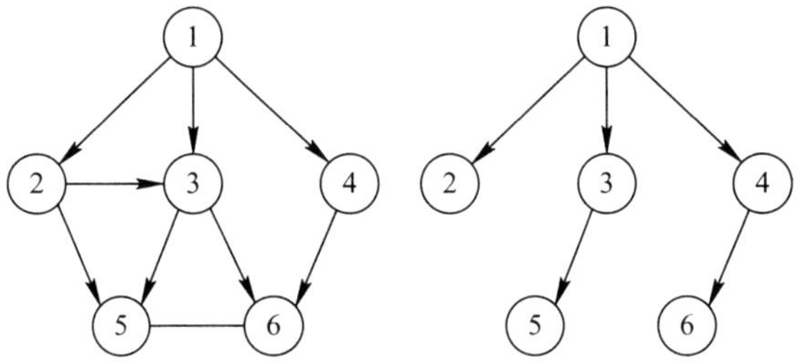

图 8.13 广度优先搜索示意图

广度优先遍历递归函数可表示为：

```
void BroadFirstSearch (AdjLGraph g,int v);
```

其中参数 g 表示指定的邻接表，其类型为 AdjGraph，v 为起始顶点编号。

函数的功能：从 v 开始对邻接表 g 所表示的图递归地进行广度优先遍历。

处理过程为：

(1) 初始化队列；

(2) 访问顶点 v，并作访问标记，v 进入队列；

(3) 从队列中取出一个顶点，依次访问、标记它的每一个未访问的邻接点，并进入队列；

重复(2) (3)直至队列为空。

程序如下：

```
void BroadFirstSearch (AdjLGraph g,int v)      /*从 v 出发广度优先搜索函数*/
{
  Edge * ptr;
  SeqCQueue q;
  int v1, w;
  QueueInitiate(&q);
  printf ("%c"v);          /*输出该顶点*/
  g.a[v]•tag=1;            /*标志域置 1*/
  QueueAppend(&q, v);      /*将该顶点入队尾*/
  while(QueueDelete(&q, &v1)!=0)/*while 循环使属于同一层顶点的相邻顶点的依次出队。由于
这些相邻顶点作为上一层顶点均被访问过，出队的目的是访问它的下层相邻顶点*/
  {
    ptr=g.a[v1].adj; /*取出该顶点的第一个相邻顶点地址*/
    while (ptr!=NULL) /*while 循环依次访问各相邻顶点*/
    {
```

```
            w=ptr->vertexNum;/*取出该顶点的序号*/
            ptr=ptr->next;/*从邻接表的相应链表中，取出下一个相邻顶点的地址以备访问*/
            if (g.a[w].tag==0) /*  若该相邻顶点未被访问过*/
            {
              printf( “%d” w)          /*则访问该相邻顶点*/
              g.a[w].tag=1;       /*修改顶点标志域为  1*/
              QueueAppend(&q, w); /*将访问过的顶点入队，以备在进入下一层搜索时使用*/
            }
          }
        }
      }
```

有兴趣的读者，可以用下面函数测试，看一看执行的结果。

```
#include <stdlib.h>
#include <malloc.h>
typedef char DataType;
#define MaxVertices 100
#include "AdjLGraph.h"
#include "CreatGraph.h"
#include "SeqCQueue.h"
void main(void)
{
AdjLGraph g;
  char a[] = {'A','B','C','D','E'};
  RowCol rc[] = {{0,1},{1,3},{3,2},{2,1},{0,4}};
  int i,w,v, n = 5, e = 5;
  Edge *p;
  CreatGraph(&g, a, n, rc, e);
  for(v=0;v<n;v++)*/初始化标志域/*
    g.a[v].tag=0;
  for(v=1;v<=n;v++)
    if (g.a[v].tag==0)
      BroadFirstSearch ( g,v);
}
```

请读者注意：(1) 在主函数中一定要初始化指针数组及标志域，否则程序无法执行。(2) 主函数中要从每一个顶点出发作广度优先遍历，因为图有可能不连通。

思政要点

步步为营、稳扎稳打：广度优先搜索法逐层访问图结构，确保每个节点都被访问到，体现了步步为营、稳扎稳打的精神。这种精神告诉我们在追求目标时要有计划、有步骤地进行，确保每个阶段都扎实稳固。我们只有培养稳重和踏实的品质，才能够在人生道路上稳步前行。

8.4 最小生成树

8.4.1 最小生成树的基本概念

一个有 n 个顶点的连通图的生成树是原图的极小连通子图，它包含原图中的所有 n 个顶点，并且有保持图连通的最少的边。

由生成树的定义可知：

(1) 若在生成树中删除一条边，就会使该生成树因变成非连通图而不再满足生成树的定义；

(2) 若在生成树中增加一条边，就会使该生成树中因存在回路而不再满足生成树的定义；

(3) 一个连通图的生成树可能有许多。

使用不同的遍历图的方法可以得到不同的生成树。如对无向图使用深度优先搜索遍历方法与使用广度优先搜索遍历方法将会得到两个结构不同的生成树；从不同的顶点出发，也可以得到不同的生成树。图 8.14 给出了一个无向图和它的两棵不同的生成树。

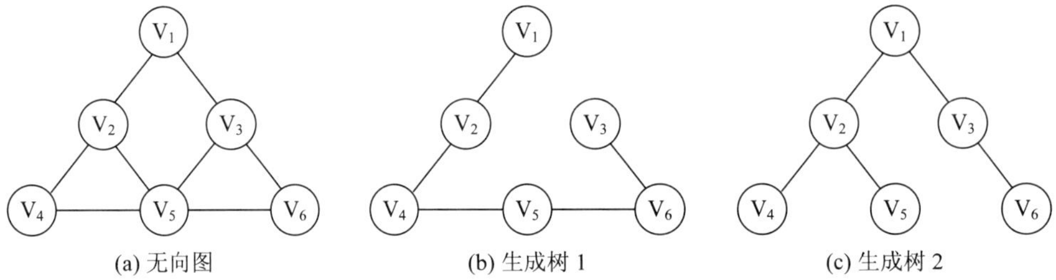

图 8.14 无向图和它的不同的生成树

从生成树的定义显然可以证明，对于有 n 个顶点的无向连通图，无论它的生成树的形状如何，一定有且仅有 n−1 条边。

如果无向连通图是一个网(或称带权图)，那么它的所有生成树中必有一棵边的权值总和最小的生成树，我们称这棵生成树为最小代价生成树，简称最小生成树。

对于一个带权的连通图(即网络)，如何找出一棵生成树，使得各边上的权值总和达到最小，这是一个有实际意义的问题。例如，在 n 个城市之间建立通信网络，至少要架设 n−1 条线路。这时自然会考虑：如何做才能使得总造价最少?

在每两个城市之间都可以架设一条通信线路，并要花费一定的代价。若用图的顶点表示 n 个城市，用边表示两城市之间架设的线路，用边上的权值表示架设该线路的造价，就可以建立一个通信网络。对于这样一个有 n 个顶点的网络，可以有不同的生成树，每一棵生成树都可以构成通信网络。希望能够根据各条边上的权值，选择一棵总造价最小的生成树，这就是构造网络的最小(代价)生成树(Minimum Cost Spanning Tree)的问题。

从最小生成树的定义可知，构造有 n 个顶点的无向连通网的最小生成树必须满足以下三条：

(1) 构造的最小生成树必须包括 n 个顶点；

(2) 构造的最小生成树中有且只有 n−1 条边；

(3) 构造的最小生成树中不存在回路。

构造的最小生成树的方法有许多种，典型的构造方法有两种：一种称作普里姆(Prim)算法，另一种称作克鲁斯卡尔(Kruskal)算法。

思政要点

建设节约型社会，共创美好未来：大部分城市在建设公共交通网络时都希望以最小的成本覆盖尽可能多的区域，从而方便市民出行，减少交通拥堵和私家车的使用，为打造节约型社会贡献力量。我们可以将每个公交站点视为图中的一个节点，站点之间的道路视为边，道路的建设成本视为边的权值。这样，构建公共交通网络的问题就转化为求解图的最小生成树问题。我们应该学会合理规划和使用，为可持续发展作出贡献。

8.4.2 普里姆算法

假设 G = (V，E)是一个网络，其中 V 为网中顶点的集合，E 为网中带权边的集合。设置两个新的集合 U 和 T，其中 U 用于存放网 G 的最小生成树的顶点的集合，T 用于存放网 G 的最小生成树的带权边的集合。令集合 U 的初值为 U={u0}(即假设构造最小生成树时均从顶点 u0 开始)，集合 T 的初值为 T={}。普里姆算法的思想是：从所有顶点 u∈U 和顶点 v∈V−U 的带权边中选出具有最小权值的边(u，v)∈U，将顶点 v 加入集合 U 中，将边(u，v)加入集合 T 中。如此不断重复，直到 U=V 时即构造完毕。此时集合 U 中存放着最小生成树的顶点的集合，集合 T 中存放着最小生成树的带权边的集合。

图 8.15 给出了用普里姆算法构造最小生成树的过程。图 8.15(a)是一个有 7 个顶点、10 条无向边的带权图。初始时算法的集合 U={A}，集合 V−U={B，C，D，E，F，G}，T={}，如图 8.15(b)所示。在所有 u 为集合 U 中顶点，v 为集合 V−U 中顶点的边(u，v)中，寻找具有最小权值的边(u，v)，寻找到的是边(A，B)，权为 50，把顶点 B 从集合 V−U 加入到集合 U 中，把边(A，B)加入到了 T 中，如图 8.15(c)所示。在所有 u 为集合 U 中顶点，v 为集合 V−U 中顶点的边(u，v)中寻找具有最小权值的边(u，v)，寻找到的是边(B，E)，权为 40，把顶点 E 从集合 V−U 加入到集合 U 中，把边(B，E)加入到 T 中，如图 8.15(d)所示；随后依次从集合 V−U 加入到集合 U 中的顶点为 D，F，G，C，依次加入到 T 中的边为(E，D)，权为 50，(D，F)权为 30，(D，G)权为 42，(G，C)权为 45，分别如图 8.15(e)，(f)，(g)，(h)所示。最后得到的图 8.15(h)就是原带权连通图的最小生成树。

我们再来讨论普里姆算法的实现问题。普里姆算法要处理的带权图 G 可以是前面讨论过的任意存储结构的图。我们下面讨论的普里姆算法使用邻接矩阵作为图的存储结构，算法中定义的图 G 的顶点集合就是普里姆算法中的集合 V，图 G 的边集合就是普里姆算法中的集合 E。普里姆算法所构造的最小生成树是集合 U 和集合 T，集合 U 是顶点的集合，集合 T 是带权边的集合。

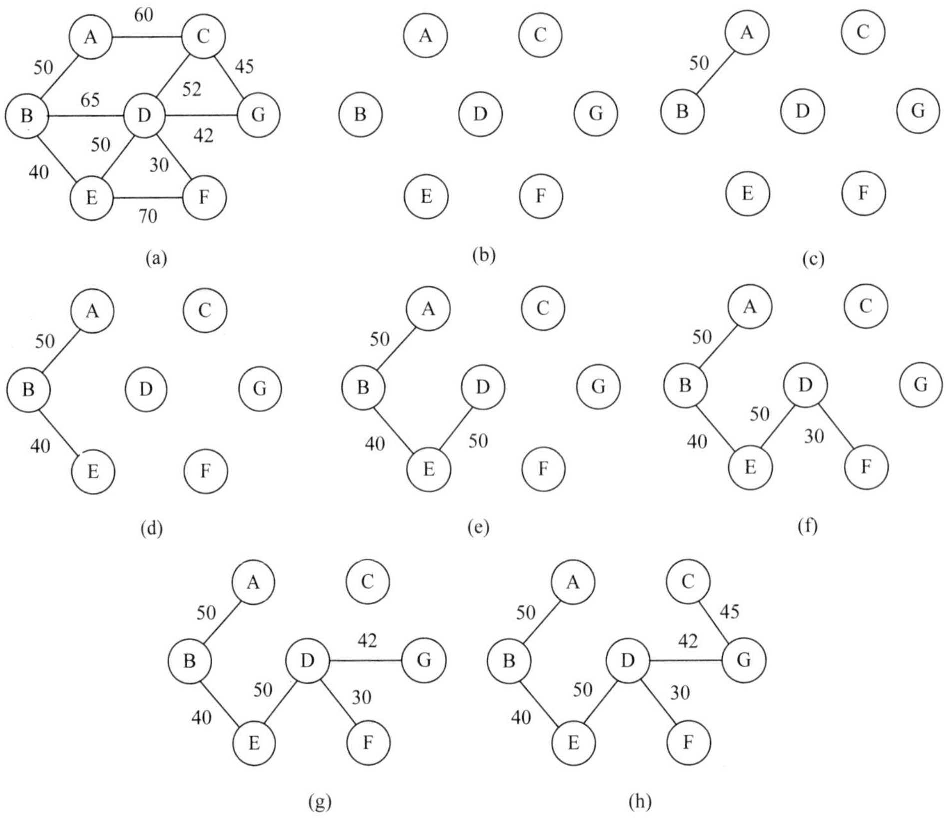

图 8.15　普里姆算法构造最小生成树的过程

为实现普里姆算法，我们还需定义一个临时数组 lowCost[n]，用来保存集合 U 中顶点 u 与集合 V−U 中顶点 v 的所有边中当前具有最小权值的边(u，v)。回顾带权图中权的定义，当弧头顶点等于弧尾顶点时权值等于 0(即邻接矩阵的对角线元素值为 0)，我们在此可以利用权定义中的这一点，令 lowCost 的初始值为邻接矩阵中第 0 行的值，lowCost 表示了从集合 U 中第一个顶点到达集合 V−U 中各个顶点的代价。然后我们从 lowCost 中寻找具有最小权值的边，这样的边也就意味着其弧头顶点为集合 U 中顶点，其弧尾顶点为集合 V−U 中顶点。每选到一条这样的边(u，v)，就将 lowCost[v]置为 0，表示顶点 v 已从集合 V−U 加入到集合 U 中。如果顶点 v 从集合 V−U 进入集合 U 后，当前 lowCost 中从集合 U 中顶点到达集合 V−U 中顶点存在更小代价的边时，则用这样的边的权值修改原来的权值。最后输出即为所构造的最小生成树。

用普里姆方法建立网 G 的最小生成树 minSTree 的函数如下：

```
void Prim(AdjMWGraph G)
/*用普里姆方法建立网 G 的最小生成树 closeVertex */
{
    int n = G.Vertices.size, minCost;
```

```
    int *lowCost = (int *)malloc(sizeof(int)*n);
    int i, j, k;

    /*从序号为 0 的顶点出发构造最小生成树*/
    printf("顶点值 = %c\n", G.Vertices.list[0]);
    for(i = 1; i < n; i ++)
    lowCost[i] = G.edge[0][i];
    lowCost[0] = 0;
    for(i = 1;i < n;i++)
    {
        /*寻找当前最小权值的边的顶点 */
        minCost = MaxWeight;      /*MaxWeight 为定义的最大权值 */
        j = 1;
        k = 1;
        while(j < n)
        {
            if(lowCost[j] < minCost && lowCost[j] != 0)
            {
                minCost = lowCost[j];
                k = j;
            }
            j ++;
        }
        printf("顶点值 = %c   边的权值 = %d\n", G.Vertices.list[k], minCost);
        lowCost[k] = -1;
        /*修改到其他顶点的路径值*/
        for(j = 1; j < n; j++)
        {
            if(G.edge[k][j] < lowCost[j])
            lowCost[j] = G.edge[k][j];
        }
    }
    free(lowCost);
}
```

上述函数存放在文件 Prim.h 中。分析上述普里姆算法可见，算法主要是一个两重循环，其中每一重循环的次数均为顶点个数 n，所以该算法的时间复杂度为 $O(n^2)$。由于该算法的时间复杂度只与网中顶点的个数有关，而与网中边的条数无关，所以当该算法用于顶点个数不很多且边稠密的网时，时间效率较高。

以图 8.15(a)所示的无向连通网为例，上述普里姆算法函数的测试程序如下：

```
#include <stdio.h>
#include <stdlib.h>
typedef char DataType;
#define MaxSize 100
#define MaxVertices 10
#define MaxWeight 10000
#define N 7
#include "AdjMGraph.h"
#include "AdjMGraphCreate.h"
#include "Prim.h"
void main(void)
{
    AdjMWGraph g;
    char a[] = {'A','B','C','D','E','F','G'};
    RowColWeight rcw[]={{0,1,50},{1,0,50},{0,2,66},{2,0,60},{1,3,65},{3,1,65},
    {1,4,40},{4,1,40},{2,3,52},{3,2,52},{2,6,45},{6,2,45},{3,4,50},{4,3,50},
    {3,5,30,},{5,3,30},{3,6,42},{6,3,42},{4,5,70},{5,4,70}};
    int n = 7, e = 20, i;
    CreatGraph(&g, a, n, rcw, e);
    Prim(g);
}
```

读者可以运行以上程序，看一看运行结果。程序显示的顶点序列和边的权值序列是否对应了图 8.15(b)到图 8.15(h)的最小生成树构造过程。

思政要点

贪心策略与短期利益：普里姆算法采用贪心策略，在每一步选择当前最优的边加入生成树。这反映了在现实生活中，我们有时需要平衡短期利益和长期目标。理解贪心策略的合理性和局限性有助于培养具备权衡利弊、做出明智选择的能力。

8.4.3　克鲁斯卡尔算法

与普里姆算法不同，克鲁斯卡尔算法是一种按照网中边的权值的递增顺序构造最小生成树的方法。克鲁斯卡尔算法的思想是：设无向连通网 G = (V，E)，其中 V 为顶点的集合，E 为边的集合。设网 G 的最小生成树 T 由顶点集合和边的集合构成，其初值为 T=(V，{})，即初始时最小生成树 T 只由网 G 中的顶点集合组成，各顶点之间没有一条边。这样，最小生成树 T 中的各个顶点各自构成一个连通分量。然后，按照边的权值递增的顺序考察网 G 中的边集 E 中的各条边：若被考察的边的两个顶点属于 T 的两个不同的连通分量，则将此边加入到最小生成树 T，同时把两个连通分量连接为一个连通分量；若被考察的边的两个顶点属于 T 的同一个连通分量，则将此边舍去。如此下去，当 T 中的连通分量个数为 1 时，此 T 中的该连通分量即为网 G 的一棵最小生成树。

对于图 8.15(a)所示的无向连通网，按照克鲁斯卡尔算法构造最小生成树的过程如图 8.16 所示。根据克鲁斯卡尔算法构造最小生成树的方法，按照网 G 中边的权值从小到大的顺序，反复选择当前尚未被选取的边集合中权值最小的边加入到最小生成树中，直到网中所有顶点都加入到最小生成树中为止。最后，图 8.16(f)所示就是所构造的最小生成树。对比图 8.16(f)和图 8.15(h)可以发现，虽然构造最小生成树的方法不同，但克鲁斯卡尔算法构造的最小生成树和普里姆算法构造的最小生成树结构完全相同。

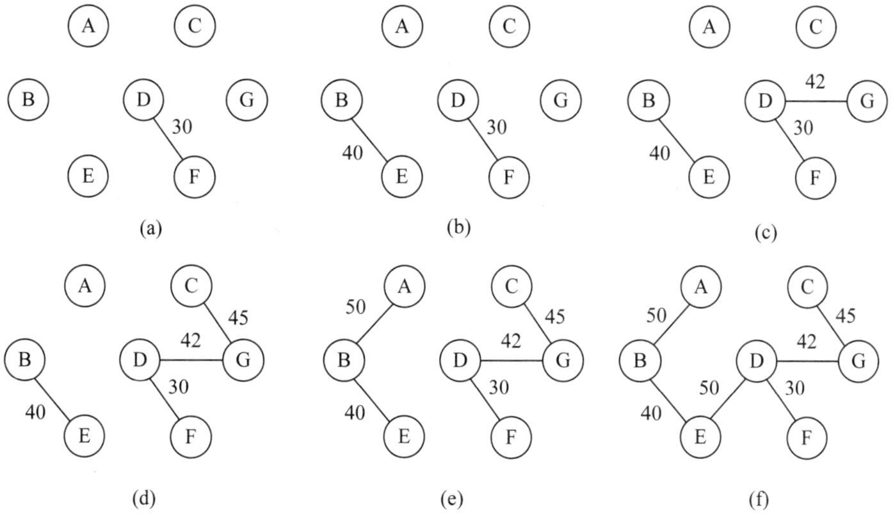

图 8.16　克鲁斯卡尔算法构造最小生成树的过程

按照上述克鲁斯卡尔算法思想设计克鲁斯卡尔算法函数主要包括两个部分：首先是网 G 中 e 条边的权值的排序，其次是判断新选取的边的两个顶点是否属于同一个连通分量。对网 G 中 e 条边的权值的排序方法可以有很多种，各自的时间复杂度均不相同。对 e 条边的权值排序算法时间复杂度最好的方法如快速排序法、堆排序法等可以达到 O(elbe)。判断新选取的边的两个顶点是否属于同一个连通分量的问题是一个在最多有 n 个结点的生成树中遍历寻找新选取的边的两个顶点是否存在的问题，此算法的时间复杂度最坏情况下为 O(n)。一个连通分量还可以看作是一个等价类，判断新选取的边的两个顶点是否属于同一个连通分量的问题可以看作是一个求等价类的过程。等价类属于集合结构，本书没有讨论。关于排序问题我们将在第 9 章讨论。

从上述分析我们可以得出，克鲁斯卡尔算法的时间复杂度主要由排序方法决定，而克鲁斯卡尔算法的排序方法只与网中边的个数有关，而与网中顶点的个数无关，当使用时间复杂度为 O(elbe)的排序方法时，克鲁斯卡尔算法的时间复杂度即为 O(elbe)，因此当网的顶点个数较多、而边的条数较少时，使用克鲁斯卡尔算法构造最小生成树效果较好。

思政要点

决策与勇气：克鲁斯卡尔算法在选择边的时候，需要不断地进行决策，有时候需要在权值较大的边和较小的边之间进行选择。这种决策需要一定的勇气和胆识，因为错误的决策可能会导致整个算法的失败。因此，我们应该在面对问题时，勇于做出决策，并且对自己的决策负责到底。

8.5 最短路径

我们先举一个例子来说明什么是最短路径。如果我们用顶点表示城市，用边表示城市之间的公路，则由这些顶点和边组成的图可以表示沟通各城市的公路网。若把两个城市之间的距离作为权值；赋给图中的边，就构成了带权图。

对于一个汽车司机来说，一般关心两个问题：

(1) 从甲地到乙地是否有公路?

(2) 从甲地到乙地有多条公路可以到达，那么，哪条公路路径最短或花费代价最小?

这就是本节要讨论的最短路径问题。这里所谓的最短路径是指对所经过的边的值之和为最小的路径，而不是经过边的数目最少。考虑到公路的有向性，在讨论中结合有向图带权图来进行。设定边的权值为正值，并将路径的开始顶点称为源点，路径的最后一个顶点称为终点。本节给出两个算法，一个是求从某个源点到其他顶点的最短路径，另一个是求每对顶点间的最短路径。

8.5.1 从某个源点到其他各顶点的最短路径

对于网络(或带权图)G = (V，E)，邻接矩阵定义如下：

$$\text{A.Edge[i][j]}=\begin{cases} W_{ij}，i\neq j \text{ 且} <i，j>\in E \text{ 或}(i，j)\in E & /*\ w_{ij}\text{ 为边权值}*/ \\ \infty，\text{其他，但 } i\neq j \\ 0，\quad i=j \end{cases}$$

例如图 8.17(a)所示带权图的邻接矩阵，如图 8.17(b)。

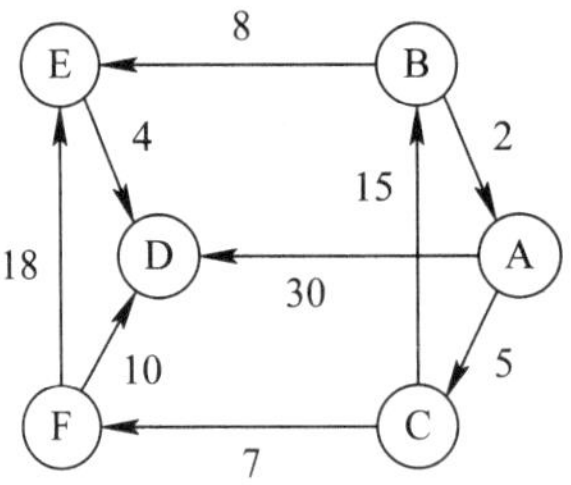

(a) 有向带权图

$$V=\begin{bmatrix} A \\ B \\ C \\ D \\ E \\ F \end{bmatrix} \qquad A=\begin{bmatrix} 0 & \infty & 5 & 30 & \infty & \infty \\ 2 & 0 & \infty & \infty & 8 & \infty \\ \infty & 15 & 0 & \infty & \infty & 7 \\ \infty & \infty & \infty & 0 & \infty & \infty \\ \infty & \infty & \infty & 4 & 0 & \infty \\ \infty & \infty & 6 & 10 & 18 & 0 \end{bmatrix}$$

(b) 带权邻接矩阵

图 8.17 有向带图权及其邻接矩阵

对于从有向图中确定顶点(源点)和这样的存储结构，如何能较方便地在计算机上求得最短路径呢? 迪杰斯特拉(Dijkstra)提出了按路径长度递增的次序产生最短路径的算法。此算法把网中所有顶点分成两个集合。凡以 v_0 为源点已确定了最短路径的终点并入 S 集合，S 集合的初态只包含 v_0；另一个集合 V−S 为尚未确定最短路径的顶点的集合。按各顶点与

v_0 间的最短路径长度递增的次序，逐个把 V−S 集合中的顶点加入到 S 集合中去，使得从 v_0 到 S 集合中各顶点的路径长度始终不大于从 v_0 到 V−S 集合中各顶点的路径长度。为了能方便地求出从 v_0 到 V−S 集合中最短路径的递增次序，算法中引入两个辅助参数最短距离 distance[n]和最短路径下标 path[n]。distance[n]的某一分量 distance[i]，表示当前求出的从 v_0 到 v_i 的最短路径长度。这个路径长度不一定是真正的路径长度。它的初始状态即是邻接矩阵 a[][]中 v_0 行内各列的值，显然，从 v_0 到各顶点的最短路径中最短的一条路径长度应为：

$$distance[w]=min\{distance[i] | vi \in V\text{-}S\}$$

第一次求得的这条最短路径必然是<v_0，w>，这时顶点 w 应从 V−S 中删除而并入 S 集合中。每当选出一个顶点 w 并使之并入 S 集合之后，修改 V−S 集合中各顶点的最短路径长度 distance。对于 V−S 集合中的某一顶点 v_i 来说，其当前的最短路径或者是<v_0，v_i>或者是<v_0，w，v_i>，而绝不可能有其他选择。也就是说：

如果　distance[w]+a[w][v_i]＜distance[i]

　则　distance[i]=distance[w] +a[w][v_i]

当 V−S 集合中各顶点的 distance[i]进行修改后，再从中挑选一个路径长度最小的顶点，从 V−S 中删除，并入 S 中，以此类推，就能求出到各顶点的最短路径长度。

path[n]的某一分量 path[i]，表示当前求出的从 v_0 到 v_i 的最短路径的前一顶点下标。初始状态时，若从源点 v_0 到顶点 v_i 有边，则令 path[i]为源点 v_0；若从源点 v_0 到顶点 v_i 无边，则令 path[i]=−1，随着 distance[i]的改变，path[i]也随之改变。最终用递推就可得到从 v_0 到 v_i 的最短路径。

对于图 8.17(a)所示带权图的邻接矩阵，迪杰斯特拉按路径长度递增的次序产生最短路径的过程如图 8.18。

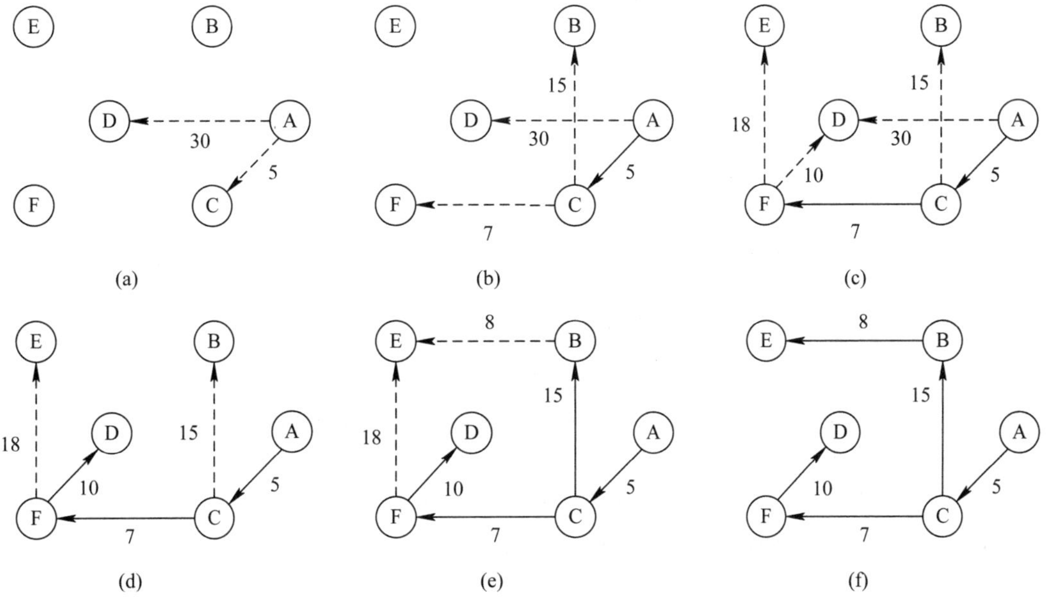

图 8.18　迪杰斯特拉按路径长度递增的次序产生最短路径的过程

根据上述设计思想，对于带权邻接矩阵求单源最短路径的算法如下：

```
void Dijkstra(AdjMWGraph G, int v0, int distance[], int path[])
/*带权图 G 从下标 v0 顶点到其他顶点的最短距离 distance 和最短路径下标 path*/
{
  int n = G.Vertices.size;
  int *s = (int *)malloc(sizeof(int)*n);   int minDis, i, j, u;
  /*初始化 */
  for(i = 0; i < n; i ++)
  {
    distance[i] = G.a[v0][i];
    s[i] = 0;
    if(i != v0 && distance[i] < MaxWeight)
      path[i] = v0;
    else
      path[i] = -1;
  }
  s[v0] = 1;      /*标记顶点 v0 已从集合 T 加入到集合 S 中*/
  /*在当前还未找到最短路径的顶点集中选取具有最短距离的顶点 u */
  for(i = 1; i < n; i ++)
  {
    minDis = MaxWeight;
    for(j = 0;j <= n;j ++)
      if(s[j] == 0 && distance[j] < minDis)
      {
        u = j;
        minDis = distance[j];
      }
/*当已不再存在路径时算法结束；此语句对非连通图是必须的*/
if(minDis == MaxWeight) return;
    s[u] = 1;    /*标记顶点 u 已从集合 T 加入到集合 S 中*/
      /*修改从 v0 到其他顶点的最短距离和最短路径*/
    for(j = 0; j < n; j++)
       if(s[j]==0&&G.a[u][j]<MaxWeight&&distance[u]+G.a[u][j]< distance[j])
       {
       /*顶点 v0 经顶点 u 到其他顶点的最短距离和最短路径*/
         distance[j] = distance[u] + G.a[u][j];
         path[j] = u;
       }
  }
```

```
}
```

请读者用以下程序实现测试，看一看执行的结果。

```
#include <stdio.h>
#include <stdlib.h>
typedef char DataType;
#define MaxSize 100
#define MaxVertices 10
#define MaxWeight 10000
#include "AdjMGraph.h"
#include "AdjMGraphCreate.h"
#include "Dijkstra.h"
void main(void)
{
   AdjMWGraph g;
   char a[] = {'A','B','C','D','E','F'};
RowColWeightrcw[]={{0,2,5},{0,3,30},{1,0,2},{1,4,8},{2,1,15},{2,5,7},{4,3,4},
{5,3,10},{5,4,18}};
   int i, n = 6, e = 9;
   int distance[6], path[6];
   CreatGraph(&g, a, n, rcw, e);
   Dijkstra(g, 0, distance, path);
   printf("从顶点%c 到其他各顶点的最短距离为：\n", g.Vertices.list[0]);
   for(i = 0; i < n; i++)
        printf("到顶点%c 的最短距离为%d\n", g.Vertices.list[i], distance[i]);
   printf("从顶点%c 到其他各顶点最短路径的前一顶点为：\n", g.Vertices.list[0]);
   for(i = 0; i < n; i++)
      if(path[i] != -1)
        printf("到顶点 %c 的前一顶点为%c\n",   g.Vertices.list[i], g.Vertices.list[path[i]]);
}
```

思政要点

动态调整：当遇到新的障碍或机遇时，迪杰斯特拉算法能够动态调整路径，确保始终沿着最短路径前进。同样，在人生发展过程中，我们也需要具备动态调整的能力。当外部环境发生变化时，我们应该及时调整自己的策略和行动，以适应新的形势，确保自己始终走在正确的道路上。

8.5.2 求每一对顶点之间的最短路径

解决这个问题的一个办法是：每次以一个顶点为源点，重复执行迪杰斯特拉算法 n 次。这样，便可求得每一对顶点之间的最短路径。总的执行时间为 $O(n^3)$。

这里介绍弗洛伊德(Floyd)提出的另一个算法。这个算法的时间的杂度也是 $O(n^3)$，但形式更简单。

弗洛伊德算法仍从图的带权邻接矩阵 a 出发，其基本思想是：

在算法中设立两个矩阵用来分别记录各顶点间的路径和相应的路径长度。矩阵 path 表示路径，矩阵 A 用来表示路径长度。

我们先讨论如何求得各顶点间的最短路径长度，初始时，复抄网的代价矩阵 a 的权值为矩阵 A，即顶点 v_i 到顶点 v_j 的最短路径长度 A[i][j]就是弧 $<v_i, v_j>$ 所对在的权值(若 $<v_i, v_j>$ 不存在，则 A[i][j]为∞)，我们不妨记为 $A^{(-1)}$，$A^{(-1)}$的值不可能是最短路径长度。

如何求得最短路径？要进行 n 次试探。对于从顶点 v_i 到顶点 v_j 的最短路径长度，首先考虑让路径经过顶点 v_0，比较路径 $<v_i, v_j>$ 和 $<v_i, v_0, v_j>$ 的长度取其短者为当前求得的最短路径。对每一对顶点都作这样的试探，可求得 $A^{(0)}$。然后，再考虑在 $A^{(0)}$的基础上让路径经过顶点 v_1，于是求得 $A^{(1)}$。依此类推，一般地，如果从顶点 v_i 到顶点 v_j 的路径经过新顶点 v_k 能使路径缩短，则修改 $A^{(k)}[i][j] = A^{(k-1)}[i][k] + A^{(k-1)}[k][j]$，所以，$A^{(k)}[i][j]$就是当前求得的从顶点 v_i 到顶点 v_j 的最短路径长度，且其路径上的顶点(除源，终点外)序号均不大于 k。这样经过几次试探，就把 n 个顶点都考虑到相应的路径中去了。最后求得的 $A^{(n-1)}$就一定是各顶点间的最短路径长度。综上所述，弗洛伊德算法的基本思想是递推地产生两个 n 阶的矩阵序列。其中，表示最短路径长度的矩阵序列是 $A^{(-1)}$，$A^{(0)}$，$A^{(1)}$，$A^{(2)}$，…，$A^{(k)}$，…，$A^{(n-1)}$，其递推关系是：

$A^{(-1)}[i][j] = a[i][j]$；

$A^{(k)}[i][j] = \min\{A^{(k-1)}[i][j],\ A^{(k-1)}[i][k] + A^{(k-1)}[k][j]\}$

$(0 \leqslant i \leqslant n-1)$，$(0 \leqslant j \leqslant n-1)$，$(0 \leqslant k \leqslant n-1)$

现在我们再讨论如何求解最短路径长度的同时求解最短路径？初始时矩阵 path 的各元素赋值条件：if(i! = j&&A[i][j]! = MaxWeight) path[i][j] = i;

else if(i==j)path[i][j] = 0;

else path[i][j] = -1;

path[i][j] = i 表示 v_i 到 v_j 的路径是直接到达，中间不经过其他顶点。以后，当考虑路径经过某个顶点 v_k 时，如果使路径更短，则修改 $A^{(k-1)}[i][j]$的同时令 path[i][j] = path[k][j]，即 path[i][j]中存放的是从 v_i 到 v_j 的路径上所经过的某个顶点(若 path[i][j]≠0)。那么，如何求得从 v_i 到 v_j 的路径上的全部顶点呢？这只需要编写一个递归过程即可解决，因为所有最短路径的信息都包含在矩阵 path 里了。设经过 n 次试探后，p[i][j] = k，即从 v_i 到 v_j 的最短路径经过顶点 v_k (若 k≠0)。该路径上还有哪些顶点呢？这只要去查 P[i][k]和 P[k][j]。以此类推，直到所查元素为 i。

根据上述设计思想，弗洛伊德算法描述如下：

```
void floyed (AdjMWGraph G, int ** distance,int **path)
/*求图 G 中每对顶点之间的最短距离 distance 和最短路径的顶点序号 path*/
{
   int i,j,k;
   int n=G.NumOfVertices();
   /*初始化*/
```

```
    for(i=0;i<n;i++)
      for(j=0;j<n;j++)
      {
        distance[i][j]=G.GetWeight(i,j);
        if(i!=j&&distance[i][j]!=MaxWeight)
          path[i][j]=i;
        else if(i==j)
          path[i][j]=0;
        else
        path[i][j]=-1;
      }
    for(k=0;k<n;k++)
      for(i=0;i<n;i++)
        for(j=0;j<n;j++)
          if(distance[i][j]>(distance[i][k]+distance[k][j]))
          {
            distance[i][j]=distance[i][k]+distance[k][j];
            path[i][j]=path[k][j];
          }
  }
```

如前面所分析的，在第 k + 1 次递推时存在两种可能性，从顶点 v_i 到顶点 v_j，又产生一条经过序号为 k + 1 顶点的路径和不存在经过序号为 k + 1 的顶点的路径。当从顶点 v_i 到顶点 v_j 又产生一条经过序号为 k + 1 顶点的路径时，还要判断新产生路径的距离是否比原来路径的距离短；当距离短时替换，否则不替换。

上述算法产生的最短路径的顶点序列中间的若干个顶点序号会出现不连续，但可根据最短距离和原始网的邻接矩阵识别出，即此最短路径的顶点序列可作辅助参考。

请读者用以下程序实现测试，看一看执行的结果。

```
#include <stdio.h>
#include <stdlib.h>
#include <malloc.h>
typedef char DataType;
#define MaxSize 100
#define MaxVertices 10
#define MaxWeight 10000
#include "AdjMGraph.h"
#include "AdjMGraphCreate.h"
#include "floyed.h"
void main(void)
{
  AdjMWGraph g;
```

```
    char a[] = {'A','B','C','D','E','F'};
    RowColWeight rcw[] = {{0,2,5},{0,3,30},{1,0,2},{1,4,8},{2,1,15},{2,5,7},
    {4,3,4},{5,3,10},{5,4,18}};
    int i,j, n = 6, e = 9;
    int distance[6][6], path[6][6];
    CreatGraph(&g, a, n, rcw, e);
    floyed (g,distance, path);
    for(i = 0; i < n; i++)
    {
        printf("从顶点%c 到其他各顶点的最短距离为：\n", g.Vertices.list[i]);
        for(j = 0; j < n; j++)
            printf("(%c)%d\t", g.Vertices.list[j],distance[i][j]);
        printf("\n")
    }
    for(i = 0; i < n; i++)
    {
        printf("从顶点%c 到其他各顶点最短路径的前一顶点为：\n", g.Vertices.list[i]);
        for(j = 0; j < n; j++)
            printf("%d ",path[i][j]);
        printf("\n");
    }
}
```

思政要点

弗洛伊德算法基于动态规划的思想，通过不断更新顶点对之间的最短路径，最终求得所有顶点对之间的最短路径。在算法的执行过程中，每一次迭代都代表了对问题空间的一次探索与优化，体现了算法设计者的深思熟虑与智慧。

弗洛伊德算法在求解最短路径时，需要考虑到所有顶点对之间的关系，这体现了全局观念和长远眼光的重要性。在人生道路上，我们也应该具备这种全局观念和长远眼光，不能只看重眼前的利益，而忽略了长远的发展。

弗洛伊德算法通过不断迭代和更新，最终求得最优解。这启示我们在学习和工作中，也要不断进行自我优化和进步，通过不断地学习和实践，提升自己的能力和素质。

8.6　上机实验

实验目的：

通过上机实验，熟悉图的各种存储结构，锻炼学生运用图的知识，解决实际问题的能力。

实验要求：

1. 完成自己的图头文件"AdjMGraph.h"(邻接表)和"AdjMGraphCreate.h"(邻接矩阵)。
2. 完成实验后付范例的上机验证。
3. 模仿实例，完成其他算法。
4. 完成实验报告。

实验步骤：

1. 完成自己的图头文件"AdjMGraphCreate.h"(邻接矩阵)

(1) 编写头文件；

(2) 编写建立邻接矩阵函数和验证主函数；

(3) 上机调试程序，上机验证。

2. 完成自己的图头文件"AdjMGraph.h"(邻接表)

(1) 编写头文件；

(2) 编写建立邻接表函数和验证主函数；

(3) 上机调试程序，上机验证。

3. 完成图的遍历，求最小生成树，求最短路径的算法的调试
4. 撰写实验报告

范例：

```
/*邻接矩阵头文件  AdjMGraph.h*/
#include "SeqList.h"                        /*包含顺序表头文件*/
typedef struct
{
  SeqList Vertices;                         /*存放顶点的顺序表*/
  int edge[MaxVertices][MaxVertices];       /*存放边的邻接矩阵*/
  int CurrentEdges;                         /*边的条数*/
}AdjMWGraph;                                /*图的结构体定义*/
void Initiate(AdjMWGraph *G, int n)         /*初始化*/
{
  int i, j;
  for(i = 0; i < n; i++)
    for(j = 0; j < n; j++)
    {
      if(i == j)
        G->edge[i][j] = 0;
      else
        G->edge[i][j] = MaxWeight;
    }
  G->CurrentEdges = 0;                      /*边的条数置为  0*/
  ListInitiate(&G->Vertices);               /*顺序表初始化*/
```

```
}
void InsertVertex(AdjMWGraph *G, DataType vertex)
/*在图 G 中插入顶点 vertex*/
{
  ListInsert(&G->Vertices, G->Vertices.size, vertex);      /*顺序表表尾插入*/
}
void InsertEdge(AdjMWGraph *G, int v1, int v2, int weight)
/*在图 G 中插入边<v1, v2>，边<v1, v2>的权为 weight*/
{
  if(v1 < 0 || v1 > G->Vertices.size || v2 < 0 || v2 > G->Vertices.size)
  {
    printf("参数 v1 或 v2 越界出错!\n");
    exit(1);
  }
  G->edge[v1][v2] = weight;
  G->CurrentEdges++;
}
void DeleteEdge(AdjMWGraph *G, int v1, int v2)
/*在图 G 中删除边<v1, v2>*/
{
  if(v1<0|| v1>G->Vertices.size||v2<0||v2>G->Vertices.size||v1==v2)
  {
    printf("参数 v1 或 v2 越界出错!\n");
    exit(1);
  }
  G->edge[v1][v2]=MaxWeight;
  G->CurrentEdges--;
}
void DeleteVertex(AdjMWGraph *G, int v)
/*删除结点 v*/
{
  int n = ListLength(G->Vertices), i, j;
  DataType x;
  for(i = 0; i < n; i++)
    for(j = 0; j < n; j++)
      if((i ==v||j==v)&&G->edge[i][j]>0&&G->edge[i][j]<MaxWeight)
        G->CurrentEdges--;          /*被删除边计数*/
  for(i = v; i < n; i++)
    for(j = 0; j < n; j++)
```

```
        G->edge[i][j] = G->edge[i+1][j];      /*删除第 v 行*/
    for(i = 0; i < n; i++)
        for(j = v; j < n; j++)
            G->edge[i][j] = G->edge[i][j+1];      /*删除第 v 列*/
            ListDelete(&G->Vertices, v, &x);      /*删除结点 v*/
}
int GetFirstVex(AdjMWGraph G, int v)
/*在图 G 中寻找序号为 v 的顶点的第一个邻接顶点*/
/*如果这样的邻接顶点存在则返回该邻接顶点的序号，否则返回 -1*/
{
    int col;
    if(v < 0 || v > G.Vertices.size)
    {
        printf("参数 v1 越界出错!\n");
        exit(1);
    }
    for(col = 0; col <= G.Vertices.size; col++)
        if(G.edge[v][col] > 0 && G.edge[v][col] < MaxWeight)
        return col;
    return -1;
}
int GetNextVex(AdjMWGraph G, int v1, int v2)
/*在图 G 中寻找 v1 顶点的邻接顶点 v2 的下一个邻接顶点*/
/*如果这样的邻接顶点存在则返回该邻接顶点的序号，否则返回 -1*/
/*这里 v1 和 v2 都是相应顶点的序号*/
{
    int col;
    if(v1 < 0 || v1 > G.Vertices.size || v2 < 0 || v2 > G.Vertices.size)
    {
        printf("参数 v1 或 v2 越界出错!\n");
        exit(1);
    }
    for(col = v2+1; col <= G.Vertices.size; col++)
        if(G.edge[v1][col] > 0 && G.edge[v1][col] < MaxWeight)
        return col;
    return -1;
}
/*建立邻接矩阵的 AdjMGraphCreate.h*/
typedef struct
```

```
{
    int row;                    /*行下标*/
    int col;                    /*列下标*/
    int weight;                 /*权值*/
}RowColWeight;                  /*边信息三元组结构体定义*/

void CreatGraph(AdjMWGraph *G, DataType V[], int n, RowColWeight E[], int e)
/*在图 G 中插入 n 个顶点信息 V 和 e 条边信息 E*/
{
    int i, k;
    Initiate(G, n);             /*顶点顺序表初始化*/
    for(i = 0; i < n; i++)
        InsertVertex(G, V[i]);  /*顶点插入*/
    for(k = 0; k < e; k++)
        InsertEdge(G, E[k].row, E[k].col, E[k].weight);         /*边插入*/
}

/*测试主函数*/
#include <stdio.h>
#include <stdlib.h>
typedef char DataType;
#define MaxSize 100
#define MaxVertices 10
#define MaxEdges 100
#define MaxWeight 10000
#include "AdjMGraph.h"
#include "AdjMGraphCreate.h"

void main(void)
{
    AdjMWGraph g1;
    DataType a[] = {'A','B','C','D','E'};
    RowColWeight rcw[] = {{0,1,10},{0,4,20},{1,3,30},{2,1,40},{3,2,50}};
    int n = 5, e = 5;
    int i, j;

    CreatGraph(&g1, a, n, rcw, e);
    DeleteEdge(&g1, 0, 4);                      /*删除边<0, 4>*/
    DeleteVertex(&g1, 3);                       /*删除顶点 3*/
```

```
        printf("顶点集合为：");
        for(i = 0; i < g1.Vertices.size; i++)
        printf("%c     ", g1.Vertices.list[i]);
        printf("\n");

        printf("权值集合为：\n");
        for(i = 0; i < g1.Vertices.size; i++)
        {
            for(j = 0; j < g1.Vertices.size; j++)
            printf("%5d     ", g1.edge[i][j]);
            printf("\n");
        }
    }
```

思政要点

沟通与交流：邻接表中的每个节点都与多个节点相邻，这些相邻节点之间需要经常进行信息交流与沟通。同样，在现实生活中，人与人之间也需要经常进行交流和沟通，以便增进彼此之间的了解和合作。我们应该注重沟通技巧，学会倾听他人、表达自己的想法和需求，以建立良好的人际关系。

本 章 小 结

本章主要讨论图的定义、图的基本概念、图的存储结构、图的遍历算法、带权图的最小生成树和最短路径的算法等内容。图是一种重要的非线性结构，应用领域十分广泛。其主要内容包括：

1. 基本概念

(1) 图的定义。图(Graph)是由顶点集合(Vertex)及顶点间的关系集合组成的一种数据结构：

Graph=(V，E)

其中，V={x|x∈某个数据对象}是顶点的有穷非空集合；

E={(x, y)|x, y∈V}或 E={<x, y>|x, y∈V &&Path(x, y)}是顶点之间关系的有穷集合，也叫做边(Edge)集合。Path(x, y)表示从 x 到 y 的一条单向通路，它是有方向的。

(2) 有向图(Directed Graph)与无向图(Undirected Graph)。在有向图中，顶点对<x, y>是有序的，它称为从顶点 x 到顶点 y 的一条有向边。因此，<x, y>与<y, x>是不同的两条边。此时，顶点对<x, y>用一对尖括号括起来，x 是有向边的始点，y 是有向边的终点。在无向图中，顶点对(x, y)是无序的，它称为与顶点 x 和顶点 y 相关联的一条边，这条边没有特定的方向，(x, y)与(y, x)是同一条边。一般为了有别于有向图，顶点对用一对圆括号括起来。

(3) 完全图(Complete Graph)。在有 n 个顶点的无向图中，若有 n(n – 1)/2 条边，则称此图为完全无向图。在有 n 个顶点的有向图中，若有 n(n – 1)条边，则称此图为完全有向图。

(4) 权(Weight)。有些图的边附带有数据信息，这些附带的数据信息称为权。权可以表示实际问题中从一个顶点到另一个顶点的距离、花费的代价、所需的时间等。

(5) 邻接顶点(Adjacent Vertex)。如果(x，y)是 E 中的一条边，则称 x 与 y 互为邻接顶点，且边(x，y)依附于顶点 x 和 y。

(6) 子图(Subgraph)。设有两个图 G1 = (V，E)和 G2 = (V，E)。若 V(G1) ⊆ V(G2)且 E(G1) ⊆ E(G2)，则称图 G1 是图 G2 的子图。

(7) 顶点的度(Degree)。一个顶点 v 的度是与它相关联的边的条数，记作 TD(v)。

(8) 路径(Path)。在图 G = (V，E)中，若从顶点 v_i 出发，沿一些边经过一些顶点 v_{p1}，v_{p2}，… v_{pm} 到达顶点 v_j。则称顶点序列(v_i，v_{p1}，v_{p2}，…v_{pm}，v_j)为从顶点 v_i 到顶点 v_j 的路径。它经过的边(v_i，v_{p1})，(v_{p1}，v_{p2})，…，(v_{pm}，v_j)应是属于 E 的边。

(9) 路径长度(Path Length)。对于不带权的图，路径长度是指此路径上边的条数。对于带权图，路径长度是指路径上各边的权之和。

(10) 简单路径与回路(Cycle)。若路径上各顶点 v_1，v_2，…，v_m，均不互相重复，则称这样的路径为简单路径。若路径上第一个顶点 v_1 与最后一个顶点 v_m 重合，则称这样的路径为回路或环。

(11) 连通图与连通分量(Connected Graph & Connected Component)。在无向图中若从顶点 v_1 到顶点 v_2 有路径，则称顶点 v_1 与 v_2 是连通的。如果图中任意一对顶点都是连通的，则称此图是连通图。非连通图的极大连通子图叫做连通分量。

(12) 强连通图与强连通分量(Strongly Connected Graph)。在有向图中，若对于每一对顶点 v_i 和 v_j，都存在一条从 v_i 到 v_j 和从 v_j 到 v_i 的路径，则称此图是强连通图。非强连通图的极大强连通子图叫做强连通分量。

(13) 生成树(Spanning Tree)。一个连通图的生成树是它的极小连通子图，在 n 个顶点的情形下，有 n – 1 条边。但有向图则可能得到它的由若干有向树组成的生成森林。

2. 图的存储结构

(1) 邻接矩阵。在图的邻接矩阵(Adjacency Matrix)表示中，除了一个记录各个顶点信息的顶点表外，还有一个称之为邻接矩阵的表示各个顶点之间关系的矩阵。C 语言定义如下：

```
#include "SeqList.h"                      /*包含顺序表头文件*/
typedef struct
{
   SeqList Vertices;                      /*存放顶点的顺序表*/
   int edge[MaxVertices][MaxVertices];    /*存放边的邻接矩阵*/
   int CurrentEdges;                      /*边的条数*/
}
AdjMWGraph;                               /*图的结构体定义*/
```

(2) 邻接链表。图的邻接链表(Adjacency List)存储结构是一种顺序分配和链式分配相结合的存储结构。它包括两个部分，一部分是向量；另一部分是链表。C 语言定义如下：

```
typedef struct Node
{
    int vertexNum;              /*顶点编号域*/
    int weight                  /*权值域*/
    struct Node *next;          /*链表指针*/
} Edge;                         /*表结点*/
typedef struct
{
    DataType data;              /*结点信息*/
    int tag;                    /*标识域*/
    Edge *adj;                  /*头指针*/
} AdjLHeight;                   /*表头结点*/
typedef struct
{
    AdjLHeight a[MaxVertices];  /*表头向量*/
    int numOfVerts;             /*顶点数*/
    int numOfEdges;             /*边数*/
} AdjLGraph;
```

3．图的有关操作

(1) Initiate(G)：初始化，建立一个空的图 G。

(2) Destroy(G)：销毁，释放图 G 空间。

(3) InsertVertex(G, i, vertex)：插入顶点，图 G 插入一个顶点 vertex，编号为 i。

(4) InsertEdge(G, v1, v2)：插入边，构成边的两个顶点 v_1 和 v_2 是图中的顶点，则在图 G 中插入一条边。

(5) DeleteEdge(G, v1, v2)：删除边，若构成边的两个顶点 v_1 和 v_2 是图中的顶点，则在图 G 中删去边。

(6) GetFirstVex(G, v)：取第一个邻接顶点，给出顶点位置为 v 的第一个邻接顶点的位置，如果找不到，则函数返回−1。

(7) GetNextVex(G, v1, v2)：取下一个邻接顶点，给出顶点位置为 v_1 的某邻接顶点 v_2 的下一个邻接顶点的位置，如果找不到，则返回 −1。

(8) DepthFirstSearch (G, v)：从 v 开始对邻接表 G 所表示的图递归地进行深度优先遍历。

(9) BroadFirstSearch (AdjLGraph G, int v)：从 v 开始对邻接表 G 所表示的图递归地进行广度优先遍历。

4．图的应用算法

(1) Prim(G)：普里姆方法，建立网 G 的最小生成树 closeVertex

(2) Dijkstra(G, int v0, distance[]，path[])：迪杰斯特拉算法，带权图 G 从下标 v0 顶点到其他顶点的最短距离 distance 和最短路径下标 path。

(3) floyed (G, ** distance, **path)：弗洛伊德算法，求图 G 中每对顶点之间的最短距离 distance 和最短路径的顶点序号 path。

习　题　8

一、单选题

1. 在一个图中，所有顶点的度数之和等于图的边数的_____倍。

(A) 1/2　　(B) 1　　(C) 2　　(D) 4

2. 在一个有向图中，所有顶点的入度之和等于所有顶点的出度之和的_____倍。

(A) 1/2　　(B) 1　　(C) 2　　(D) 4

3. 有 8 个结点的无向图最多有______条边。

(A) 14　　(B) 28　　(C) 56　　(D) 112

4. 有 8 个结点的无向连通图最少有_____条边。

(A) 5　　(B) 6　　(C) 7　　(D) 8

5. 有 8 个结点的有向完全图有______条边。

(A) 14　　(B) 28　　(C) 56　　(D) 112

6. 用邻接表表示图进行广度优先遍历时，通常是采用_______来实现算法的。

(A) 栈　　(B) 队列　　(C) 树　　(D) 图

7. 用邻接表表示图进行深度优先遍历时，通常是采用_______来实现算法的。

(A) 栈　　(B) 队列　　(C) 树　　(D) 图

8. 已知图的邻接表如图 8.19 所示，根据算法，则从顶点 0 出发按深度优先遍历的结点序列是_____。

(A) 0 1 3 2　　(B) 0 2 3 1　　(C) 0 3 2 1　　(D) 0 1 2 3

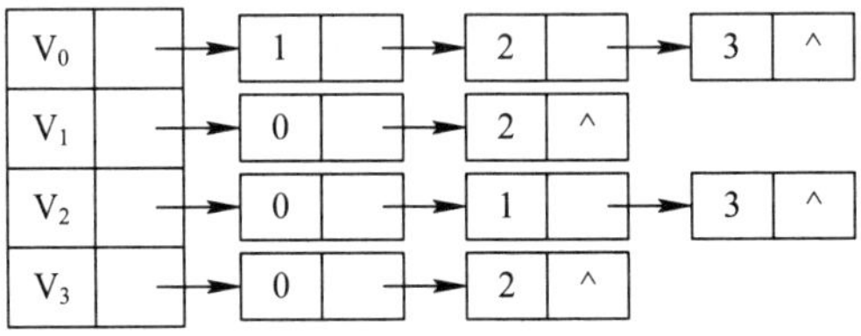

图 8.19

9. 已知图的邻接表如图 8.20 所示，根据算法，则从顶点 0 出发按广度优先遍历的结点序列是______。

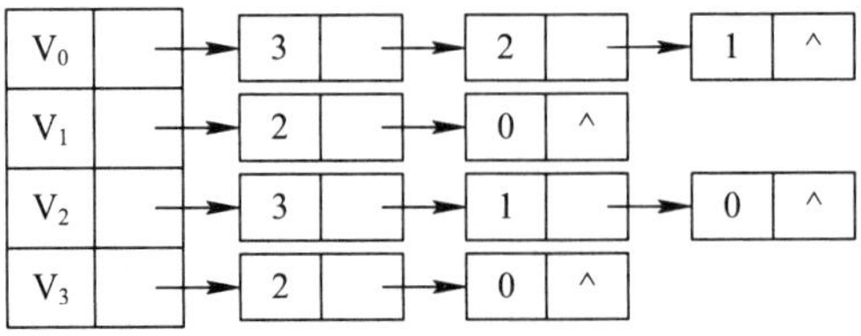

图 8.20

(A) 0 3 2 1　　(B) 0 1 2 3　　(C) 0 1 3 2　　(D) 0 3 1 2

10. 深度优先遍历类似于二叉树的______。

(A) 先序遍历　　(B) 中序遍历　　(C) 后序遍历　　(D) 层次遍历

11. 广度优先遍历类似于二叉树的______。

(A) 先序遍历　　(B) 中序遍历　　(C) 后序遍历　　(D) 层次遍历

12. 任何一个无向连通图的最小生成树______。

(A) 只有一棵　　(B) 一棵或多棵　　(C) 一定有多棵　　(D) 可能不存在

二、填空题

1. 图有_______和______等存储结构，遍历图有__________和__________等方法。

2. 有向图 G 用邻接表矩阵存储，其第 i 行的所有元素之和等于顶点 i 的__________。

3. 如果 n 个顶点的图是一个环，则它有____________________棵生成树。

4. n 个顶点 e 条边的图，若采用邻接矩阵存储，则空间复杂度为____________。

5. n 个顶点 e 条边的图，若采用邻接表存储，则空间复杂度为________________。

6. 设有一稀疏图 G，则 G 采用____________________存储较省空间。

7. 设有一稠密图 G，则 G 采用____________________存储较省空间。

8. 图的逆邻接表存储结构只适用于____________________图。

9. 已知一个图的邻接矩阵表示，删除所有从第 i 个顶点出发的方法是____________。

10. 图的深度优先遍历序列____________________唯一的。

11. n 个顶点 e 条边的图采用邻接矩阵存储，深度优先遍历算法的时间复杂度为__________；若采用邻接表存储时，该算法的时间复杂度为__________。

12. n 个顶点 e 条边的图采用邻接矩阵存储，广度优先遍历算法的时间复杂度为__________；若采用邻接表存储，该算法的时间复杂度为__________。

13. 图的 BFS 生成树的树高比 DFS 生成树的树高__________。

14. 用普里姆(Prim)算法求具有 n 个顶点 e 条边的图的最小生成树的时间复杂度为__________；用克鲁斯卡尔(Kruskal)算法的时间复杂度是__________。

15. 若要求一个稀疏图 G 的最小生成树，最好用__________算法来求解。

16. 若要求一个稠密图 G 的最小生成树，最好用__________算法来求解。

17. 用 Dijkstra 算法求某一顶点到其余各顶点间的最短路径是按路径长度__________的次序来得到最短路径的。

三、简答题

1. 已知如图 8.21 所示的有向图，请给出该图的：

(1) 每个顶点的入/出度；

(2) 邻接矩阵；

(3) 邻接表；

(4) 逆邻接表。

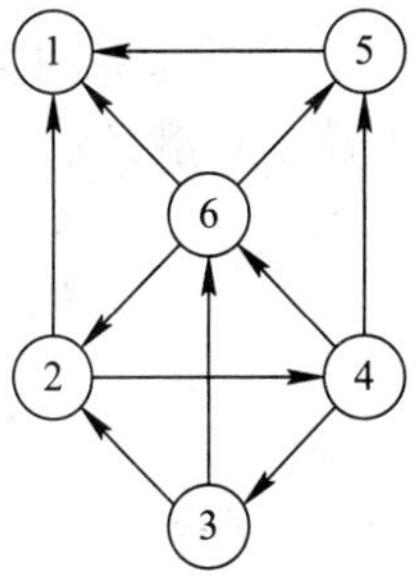

图 8.21

2. 请对图 8.22 的无向带权图：

(1) 写出它的邻接矩阵，并按普里姆算法求其最小生成树；

(2) 写出它的邻接表，并按克鲁斯卡尔算法求其最小生成树。

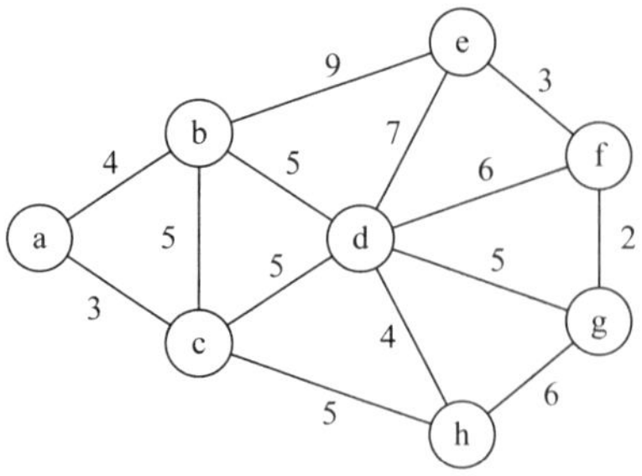

图 8.22

3. 试利用 Dijkstra 算法求图 8.23 中从顶点 a 到其他各顶点间的最短路径，写出执行算法过程中各步的状态。

4. 给定图 8.24 下列网 G：

(1) 试着找出网 G 的最小生成树，画出其逻辑结构图；

(2) 用两种不同的表示法画出网 G 的存储结构图；

(3) 用 C 语言定义其中一种表示法(存储结构)的数据类型。

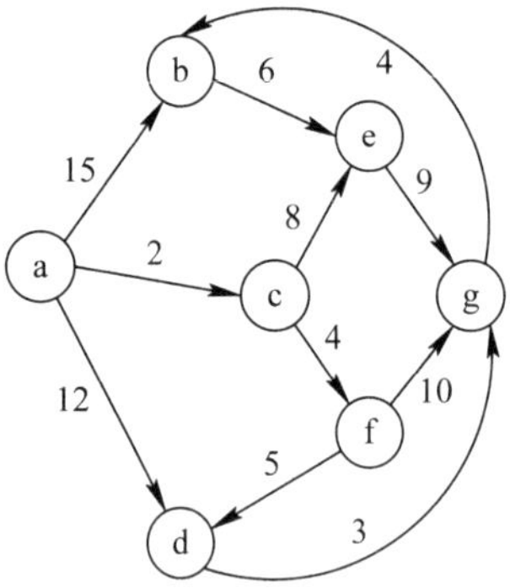

图 8.23

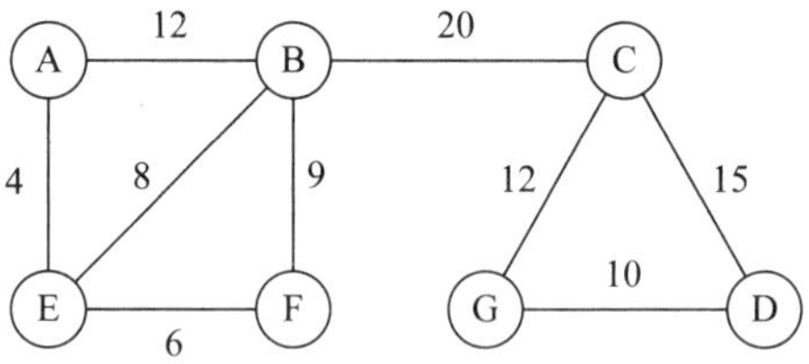

图 8.24

五、算法设计题

1. 编写算法，由依次输入的顶点数目、弧的数目、各顶点的信息和各条弧的信息建立有向图的邻接表。

2. 试在邻接矩阵存储结构上实现图的基本操作：DeleteArc(G，v，w)，即删除一条边的操作。

3. 试基于图的深度优先搜索策略写一算法，判别以邻接表方式存储的有向图中是否存在由顶点 v_i 到顶点 v_j 的路径($i \neq j$)。

第 9 章 排　序

总体要求：

- 熟悉排序的定义和基本概念；
- 熟练掌握插入排序、交换排序、选择排序的算法。

核心技能点：

- 排序方法应用于实际问题的能力。

扩展技能点：

- 排序方法 C 语言环境的实现。

相关知识点：

- C 语言数组的知识；
- C 语言结构体的知识；
- C 语言函数的知识。

学习重点：

- 插入排序的希尔排序；
- 交换排序的快速排序；
- 选择排序的堆排序。

思政目标：

- 树立积极向上的人生观；
- 培养独立思考、自主学习的能力。

9.1 排序的基本概念

排序(Sorting)是把一个无序的数据元素序列按某个关键字进行有序(递增或递减)排列的过程。排序中经常把数据元素称为记录(Record)。把记录中作为排序依据的某个数据项称为排序关键字，简称关键字(Key)。排序时选取哪一个数据项作为关键字，应根据具体情况而定。例如，表 9.1 为某次考试成绩表，表中每个学生的记录包括考号、姓名、三门课成绩以及这三门课的总分。

表 9.1 学生学期成绩表

考号	姓名	英语	数学	微机	总分
010	李　明	89	80	91	260
202	王小萌	76	92	68	236
103	张　炎	78	85	77	240
204	赵　沼	94	82	98	274
011	王　丽	77	89	90	256

以“考号”作为关键字排序，可以快速查找到某个学生的成绩，因为考号可以唯一识别一个学生的记录。若想以“总分”排列名次，就应把“总分”作为关键字对成绩表进行排序。

待排序的记录可以是任意的数据类型，其关键字可以是整型、实型、字符型等基本数据类型，通过排序可以构造一种新的按关键字有序的排列。如果待排序的记录序列中存在关键字相同的记录，a_i、a_j，($k_i = k_j$，$i \neq j$，$i < j$)，若经过排序后，a_i、a_j 的相对次序保持不变，则称这种排序方法是稳定的，否则，此排序方法是不稳定的。例如，有一序列(10，45，12，32，$\underline{45}$，78)，其中 45 和 $\underline{45}$ 是不同纪录的关键字。排序前 45 在序列中的位置领先于 $\underline{45}$，排序后的新序列若为(10，12，32，$\underline{45}$，45，78)，45 的位置仍领先于 $\underline{45}$，则称这种排序方法是稳定的；反之，如果数据序列变为(10，12，32，$\underline{45}$，45，78)，则此排序方法就是不稳定的。

排序的方式根据待排记录数量不同可以分为两类：

(1) 在排序过程中，只使用计算机的内存储器存放待排序的记录，称为内部排序。内部排序用于排序的记录个数较少时，全部排序可放在内存中完成，不涉及外存储器，因此，排序速度快。

(2) 当排序的记录数很大时，全部记录不能同时存放在内存中，需要借助外存储器，也就是说排序过程中不仅要使用内存，还要使用外存，记录要在内、外存之间移动，这种排序称为外部排序。外部排序运行速度较慢。

本章只讨论内部排序，不涉及外部排序。

内部排序的方法很多，但不论哪种排序过程，通常都要进行两种基本操作：

(1) 比较两个记录关键字的大小。

(2) 根据比较结果，将记录从一个位置移到另一个位置。所以，在分析排序算法的时间复杂度时，主要分析关键字的比较次数和记录的移动次数。

特别需要说明的是：本章介绍的排序算法都采用的是顺序存储结构，即用数组存储，且按关键字递增排序，函数中记录类型及数组结构定义如下：

```
# define MaxSize 100     /*MaxSize 线性表可能达到的最大长度*/
typedef struct RecordNode
{
    keyType key;
    DataType data;
}RecordNode;
RecordNode r[MaxSize];
```

这里的 keyType 和 DataType 可以是任何相应的数据类型，如 int，float 及 char 等。

思政要点

排序算法是计算机科学中的基础内容，它帮助我们理解如何对一组数据进行有序化处理。而在现实生活中，我们的人生规划也如同一个排序过程，我们需要根据自身的目标、能力和环境等因素，合理安排自己的生活和工作。通过排序算法，我们可以窥见人生规划的智慧和策略：人生规划需要明确目标和方向，只有知道自己想要什么，综合考虑各种因素，并通过不断调整和优化，及时调整策略，才能更好地应对生活中的选择和决策问题。

9.2　插 入 排 序

插入排序的基本思想是：按关键字的大小将一个记录插入到一个有序的记录序列中，使得插入后的记录序列仍然有序。要寻找适当的插入位置，可以采用顺序查找，也可以采用折半查找，相应地，插入排序有直接插入排序和折半插入排序。另外，还有一种插入排序法——希尔排序。

9.2.1　直接插入排序

直接插入排序(Straight Insertion Sort)是最简单的排序方法之一。其基本思想是：在有序区中进行顺序查找，以确定插入的位置，然后移动记录腾出空间，以便插入关键字相应的记录。

例 9.1　设有 6 个待排序的记录，它们排序的关键字序列为{20，6，15，7，3，$\underline{6}$}。在顺序查找中，为了防止循环变量越界，在有序区前段增设了一个“岗哨”temp，暂存当前待插入的记录，具体的排序过程如图 9.1 所示。

从例 9.1 可以看出：① 直接插入排序是从第二个记录开始的，对于记录数为 6 的序列，需要进行 5 趟排序才能完成。② 6 和 $\underline{6}$ 的相对位置没有变化，因此，直接插入排序是稳定的排序方法。

排序	temp	r[0]	r[1]	r[2]	r[3]	r[4]	r[5]
初始序列	岗哨	20	6	15	7	3	6
第一趟	6	[6	20]	15	7	3	6
第二趟	15	[6	15	20]	7	3	6
第三趟	7	[6	7	15	20]	3	6
第四趟	3	[3	6	7	15	20]	6
第五趟	6	[3	6	6	7	15	20]

图 9.1　直接插入排序示例

直接插入排序程序如下：

```
void InsertSort(RecordNode a[], int n)
/*用直接插入法对 a[0]--a[n-1]排序*/
{
  int i, j;
  RecordNode temp;
  for(i = 0; i < n-1; i++)
  {
    temp = a[i+1];
    j = i;
    while(j > -1 && temp.key < a[j].key)
    {
      a[j+1] = a[j];
      j--;
    }
    a[j+1] = temp;
  }
}
```

算法分析：直接插入排序的比较次数取决于原记录序列的有序程度。如果原始记录的关键字正好为递增顺序，则比较次数最少为 $n-1$ 次；如果为递减顺序，则比较次数最多，为 $(n-1)(n+2)/2$ 次，因此，直接插入排序的时间复杂度为 $O(n^2)$。

有兴趣的同学可以用下面函数验证插入排序，看一看结果是否有序。

```
#define MaxSize 100
#include <stdio.h>
typedef int KeyType;
typedef struct
  {
    char name[10];
    float score;
  }DataType;
typedef struct
{
  KeyType key;
```

```
    DataType data;
}RecordNode;
void main(void)
{
    RecordNode test[3]={{8,"wang hong",87},{3,"wang hai",97},{1,"li ping",85}};
    int i, n = 3;
    insertSort(test,n);
    for(i=0; i<n; i++)
        printf("%d|%s|%f\n", test[i].key,test[i].data.name,test[i].data.score);
}
```

思政要点

优胜劣汰与公平竞争：在直接插入排序中，只有比较准则下的胜者才能进入已排序序列。这体现了优胜劣汰、公平竞争的原则。在个人或社会的发展过程中，我们也应该遵循这一原则，通过公平竞争和优胜劣汰来推动个人和社会的进步。

9.2.2 希尔排序

希尔排序(Shell's Sort)也称为“缩小增量法排序”，是由 D.L.Shell 对直接插入排序进行改进后提出来的。其基本思想是：不断地把待排序的一组记录按间隔值分成若干小组，分别进行组内直接插入排序，待整个序列中的记录“基本有序”时，再对全体记录进行依次直接插入排序。

对间隔值(用 d 表示为整数)的取法有多种，希尔提出的方法是：$d_1=n/2$，$d_{i+1}=d_i/2$，最后一次排序时间的间隔值必须为 1，其中 n 为记录数。

例 9.2 设待排序的记录数 n 为 8，它们的关键字分别为{47，55，10，40，15，94，5，70}，间隔值序列取 4、2、1。希尔排序过程如图 9.2 所示。

	r[0]	r[1]	r[2]	r[3]	r[4]	r[5]	r[6]	r[7]
初始关键字：	47	55	10	40	15	94	5	70
(1) 第一趟排序(d=4)：分 4 组，组内采用直接插入排序法。								
	{47				15}			
		{55				94}		
			{10				5}	
				{40				70}
结果：	15	55	5	40	47	94	10	70
(2) 第二趟排序(d=2)：分 2 组，组内采用直接插入排序法。								
	{15		5		47		10}	
		{55		40		94		70}
结果：	5	40	10	55	15	70	47	94
(3) 第三趟排序(d=1)：整个数据合成 1 组，采用直接插入排序法。								
	{5	40	10	55	15	70	47	94}
最后结果：	5	10	15	40	47	55	70	94

图 9.2 希尔排序示例

希尔排序程序如下：

```
ShellSort (RecordNode r[],int n)
{
    int i,j,d;
    RecordNode x;
    d=n/2;                          /*设置初值*/
    while(d>=1)
    {
        for(i=d;i<n;i++)
        {
            j=i-d;
            while(j>=0)
            if (r[j].key>r[j+d].key)
            {
                x=r[j];                     /*将 r[j]与 r[j+d]进行交换*/
                r[j]=r[j+d];
                r[j+d]=x;
                j=j-d;
            }
            else j=-1;
        }
        d=d/2;              /*减小间隔值*/
    }
}
```

该算法通过三重循环来实现，外循环由不同间隔值 d 来控制，直到 d=1 为止，中间循环是在某个 d 值下对各组进行排序，用变量 i 控制。

可以看出，希尔排序实际上是对直接插入排序的一种改进，它的排序速度一般要比直接插入排序快。希尔排序的时间复杂速度取决于所取的间隔，一般认为是 O(n lb n)。希尔排序是一个较杂的问题，也是一种不稳定的排序方法。

有兴趣的同学可以用下面函数验证插入排序，看一看结果是否有序。

```
#include <stdio.h>
typedef int KeyType;
typedef struct
{
  KeyType key;
}RecordNode;
void main(void)
{
  RecordNode test[10]={0,8,34,3,67,28,45,12,15,22};
```

```
    int i, n = 10;
    ShellSort(test,n);
    for(i=0; i<n; i++)
        printf("%d  ", test[i].key);
}
```

思政要点

渐进式改进：希尔排序通过逐步缩小增量来进行排序，从而实现数组的逐渐有序化。这种渐进式改进的思想，可以引导我们在个人成长和社会发展中，采取渐进式、持续性的改进方式。无论是学习、工作还是社会改革中，渐进式的进步都是稳定且持久的。

9.3 交 换 排 序

交换排序的基本思想是：两两比较待排记录序列的关键字，交换不满足顺序要求的两对记录，直到全部满足为止。常用的交换排序有冒泡排序和快速排序。

9.3.1 冒泡排序

冒泡排序(Bubble Sort)是一种简单常用的排序方法。其排序思想是：通过相邻记录关键字间的比较和交换，使关键字最小的记录像气泡一样逐渐上浮。比较可以采用不同的方法，本算法是从最下面的记录开始，对两个相邻的关键字进行比较并且使关键字较小的记录换至关键字较大的记录之上，使得经过一次冒泡后，关键字最小的记录到达最上端，接着，再在剩下的记录中找关键字最小的记录，把它换到第二个位置上。依次类推，一直到所有记录都有序为止。一般地，记录数为 n，需要进行 n – 1 次冒泡。

例 9.3 设待排记录的关键字分别为{37，19，90，64，13，49，20，40}，进行冒泡排序的具体过程如图 9.3 所示。

	初始(n=8)	i=1	i=2	i=3	i=4	i=5	i=6	i=7
r[0]	37	13	13	13	13	13	13	13
r[1]	19	37	19	19	19	19	19	19
r[2]	90	19	39	20	20	20	20	20
r[3]	64	90	20	37	37	37	37	37
r[4]	13	64	90	40	40	40	40	40
r[5]	49	20	64	90	49	49	49	49
r[6]	20	49	40	64	90	64	64	64
r[7]	40	40	49	49	64	90	90	90

图 9.3　冒泡排序示例

从排序的过程看，记录数为 8，需要进行 7 次冒泡，但实际进行到第五次冒泡时，整个记录已经有序了，因此，不需要再进行六七次冒泡了，也就是说，在某次比较过程中，如果设有交换记录，则排序可提前结束。这点在算法中给予考虑，可节省排序时间，为此在算法中设置一个变量 flag 来监视排序情况，flag=1 时表示有记录交换，flag=0 时无记录交换。

冒泡排序程序如下：

```
BubbleSort (RecordNode r[],int n)
{
  int i,j,flag;
  RecordNode x;
  flag=1;
  for(i=0;i<n-1&&flag==1;i++)
  {
    flag=0;
    for(j=n-1;j>=i+1;j--)
      if(r[j].key<r[j-1].key)
      {
        flag=1;
        x=r[j];      /*x 用于中转*/
        r[j]=r[j-1];
        r[j-1]=x;
      }
  }
}
```

算法分析：冒泡排序是一种稳定的排序方法，算法的执行时间与原始记录的有序程度有很大关系，如果原始记录已经是有序排列的，比较次数为 $n-1$ 次，交换次数为 0；如果原始记录是“逆序”排列的，则总的比较次数为 $n(n-1)/2$，交换次数为 $3n(n-1)/2$。所以，算法的平均时间复杂度为 $O(n^2)$。

思政要点

耐心与坚持：冒泡排序是一种简单的排序算法，通过反复交换相邻元素来达到排序的目的。这需要我们有耐心和坚持，不怕重复和繁琐，以实现最终的目标。在生活和工作中，我们也需要具备这种耐心和坚持，面对困难和挑战时能够保持冷静，不轻易放弃。

9.3.2 快速排序

快速排序(Quick Sort)又叫分区交换排序，它是对冒泡排序的一种改进。其排序的基本思想是：取记录序列中一个合适的关键字(通常选取序列中的第一个)，以此关键字取对应的记录 r_i 作为基准，把一个序列分割成两个独立的子序列，使得基准位置前的所有记录的关键字都小于 r_i.key，而基准位置后的所有记录的关键字都大于 r_i.key。这里把这样的一次过程称作一次快速排序，在第一次快速排序中，确定了所选取的基准记录 r_i 在序列中最终排列的位置，同时也把剩余的记录分成了两个序列，然后对每个序列再进行分割，重复上述过程，直到所有记录全部排好序为止。

下面具体介绍一次快速排序的过程：设置两个指示器，i，j 分别表示当前待排记录序列中的第一个记录和最后一个记录位置。将第一个记录作为基准记录放到变量 x 中，使它所处的位置腾空，然后从序列的两端开始逐步向中间扫描：

(1) 在序列的右端扫描时，从序列的当前右端 j 处开始，把记录 r_i.key 与基准记录关键字 x.key 进行比较，若前者大于后者，令 j = j – 1，继续进行比较，直到前者小于或等于后者，此时，若 j>i，则将 R_j 放到腾空的位置上，使 R_j 位置腾空，同时使 i = i + 1。然后进行步骤(2)。

(2) 在序列的左端扫描时，从序列的当前左端 i 处开始将 r_i.key 与 x.key 进行比较，若前者小于后者，令 i = i + 1，继续向右扫描，直到前者大于等于后者，此时，若 i<j，则将 r_i 放到记录 j_j 中(注：r_j 已经腾空)，使 j = j – 1。然后继续进行步骤(1)。

(1)和(2)交替反复执行，当 i≥j 时，扫描结束。

例 9.4　设待排记录的关键字分别是{37，19，90，64，13，49，20，40}，第一次快速排序过程如图 9.4 所示。

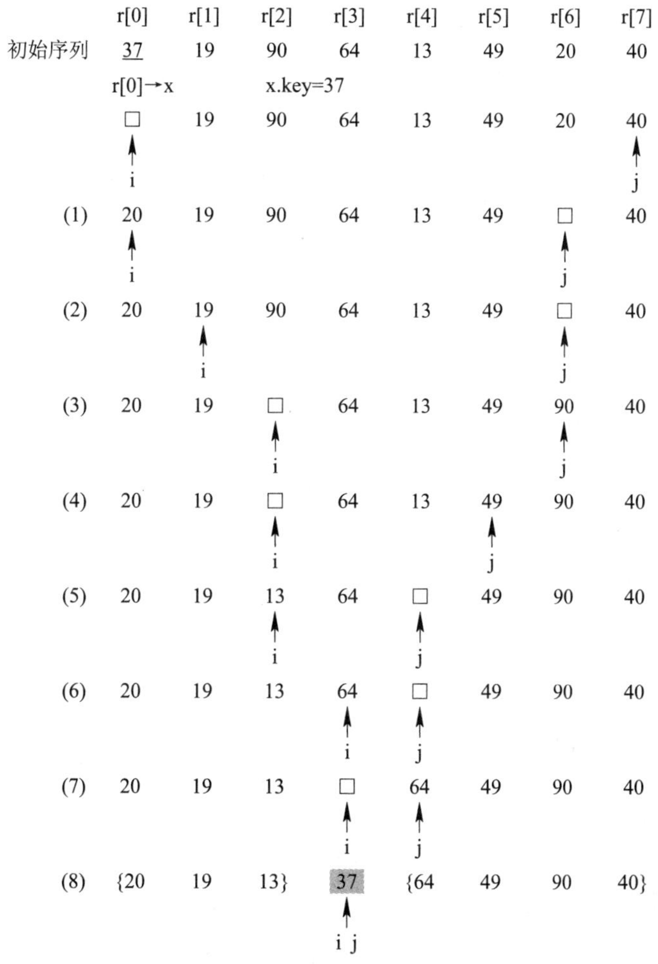

图 9.4　快速排序示例

第一次快速排序后，用同样的方法对产生的两个子序列继续进行快速排序，下面给出整个排序过程：

初始关键字序列：{37 19 90 64 13 49 20 40}

第一次排序结果：{20 19 13} 37 {64 49 90 40}

第二次排序结果：{13 19} 20 37 {40 49} 64 {90}

第三次排序结果： 13 {19} 20 37 40 {49} 64 90

最后结果： 13 19 20 37 40 49 64 90

快速排序算法描述如下：

```
QuickSort(RecordNode r[],int low,int high)
/*low 和 high 为记录序列的下界和上界*/
{
  int i,j;
  RecordNode x;
  i=low;
  j=high;
  x=r[low];
  while(i<j)
  { /*在序列的右端扫描*/
    while(i<j&&r[j].key>=x.key)
      j--;
    if(i<j) {
      r[i]=r[j];i++;
    }
/*在序列的左端扫描*/
    while(i<j&&r[i].key<x.key)
      i++;
    if(i<j) {
      r[j]=r[i];j--;
    }
  }
  r[i]=x;
/*对序列进行快速排序，使用递归*/
  if(low<i)
    QuickSort(r,low,i-1);
  if(i<high)
    QuickSort(r,j+1,high);
}
```

在上述算法程序中，待排记录序列顺序存放在 r[low]，r[low+1]，…，r[high]中，另外，该程序采用了递归的方法，快速排序也可用非递归的方法实现，有兴趣的读者不妨将该函数改写为非递归的形式。

快速排序并没有每次比较都进行交换，只是移动一个数据，待到所选出的元素找到合适的位置才存入，因此，排序速度快。

算法分析：快速排序的执行时间和基准记录的选取有关，若基准记录的关键字能把当前记录从中间分成两个相等的子区间，则运行效率最高；若基准记录的关键字在记录排序的首或尾时，即只有一个子区间，该算法就退化成冒泡排序法，最好和最坏情况的平均时间复杂度为 O(n lbn)。快速排序是一种不稳定的排序方法。

思政要点

确立核心，明确方向：快速排序中的基准元素起着关键作用，整个排序过程围绕基准展开。同样，在人生规划中，我们需要确立核心目标和价值观，明确自己的发展方向，坚定不移地向着自己的目标前行。

9.4 选择排序

选择排序的基本思想是：不断地从待排序列中选取关键字最小的记录放到已经有序的记录序列的后面，直到序列中所有记录都已有序为止。常用的选择排序法有直接选择排序和堆排序两种，其中人们比较熟悉的是直接选择排序。

9.4.1 直接选择排序

直接选择排序(Simple Selection Sort)是一种简单直观的排序方法，它的排序思想是：从待排序的所有记录中，选取关键字最小的记录，把它与第一个记录交换，然后在其余的记录中再选出关键字最小的记录与第二个记录交换，如此重复下去，直到所有记录排序完成。

例 9.5　设待排记录序列的关键字为{11，50，16，70，1，30}，直接选择排序过程如图 9.5 所示。

n=6	r[0]	r[1]	r[2]	r[3]	r[4]	r[5]
初始关键字：	11	50	16	70	1	3
第一次排序：	1	50	16	70	11	3
第二次排序：	1	3	16	70	11	50
第三次排序：	1	3	11	70	16	50
第四次排序：	1	3	11	16	70	50
第五次排序：	1	3	11	16	50	70
最后结果：	1	3	11	16	50	70

图 9.5　直接选择排序示例

实现直接选择排序的程序如下：

```
SelectSort(RecordNode r[],int n)
```

```
{
  int i,j,k;
  RecordNode x;
  for(i=0; i<n-1; i++)
  {
    k=i;
    for(j=i+1;j<n;j++)
      if (r[ j ].key<r[ k ].key)
        k=j;   /*记录最小数的位置*/
    if (k!=i)
    {
      x=r[i];
      r[i]=r[k];
      r[k]=x;
    }
  }
}
```

直接选择排序的时间复杂度为 $O(n^2)$，这种排序是一种稳定的排序方法。

思政要点

直接选择排序，作为一种简单直观的排序算法，其过程是通过不断地选择剩余元素中的最小(或最大)者，放到序列的起始位置。人生亦是如此，我们时常面临选择，每一次选择都如同在排序过程中选择一个元素，将其放到合适的位置。通过直接选择排序的思维，我们可以更好地理解人生选择的重要性与策略。

人生处处是选择，每一个决策都可能影响我们的未来。正如直接选择排序中的每一步选择，都关系到整个序列的最终排序结果。因此，我们要学会珍惜每一次选择的机会，认真权衡利弊，做出明智的决策。

在直接选择排序中，每一次选择都意味着一种责任和担当。同样，在人生的道路上，我们也需要对自己的选择负责，勇于承担后果。无论是成功还是失败，我们都应该坦然面对，积极寻求解决问题的方法。

直接选择排序虽然简单直观，但在某些情况下效率并不高。这启发我们在人生道路上也要不断反思和改进自己的选择策略，寻找更优化的解决方案。同时，我们也要学会从失败中汲取教训，不断提升自己的决策能力。

9.4.2　堆排序

堆排序(Heap Sort)是借助于一种称为堆的完全二叉树结构进行排序的，排序过程中，将向量中存储的数据看成是一棵完全二叉树的顺序存储结构，利用完全二叉树中的父结点和孩子结点之间的内在关系来选择关键字最小的记录。

具体做法是：把待排序的记录存放在数组 r[0]，r[1]…r[n－1]中，将 r 看作一棵二叉树，每个结点表示一个记录，第一个记录 r[0]作为二叉树的根，以后各记录 r[1]，…，r[n－1]依次逐层从左到右顺序排列，构成一棵完全二叉树，任意结点 r [i]的左孩子是 r[2i＋1]，右孩子是 r[2i＋2]，双亲是 r[(i－1)/2]。

对这棵完全二叉树的结点进行调整，使各结点的关键字满足下列条件：

(r[i]≤r[2i+1]并且 r[i]≤r[2i+2]) 或 (r[i]≥r[2i+1]并且 r[i]≥r[2i+2])

即每个结点的值均小于或大于它的两个子结点的值，称满足这个条件的完全二叉树为堆树。

如果各结点的值满足 r[i]≤r[2i＋1]并且 r[i]≤r[2i＋2]，这种堆被称为“小根堆”，根结点的关键字值最小，如图 9.6 所示。

如果各结点的值满足 r[i]≥r[2i+1]并且 r[i]≥r[2i+2]的堆，称为“大根堆”，大根堆中，根结点的关键字值最大，如图 9.7 所示。

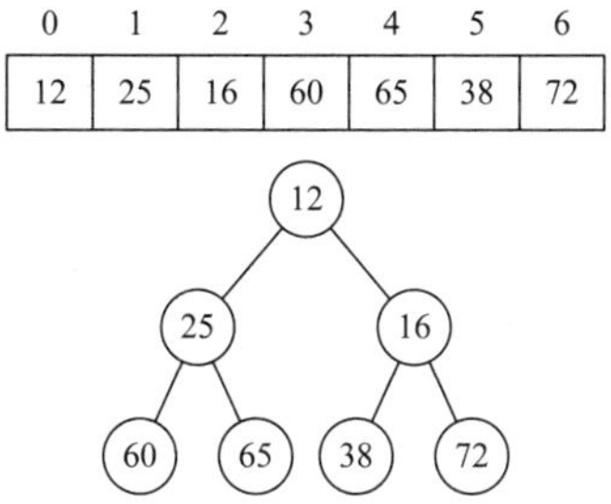

图 9.6 小根堆示例

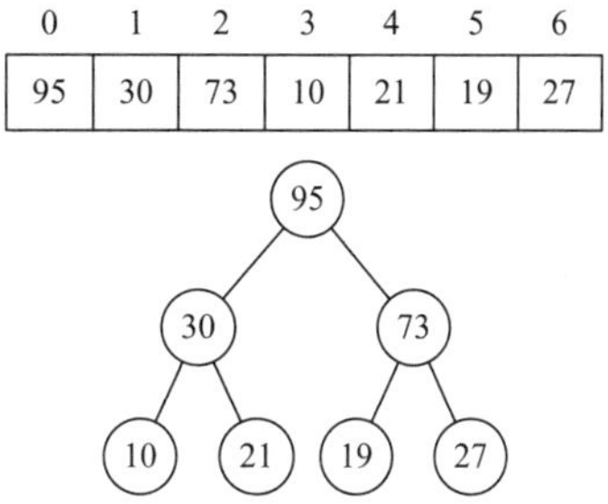

图 9.7 大根堆示例

在堆中，根结点又被称为堆顶元素，当把二叉树转换成大根堆后，堆顶元素最大，把堆顶元素输出，重新调整二叉树的剩余结点，使其成为一个新堆，再输出堆顶元素，便可求得次最大值。如此反复进行，就可得到一个有序序列，这就是利用大根堆排序的基本方法。读者不难推导出小堆根的排序方法。

完成堆排序必须解决两个问题：

(1) 如何将原始记录序列构造成一个堆，即建立初始堆；

(2) 输出堆顶元素后，如何将剩余记录调整成一个新堆。

因此，堆排序的关键是构造堆，其实构造堆的过程就是将待排元素序列对应的完全二叉树调整形成一个堆，所以解决问题的关键在于如何调整元素间的关系形成堆。下面举例说明：

例 9-6 设待排序列中有 10 个记录，它们的关键字序列为{36，24，48，12，65，25，43，59，76，34}，如图 9.8 所示。

由二叉树的性质得知，二叉树中序号最大的一个非终点是(n−1)/2，即图 9.8 中的 4 号结点 65，序号最小的非终结点是序号为 0 的结点即根结点 36，对这些结点需一一进行调整，使满足堆的条件。以大根堆为例调整过程为：首先把 4 号结点元素 65 与其两个孩子中值大者进行比较，由于只有 1 个左孩子 34，故只和 34 比较，因为 65>34 故不必交换，则以 65 为根的子树即为堆，接着用相同的步骤对第 3 号结点 12 进行调整，直至第 0 个结点 36。如果在中间调整过程中，由于交换破坏了以其孩子为根的堆，则要对破坏了的堆进行调整，依次类推，直到父结点大于等于左、右孩子的元素结点或者孩子结点为空的元素结点。当这一系列调整过程完成时，图 9.9 所示的二叉树即成为一个堆树，这个调整过程也叫作“筛选”。

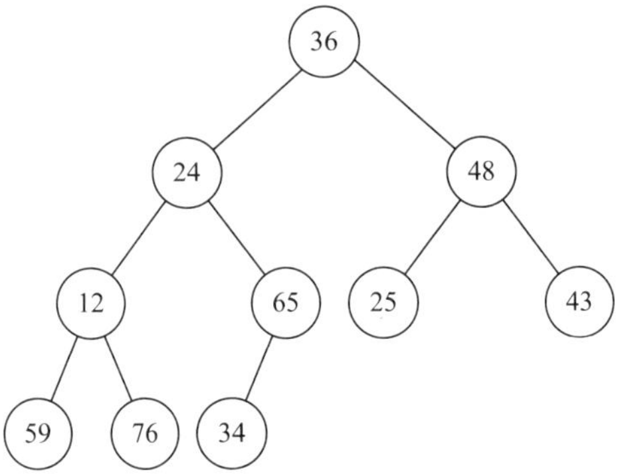

图 9.8　原始数据的二叉树顺序存储形式

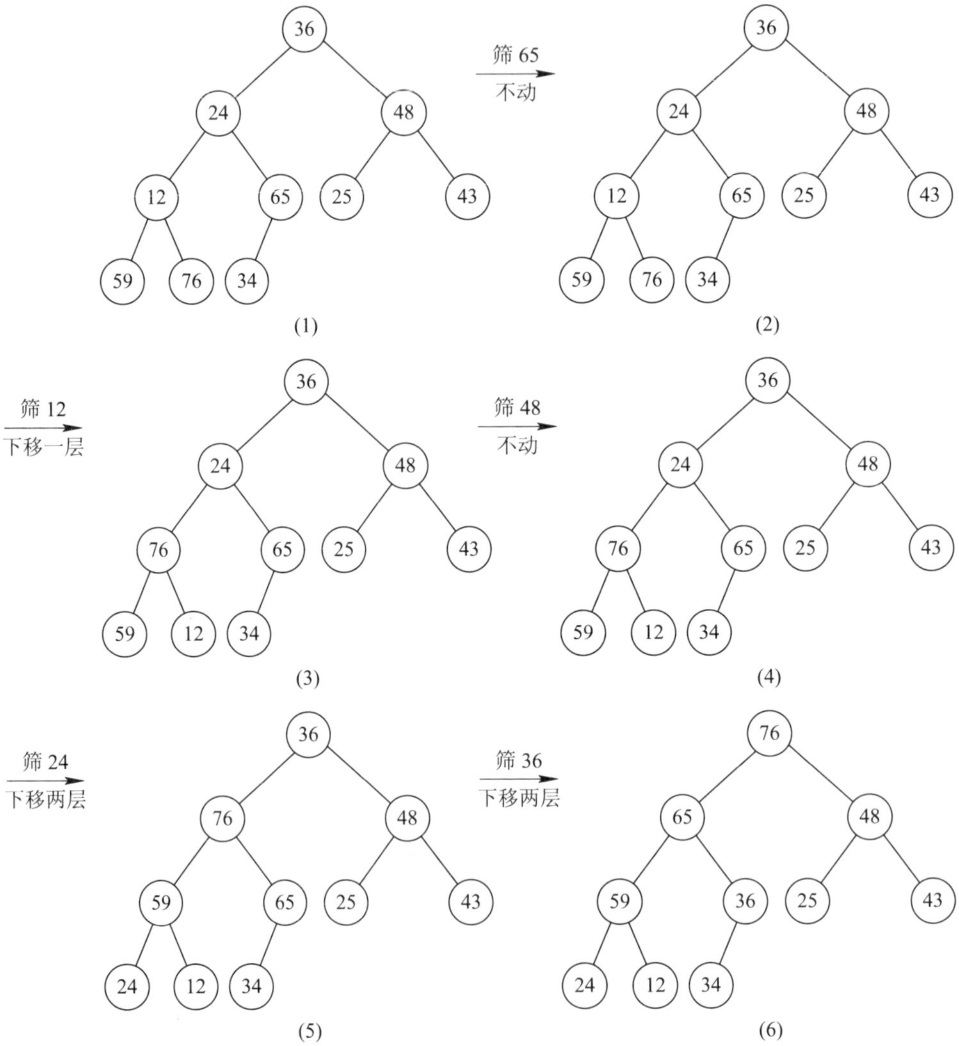

图 9.9　建立初始堆示例

下面给出建立初始堆的筛选过程。

排序过程为：先输出堆顶元素 76，把它放到原数组的最后位置，而原数组最后一个单元存放的是 34，为了不破坏数据，则把 76 与 34 交换，即 r[0]与 r[n − 1](n 为 10)交换，这时 r[n − 1]为最大，接着对 r[0]进行筛选又得到新堆，此时新堆的 r[0]为当前最大的元素，再把 r[0]与 r[n − 2]对调，使 r[n − 2]为次最大，这样，经过 n−1 次对调、筛选，数组 r 中的所有元素均按升序排列，堆排序全部完成。堆排序过程示例如图 9.10 所示。

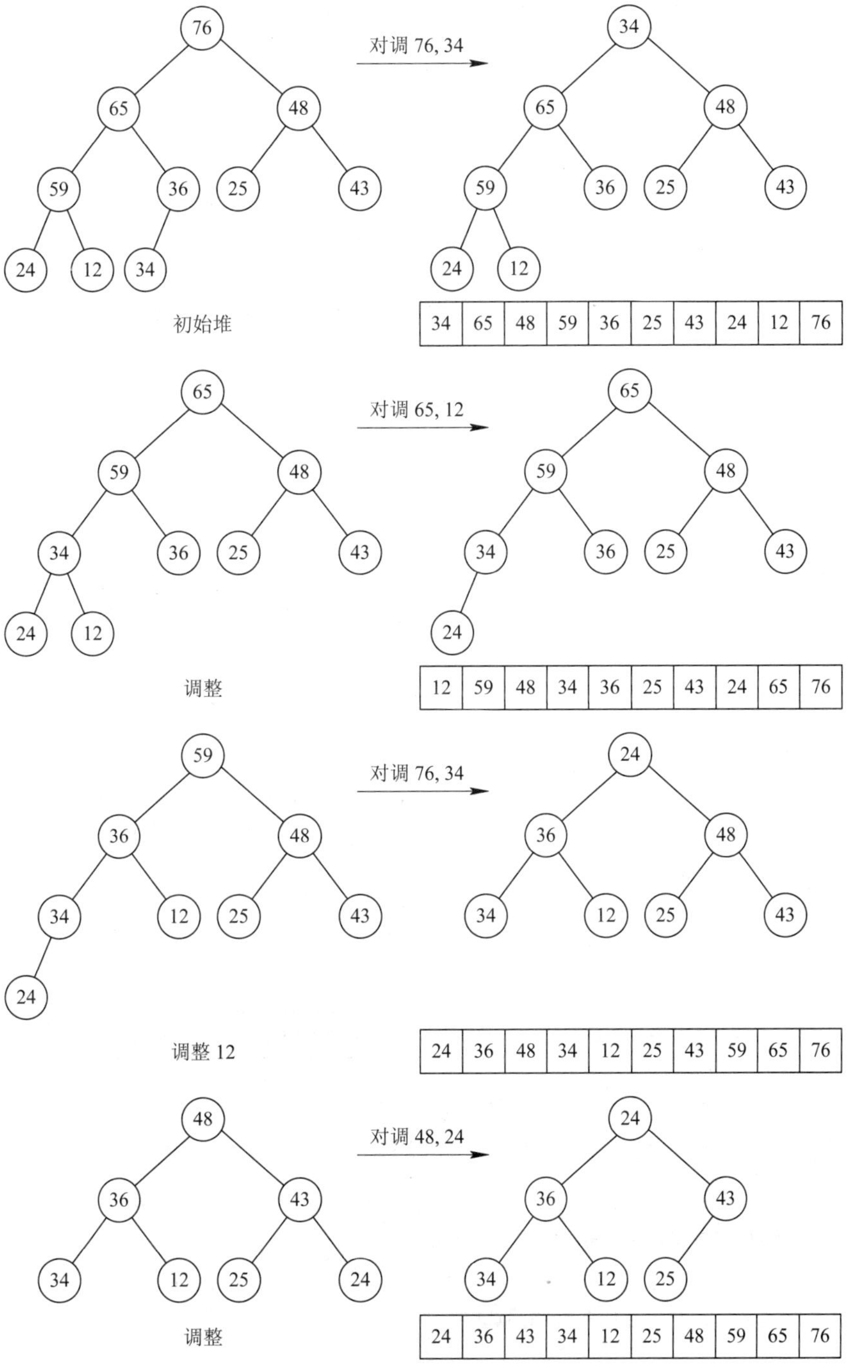

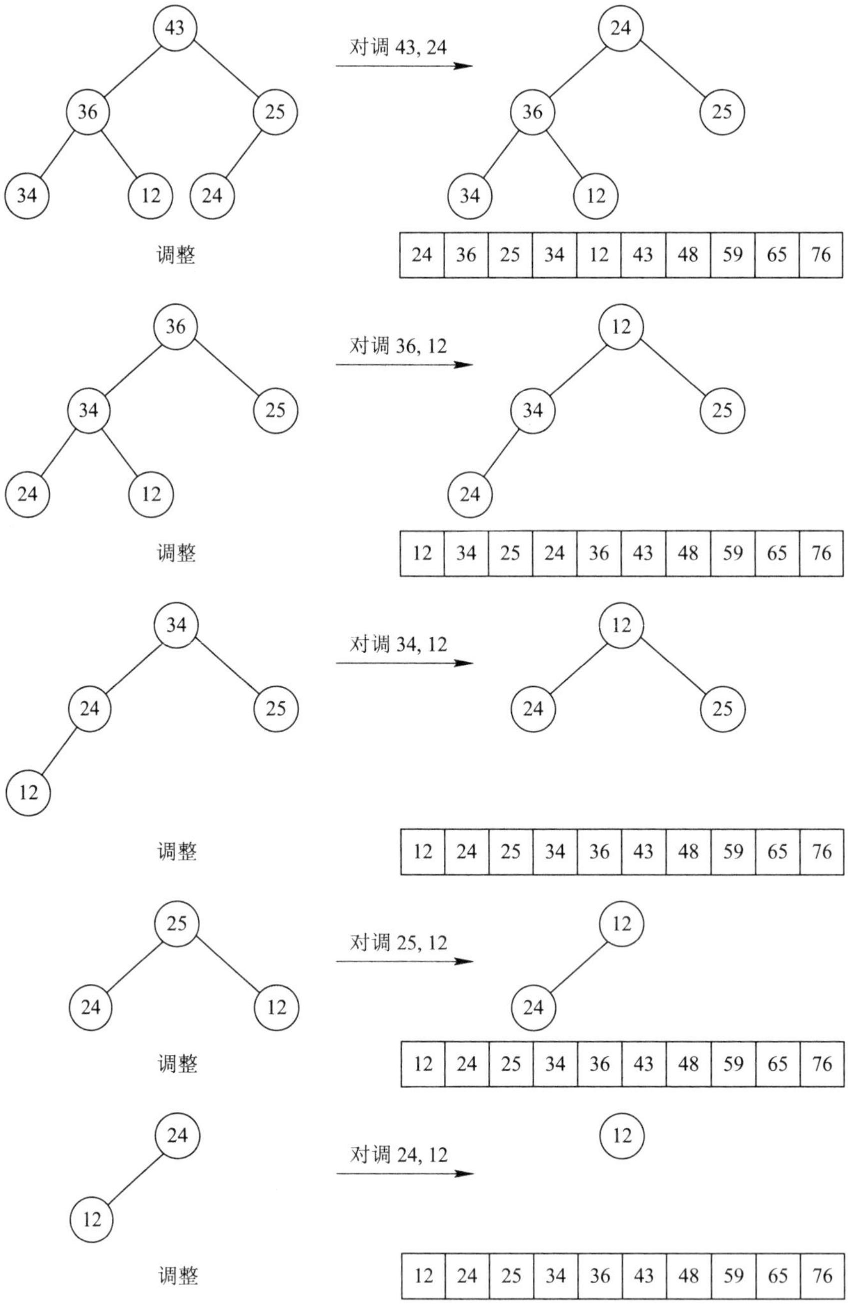

图 9.10　堆排序过程示例

下面给出整个排序过程描述。(说明：已经有序的子树部分省去)

堆排序程序如下：

```
void CreatHeap(RecordNode r[], int n, int h)
{
    /*对 r 的 n 个元素从 h 开始筛选*/
```

```
    int i,j,flag;
    RecordNode temp;
    i = h;                                    /* i 为要建堆的二叉树根结点下标*/
    j = 2*i+1;                                /* j 为 i 的左孩子结点的下标*/
    temp = r[i];
    flag = 0;
    /*沿左右孩子中值较大者重复向下筛选*/
    while(j < n && flag != 1)
    {
        /*寻找左右孩子结点中的较大者，j 为其下标*/
        if(j < n-1 && r[j].key < r[j+1].key) j++;
        if(temp.key > r[j].key)               /*r[i].key>r[j].key*/
        flag=1;                               /*标记结束筛选条件*/
        else                                  /*否则把 r[j]上移*/
        {
            r[i] = r[j];
            i = j;
            j = 2*i+1;
        }
    }
    r[i] = temp;                              /*把最初的 r[i]赋予最后的 r[i]*/
}
void InitCreatHeap(RecordNode r[], int n)     /*初始化创建最大堆*/
{
    int i;
    for(i = (n-1)/2; i>=0; i--)
    CreatHeap(r, n, i);
}
void HeapSort (RecordNode r[], int n)
/*用堆排序法对记录 r[0]--r[n-1]排序*/
{
    int i;
    RecordNode temp;
    InitCreatHeap(r, n);      /*初始化创建最大堆*/
    for(i = n-1; i > 0; i--)
    {
        temp = r[0];
        r[0] = r[i];
        r[i] = temp;
```

```
            CreatHeap(r, i, 0);
        }
    }
```

从堆排序的算法知道，堆排序所需的比较次数是建立初始堆与重新建堆所需的比较次数之和，其平均和最坏的时间复杂度均为 O(n lbn)。它是一种不稳定的排序方法。

思政要点

善于利用资源，提升效率：堆排序利用了堆这种数据结构，使得元素之间的比较和交换更加高效。这启示我们在现实生活中要善于利用资源，提高办事效率。

9.5 上 机 实 验

实验目的：

通过学生成绩表的排序，熟悉各种排序方法，锻炼排序方法应用于实际问题的能力。

实验要求：

1. 建立自己排序头文件
2. 完成实验后附范例的上机验证；
3. 模仿实例，完成用其他排序方法排序；
4. 完成实验报告。

实验步骤：

1. 逐步建立自己的排序头文件
2. 完成对学号的递增排序
(1) 编写程序；
(2) 上机验证。
3. 完成对成绩的递减排序
(1) 编写程序；
(2) 上机验证。
4. 撰写实验报告

范例：

```
#define MaxSize 100
#include <stdio.h>
typedef int KeyType;
typedef struct
{
    char name[10];
    float score;
}DataType;
```

```
typedef struct
{
    KeyType key;
    DataType data;
}RecordNode;
void InsertSort(RecordNode a[], int n)
/*用直接插入法对 a[0]--a[n-1]排序*/
{
    int i, j;
    RecordNode temp;
    for(i = 0; i < n-1; i++)
    {
        temp = a[i+1];
        j = i;
        while(j > -1 && temp.key < a[j].key)
        {
            a[j+1] = a[j];
            j--;
        }
        a[j+1] = temp;
    }
}
void main(void)
{
    RecordNode test[3]=
    {
        {8,"wang hong",87},
        {3,"wang hai",97},
        {1,"li ping",85}
    };
    int i, n = 3;
    insertSort(test,n);
    for(i=0; i<n; i++)
    printf("%d|%s|%f\n", test[i].key,test[i].data.name,test[i].data.score);
}
```

思政要点

诚实守信，尊重数据真实性：在实验过程中，应始终坚守诚实守信的原则，确保成绩数据的真实性和准确性，不伪造数据、不篡改数据，培养诚实守信的品质。

本章小结

排序(Sorting)是把一个无序的数据元素序列按某个关键字进行有序(递增或递减)排列的过程。本章介绍了 6 种常用内部排序方法，其性能比较如表 9.2 所示。

表 9.2 6 种排序方法的比较

排序方法	最坏情况	平均时间	辅助空间	稳定性
直接插入排序	$O(n^2)$	$O(n^2)$	O(1)	√
希尔排序	$O(n^2)$	$O(n^{1.3})$	O(1)	×
冒泡排序	$O(n^2)$	$O(n^2)$	O(1)	√
快速排序	$O(n^2)$	O(n lbn)	O(n lbn)	×
直接选择排序	$O(n^2)$	$O(n^2)$	O(1)	√
堆排序	O(n lbn)	O(n lbn)	O(1)	×

一个好的排序方法所需要的比较次数和所占用的存储空间应该要少。从表 9.2 可以看出，每种排序方法各有优缺点，不存在十全十美的排序方法，因此，在不同的情况下可选择不同的方法，选取排序方法时，一般需要考虑以下几点：

(1) 算法的简单性。排序方法可分为简单算法和改进后的算法两种，简单算法有直接插入、直接选择和冒泡法，这些方法都简单明了。改进的算法有希尔排序、快速排序和堆排序等，这些算法比较复杂。

(2) 待排序的记录多少。记录数越少越适合简单算法，记录数越多越适合改进算法，这样，排序效率可以明显提高。

(3) 记录本身所带的信息量的大小。记录信息量越大，用的字节越多，那么移动这些记录需花费的时间也越多，所以选择算法应尽量避免选用移动次数较多的算法。

除以上所述外，选取排序方法时还应考虑对排序稳定性是否有要求，关键字的分布情况如何，以及算法的时间复杂度和空间复杂度情况。

习 题 9

一、填空题

1. 大多数排序算法都有两个基本的操作：____________和____________。

2. 在对一组记录(54，38，96，23，15，72，60，45，83)进行直接插入排序时，当把第 7 个记录 60 插入到有序表时，为寻找插入位置至少需比较________次。

3. 在插入和选择排序中，若初始数据基本为正序，则选用____________；若初始数据基本为反序，则选用____________。

4. 在堆排序和快速排序中，若初始记录接近正序或反序，则选用____________；若初始记录基本无序，则最好选用____________。

5. 对于 n 个记录的集合进行冒泡排序，在最坏的情况下所需要的时间是____________。若对其进行快速排序，在最坏的情况下所需要的时间是____________________。

二、单选题

1．将5个不同的数据进行排序，至多需要比较_______次。

(A) 8　(B) 9　(C) 10　(D) 25

2．排序方法中，从未排序序列中依次取出元素与已排序序列(初始时为空)中的元素进行比较，将其放入已排序序列的正确位置上的方法称为_______。

(A) 希尔排序　(B) 冒泡排序　(C) 插入排序　(D) 选择排序

3．从未排序序列中挑选元素，并将其依次插入已排序序列(初始时为空)的一端的方法称为_______。

(A) 希尔排序　(B) 归并排序　(C) 插入排序　(D) 选择排序

4．对n个不同的排序码进行冒泡排序，在下列_______所给情况下比较的次数最多。

(A) 从小到大排列好的　(B) 从大到小排列好的

(C) 元素无序　(D) 元素基本有序

5．对n个不同的排序码进行冒泡排序，在元素无序的情况下比较的次数为_______。

(A) $n+1$　(B) n　(C) $n-1$　(D) $n(n-1)/2$

6．快速排序在下列_______情况下最易发挥其长处。

(A) 被排序的数据中含有多个相同排序码

(B) 被排序的数据已基本有序

(C) 被排序的数据完全无序

(D) 被排序的数据中的最大值和最小值相差悬殊

7．对有n个记录的表作快速排序，在最坏情况下，算法的时间复杂度是_______。

(A) $O(n)$　(B) $O(n^2)$　(C) $O(n\,\mathrm{lb}\,n)$　(D) $O(n^3)$

8．若一组记录的排序码为(46, 79, 56, 38, 40, 84)，则利用快速排序的方法，以第一个记录为基准得到的一次划分结果为_______。

(A) 38，40，46，56，79，84　(B) 40，38，46，79，56，84

(C) 40，38，46，56，79，84　(D) 40，38，46，84，56，79

9．下列关键字序列中，_______是堆。

(A) 16，72，31，23，94，53　(B) 94，23，31，72，16，53

(C) 16，53，23，94，31，72　(D) 16，23，53，31，94，72

10．堆是一种_______排序。

(A) 插入　(B) 选择　(C) 交换　(D) 归并

11．堆的形状是一棵_______。

(A) 二叉排序树　(B) 满二叉树　(C) 完全二叉树　(D) 平衡二叉树

12．若一组记录的排序码为(46，79，56，38，40，84)，则利用堆排序的方法建立的初始堆为_______。

(A) 79，46，56，38，40，84　(B) 84，79，56，38，40，46

(C) 84，79，56，46，40，38　(D) 84，56，79，40，46，38

13．下述几种排序方法中，要求内存最大的是_______。

(A) 插入排序　(B) 快速排序　(C) 归并排序　(D) 选择排序

第10章 查 找

总体要求：

- 熟悉查找的定义和基本概念；
- 熟练掌握静态查找、动态查找、哈希查找的算法。

核心技能点：

- 各种查找方法应用于实际问题的能力。

扩展技能点：

- 各种查找方法C语言环境下的实现。

相关知识点：

- C语言数组的知识；
- C语言结构体的知识；
- C语言函数的知识；
- 二叉树的知识。

学习重点：

- 静态查找的折半查找和分块查找；
- 动态查找的二叉树查找；
- 哈希查找。

思政目标：

- 树立坚强自信、踊跃奋进的价值观；
- 培养学以致用的能力；
- 培养触类旁通、举一反三的学习能力。

查找(Searching)又称为检索，是指在某种数据结构中找出满足给定条件的结点。若找到满足给定条件的结点，则查找成功；否则查找失败。查找是数据结构中很常用的基本操作，例如，在学生成绩表中查找某位学生的成绩；在图书馆的书目文件中查找某编号的图书；在电话号码簿中查找某用户的电话号码。选择不同的数据结构，查找的实现方法将不同，查找算法的好坏对查找过程影响很大。下面分别介绍。

10.1 静态查找表

本节将讨论静态查找表的各种表示方法。静态查找表可以有不同的表示方法，在不同的表示方法中，其查找操作的实现方法也不同。

10.1.1 无序顺序表的查找

顺序查找(Sequential Search)又称为线性查找，是一种最简单的查找方法。查找过程为：从线性表的一端开始，顺序扫描线性表，依次将扫描到的结点关键字和给定值 k 相比较，若当前扫描到的结点关键字与 k 相等，则查找成功；若扫描结束后，仍未找到关键字等于 k 的结点，则查找失败。

例 10.1 在关键字序列为{1，5，9，7，12，11，10，8，6，2，3}的线性表中查找关键字为 8 的元素。

顺序查找过程如图 10.1 所示。

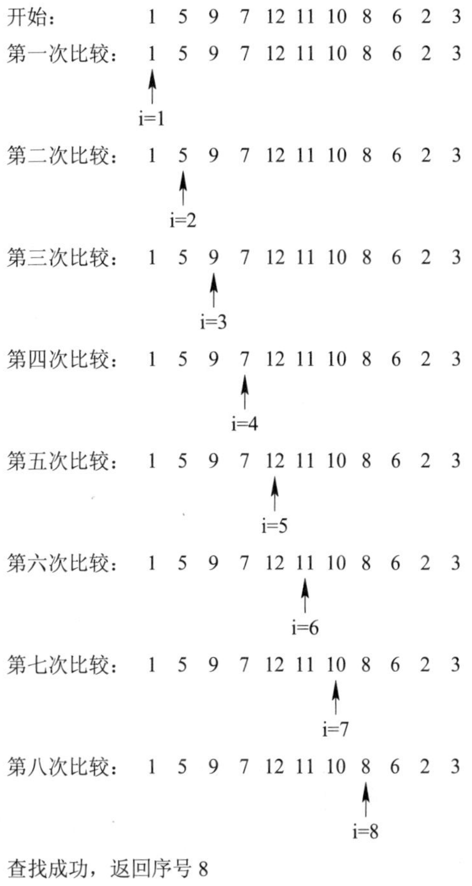

图 10.1 顺序查找过程

顺序查找的线性表，用第 2 章线性表顺序存储的定义如下：

```
# define Maxsize 100    /*MaxSize 线性表可能
                          达到的最大长度*/
Typedef int KeyType;
typedef struct
{
  KeyType key;
} DataType;       /*根据需要还可以加入其他数据成员*/
typedef struct
{
  DataType list[MaxSize];
  int size;
} SeqList;
```

这里的 KeyType 和 DataType 可以是任何相应的数据类型，如 int，float 及 char 等。

顺序查找的函数如下，其功能在线性表 r 中顺序查找关键字为 k 的结点，若找到了，则返回其位置 i；若找不到，则返回 –1：

```
int SeqSearch(SeqList S, DataType x)
{
   int i = 0;
   while(i < S.size && S.list[i].key != x.key)
      i++;
   if(S.list[i].key == x.key)
      return i;
   else
      return -1;
}
void main(void)
{
   SeqList test = {{710,342,45,686,6,841,429,134,68,264}, 10};
   DataType x ={687};
   int i;
   if((i = SeqSearch(test, x)) != -1 )
      printf("该数据元素位置为 %d ", i);
   else
      printf("查找失败");
}
```

算法分析：对于含有 n=S.size 个结点的线性表，结点的查找在等概率的前提下，即 P_i=1/n 成功的查找，平均查找长度为

$$ASL = \sum_{i=1}^{n} p_i * c_i = \frac{1}{n}\sum_{i=1}^{n} i = \frac{1}{n}(1+2+\cdots+n) = \frac{(n+1)}{2}$$

顺序查找和我们后面将要讨论到的其他查找算法相比，其缺点是平均查找长度较大，特别是当 n 很大时，查找效率较低。速度较慢，平均查找长度为 O(n)。然而，它有很大的优点，算法简单且适应面广。它对表的结构无任何要求，无论记录是否按关键字有序(若表中所有记录的关键字满足下列关系：r[i].key≤r[i+1].key，i = 0，1，…，n – 1 则称表中记录按关键字有序)均可应用。

思政要点

适应变化，灵活应对：无序顺序表的特点是元素无序排列，这增加了查找的难度。然而，这种查找的灵活性也让我们意识到在现实生活中要适应变化，灵活应对挑战。当面临复杂多变的问题时，要学会灵活运用知识和技能，寻找解决问题的新思路和新方法。

10.1.2　有序顺序表的查找

以有序表表示静态查找表时，查找函数可用折半查找来实现，折半查找(Binary Search)的查找过程是：先确定待查记录所在的范围(区间)，然后逐步缩小范围直到找到或找不到该记录为止。也就是要求线性表中的结点必须按关键字值的递增或递减顺序排列。它首先把要查找记录的关键字 x.key 与中间位置结点的关键字相比较，这个中间结点把线性表分成了两个子表，若比较结果相等则查找完成；若不相等，再根据 x.key 与该中间结点关键字的比较结果确定下一步查找哪个子表，这样递归进行下去，直到找到满足条件的结点或者该线性表中没有这样的结点。

例 10.2　在关键字有序序列{3，5，6，8，9，12，17，23，30，35，39，42}中采用折半查找法查找关键字为 8 的元素。

指针 low 和 high 分别指示待查元素所在范围的下界和上界，指针 mid 指示区间的中间位置，即 mid=(low+high)/2。在此例中，low 和 high 的初值分别为 0 和 11，即 r[0～11]为待查范围。

折半查找过程如图 10.2 所示。

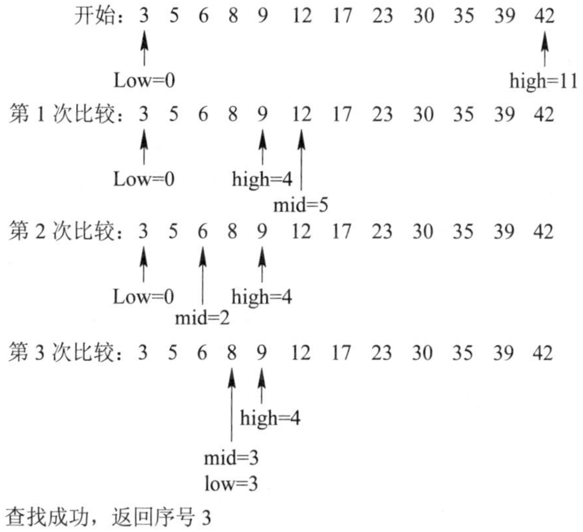

图 10.2　折半查找过程

折半查找的函数如下，其功能是在线性表 S 中二分查找关键字为 x.key 的结点，若查找到了，则返回其位置 i；若找不到则返回 −1。

```
/*折半查找*/
int BinarySearch(SeqList S, DataType x)
{
  int low = 0, high = S.size-1; /*确定初始查找区间上下界*/
  int mid;
  while(low <= high)
  {
    mid = (low + high) / 2;  /*确定初始查找区间中心位置*/
```

```
        if(S.list[mid].key == x.key)
            return mid; /*查找成功*/
        else if(S.list[mid].key < x.key)
            low = mid + 1;
        else if(S.list[mid].key > x.key)
            high = mid - 1;
    }
    return -1;          /*查找失败*/
}
void main(void)
{
    SeqList test = {{2, 4, 6, 8, 10, 12}, 6};
    DataType x = {6};
    int i;
    if((i = BinarySearch(test, x)) != -1 )
        printf("该数据元素位置为 %d ", i);
    else
        printf("查找失败");
}
```

算法分析：折半查找函数恰好是一条从判定树的根到被查找结点的一条路径，而比较的次数恰好是树深。借助于二叉判定树很容易求得折半查找的平均查找长度。设表长为 n=S.size，树深 h=lb(n+1)，则平均查找长度为：

$$ASL = \sum_{i-1}^{n} P_i C_i = \frac{1}{n}\sum_{i=1}^{n} i \cdot 2^{i-1} = \frac{n+1}{n}\mathrm{lb}(n+1) - 1 \approx \mathrm{lb}(n+1) - 1$$

因此，折半查找法的平均查找长度为 O(lbn)，比顺序查找速度快。与顺序查找方法相比，折半查找的效率比顺序查找高，但折半查找只能适用于有序表，需要对 n 个元素预先进行排序，仅限于顺序存储结构(对线性链表无法进行折半查找)。

思政要点

规律性与条理性：有序顺序表的查找依赖于数据的有序性，这体现了规律性和条理性的重要性。在现实生活中，我们也应该注重事物的规律性和条理性，善于总结和归纳，以便更好地理解和处理问题。

10.1.3 索引顺序表的查找

分块查找又称为索引顺序查找，是顺序查找的一种改进，其性能介于顺序查找和折半查找之间。分块查找把线性表分成若干块，每一块中的元素存储顺序是任意的，但块与块之间必须按关键字大小排序。即前一块中的最大关键字小于(或大于)后一块中的最小(或最大)关键字值。另外还需要建立一个索引表，索引表中的一项对应线性表中的一块，索引项由关键字域和链域组成，关键字域存放相应块的最大关键字，链域存放指向本块第一个结点的指针。索引表按关键字值递增(或递减)顺序排列。

分块查找的查找函数分为两步进行：首先确定待查找的结点属于哪一块，即查找其所在的块；然后在块内查找要查的结点。由于索引表是递增有序的，采用折半查找时，块内元素个数较少，采用顺序法在块内查找，不会对执行速度有太大的影响。

例 10.3　对于关键字序列为{8，20，13，17，40，42，45，32，49，58，50，52，67，70，78，80}的线性表采用分块查找法查找关键字为 50 的元素。假定分块索引和索引表如图 10.3(b)所示。

序号	0	1	2	3	4	5	6	7	8	9	10	11	12	13	14	15
	8	20	13	17	40	42	45	32	49	58	50	52	67	70	78	80

(a) 块表

key	low	high
20	0	3
45	4	7
58	8	11
80	12	15

(b) 索引表

图 10.3　块表与索引表

分块查找过程是：先在索引表中采用二分查找法查找关键字 50 所在的块，即在第 3 块中，有 4 个元素，其关键字分别为 49，58，50，52，在其中按顺序查找法进行查找，找到第 3 个元素即总序号为 11 的元素是关键字为 50 的元素。

索引表的定义如下：

```
#define Max 10                /*索引表最大长度*/
typedef int KeyType;
typedef struct
{
    KeyType key;
    int low，high;
}indexItem;                   /*索引表元素*/
typedef struct
{
  indexItem IndTable[Max];    /*索引表*/
  int IndLength;              /*索引表长度*/
}Index;                       /*索引表类型*/
```

分块查找的函数如下，其功能是在线性表 S 中分块查找 x 结点，若找到了，返回其位置 i；若不找到，返回 –1：

```
/*分块查找*/
# define MaxSize 100 /*MaxSize 线性表可能达到的最大长度*/
typedef int KeyType;
typedef struct
{
```

```
    KeyType key;
} DataType;                    /*根据需要还可以加入其他数据成员*/
typedef struct
{
    DataType list[MaxSize];
    int size;
} SeqList;
#define Max 10                 /*索引表最大长度*/
typedef struct
{
    KeyType key;
    int low,high;
}indexItem;                    /*索引表元素*/
typedef struct
{
    indexItem IndTable[Max];   /*索引表*/
    int IndLength;             /*索引表长度*/
}index;                        /*索引表类型*/
int blockSearch (SeqList S, DataType x, index idx)
{
    int i,low1=0,high1=idx.IndLength-1,mid1,db,find=0;
    while (low1<high1 && !find)  /*二分查找索引表*/
    {
        mid1=(low1+high1)/2;
        if (x.key<idx.IndTable[mid1].key)
            high1=mid1;
        else if(x.key>idx.IndTable[mid1].key) {
            low1=mid1+1;
            printf("%d",low1);
        }
        else {
            find=1;   high1=mid1;
        }
    }
    printf("high1=%d   ",high1);
    i=idx.IndTable[high1].low;      /*在索引表中定块起始地址*/
    printf("%d ",i);
    db=idx.IndTable[high1].high;      /*在索引表中定块终止地址*/
    printf("%d ",db);
    while (i<=db && S.list[i].key!=x.key)
```

```
    i++;
/* 在指定的块内采用顺序方法进行查找 */
void main(void)
{
    index testin;
    SeqList test={{71,78,75,74,85,86,84,89,91,98,92,99}, 12};
    DataType x={86};
    int i;
    testin.IndLength=3;
    for(i=0;i<3;i++)
        scanf("%d,%d,%d",&testin.IndTable[i].key,&testin.IndTable[i].low,&testin.IndTable[i].high);
    if((i = blockSearch(test, x,testin)) != -1 )
        printf("该数据元素位置为 %d ", i);
    else
        printf("查找失败");
}
```

算法分析：分块查找实际上进行了两次查找，故整个算法的平均查找长度是两次查找的平均查找长度之和。

假设有 n 个结点，分成 kug 块，每块有 m 个结点，即 kug=n/m,每块的查找概率为 1/kug，块内每个结点的查找概率为 1/m。

$$ASL \approx lb(kug+1)-1+(m+1)/2 \approx lb(n/m+1)+m/2$$

分块查找的优点是：在线性表中插入或删除一个元素时，只要找到相应的块，然后在该块内进行插入或删除即可。由于块内元素个数相对较少，而且是任意存放的，所以插入或删除比较容易，不需要移动大量的元素。

思政要点

效率与资源管理：通过建立索引，分块查找可以快速定位到目标块，提高查找效率。这告诉我们要善于利用资源、合理管理，以达到事半功倍的效果。

10.2 动态查找表

本节将讨论动态查找表的表示和实现。动态查找表的特点是：表结构本身是在查找过程中动态生成的，即对于给定值 x，若表中存在其关键字等于 x.key 的记录，则查找成功返回。动态查找表亦可有不同的表示方法。在本节中将介绍一种树结构表示时的实现方法。

10.2.1 二叉排序树

二叉排序树(Binary Sort Tree，BST)或者是一棵空树，或者是具有如下性质的二叉树：

(1) 若它的左子树非空，则左子树上所有结点的值均小于它的根结点的值；

(2) 若它的右子树非空，则右子树上所有结点的值均不小于它的根结点的值；

(3) 它的左、右子树本身又各是一棵二叉排序树。

图 10.4 所示的就是一棵二叉排序树。

二叉排序树又称二叉查找树，由上述定义的结构特点，再结合图 10.4 可以发现二叉树的重要性质：它的查找过程和次优二叉树类似，即当二叉排序树不空时，首先将给定值和根结点的关键字比较，若相等，则查找成功，否则将依据给定值和根结点的关键字之间的大小关系，分别在左子树或右子树上继续进行查找。

二叉排序树用二叉链表来存储，说明形式如下：

```
typedef int KeyType;
typedef struct
{
    KeyType key;
}DataType;
typedef struct node
{
    DataType data;
    struct node *leftChild;
    struct node *rightChild;
} BiTreeNode;
```

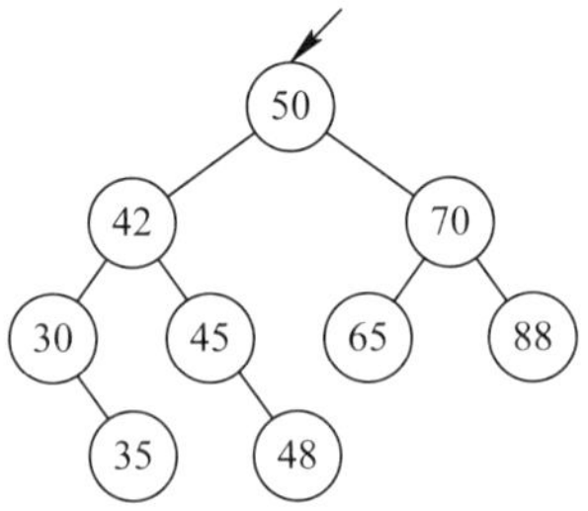

图 10.4　二叉排序树示例

二叉树的构造是通过依次输入数据元素，并把它们插入到二叉树的适当位置上。具体的过程是：每读入一个元素，建立一个新结点，若二叉排序树非空，则将新结点的值与根结点的值相比较，如果小于根结点的值，则插入到左子树中，否则插入到右子树中；若二叉排序树为空，则新结点作为二叉排序树的根结点。下面写出这个非递归过程。

```
int BSTInsert(BiTreeNode **t, DataType   x)
/*二叉排序树的非递归插入*/
{
    BiTreeNode *current, *parent = NULL, *p;
    current = *t;
    while(current != NULL)
    {
        if(current->data.key == x.key) return 0;
        parent = current;
        if(current->data.key < x.key) current = current->rightChild;
        else current = current->leftChild;
    }
    p = (BiTreeNode *)malloc(sizeof(BiTreeNode));
    if(p == NULL)
    {
```

```
        printf("空间不够!");
        exit(1);
    }
    p->data = x;
    p->leftChild = NULL;
    p->rightChild = NULL;
    if(parent == NULL)
        *t = p;
    else if(x.key < parent->data.key)
        parent->leftChild = p;
    else
        parent->rightChild = p;
    return 1;
}
```

例如在图 10.4 上插入关键字为 55 的过程：由于此时二叉树非空，则将 55 与根结点 50 相比较，因为 55 > 50；则应将 55 插入到 50 的右子树上，又因为 50 的右子树非空，将 55 与右子树的根 70 比较，因为 55 < 70，则 55 应插入到 70 的左子树中，依次类推，当最后因 55 < 65，且 65 的左子树为空，将 55 作为 65 的左子树插入到树中。

整棵树的构造算法描述如下：

```
BiTreeNode *BSTCreat (DataType a[],int n)
/* 输入一个数据元素序列，建立一棵二叉排序树，endmark 为输入结束标志 */
{
    int i;
    BiTreeNode *t ;
    t=NULL;
for(i=0;i<n;i++)
    BSTInsert (&t,a[i]);                /* 新结点插入 */
return(t);
}
```

例 10.4 已知一关键字序列为{40，25，52，10，28，80}，则生成的二叉排序树是什么？如图 10.5 所示。

由此可以看出：二叉排序树的形态完全由一个输入序列决定，一个无序序列可以通过构造一棵二叉排序树而变成一个有序序列。若输入序列为 10，25，28，40，52，80，则所对应的二叉排序树为单支树，见图 10.6。

此外，从图 10.5 的二叉排序树构造过程还可以看出，每次插入的新结点都是作为二叉排序树的叶子结点，在插入过程中不需要移动其他元素，只需改变某个结点的指针由空变为非空即可，所以二叉排序树结构适合于元素的经常插入，那么如何在二叉排序树上删除一个结点呢？在二叉排序树中删除一个结点，不能把以该结点为根的子树都删去，只能删除这个结点并仍然保证二叉排序树的特性，也就是说删除二叉排序树上一个结点相当于删除有序序列中的一个元素。

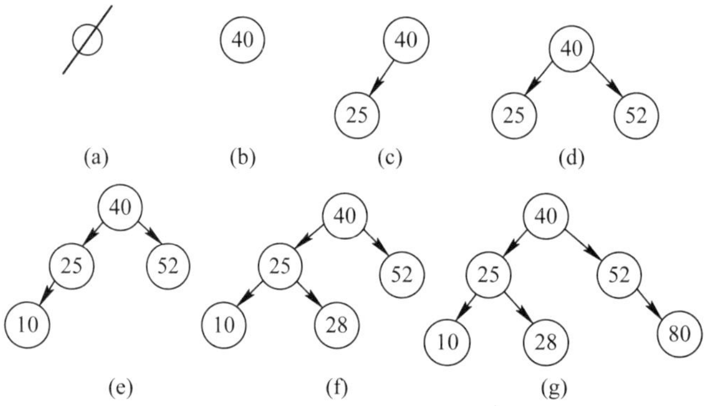

图 10.5 二叉排序树的构造过程

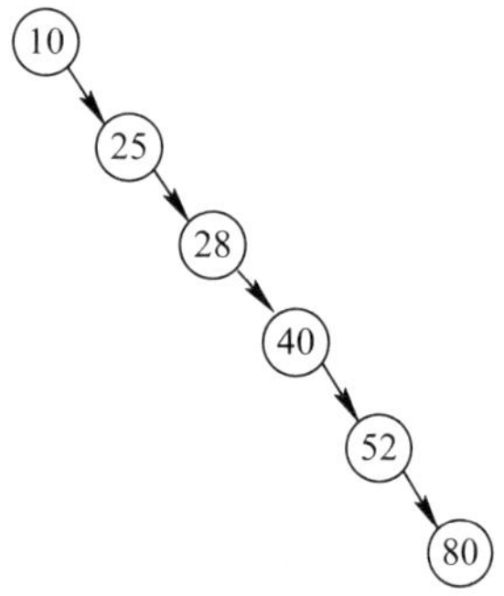

图 10.6 单支二叉排序树

假设在二叉排序树上被删除结点为 p(p 指针指向被删除结点)，f 为其双亲结点，则删除结点 P 的过程分三种情况讨论。

(1) 若 P 结点为叶子结点，即 p->leftChild 及 P->rightChild 均为空，则由于删去叶子结点后不破坏整棵树的结构，因此，只需修改 P 结点的双亲结点指针。即：

```
f-> leftChild (或 f-> rightChild) =NULL;
```

(2) 若 P 结点只有左子树或者只有右子树，此时只需将 P 的左子树或右子树直接成为双亲 f 的左子树(或右子树)。即

```
f->leftChild (或 f->rightChild)=p->leftChild;
```

或

```
f->leftChild (或 f->rightChild)=p->rightChild;
```

(3) 若 p 结点的左、右子树均不空，此时不能像上面那样简单处理，删除 p 结点时应考虑将 p 的左子树、右子树连接到适当的位置，并保证二叉排序树的特性。方法是令 p 的中序前趋结点 s 结点代替 p 结点，然后删除 s 结点。

查找 p 结点中序前趋结点的操作为：

```
q=p;
s=p->leftChild;
while s->rchild!=NULL do
{
   q=s;
   s=s->rightChild;
}
```

因为二叉排序树可以看成是一个有序表，在二叉排序树中左子树上所有结点的关键字均小于根结点的关键字，右子树上所有结点的关键字均大于或等于根结点的关键字，所以在二叉排序树上进行查找与折半查找类似。

查找过程为：若二叉排序树非空，将给定值与根结点值相比较，若相等，则查找成功；若不等，则当根结点值大于给定值时，到根的左子树中查找，否则在根的右子树中查找。显然仍是一个递归过程：

```
int BSTSearch(BiTreeNode *t, DataType x)
/*  在 t 所指的二叉排序树中查找 x 记录 */
{
  BiTreeNode *p;
  if(t!=NULL)
  {
    p=t;
    while(p != NULL)
    {
      if(p->data.key == x.key)
        return 1;
      if(x.key > p->data.key)
        p = p->rightChild;
      else
        p = p->leftChild;
    }
  }
  return 0;
}
```

可见，在二叉排序树上查找其关键字等于给定值的结点的过程，恰是走了一条从根结点到该结点的路径的过程，和给定值比较的关键字个数等于路径长度加 1。二叉排序数的平均查找长度为

$$ASL_{bst}=\sum_{i-1}^{n}P_iC_i$$

长度为 n 的有序表其判定树唯一，故平均查找长度唯一；但二叉排序树的形态与关键字的输入有关。例如图 10.4 的平均查找长度为：

$$ASL_{(a)}=\frac{1}{9}(1+2\times2+3\times3+4\times3)=\frac{26}{9}\approx2.89$$

而图 10.4 同样结点的单支的二叉排序树，平均查找长度为：

$$ASL_{(a单)}=\frac{1}{9}(1+2+3+4+5+6+7+8+9)=\frac{45}{9}=5$$

最坏的情况下，二叉排序树变为单支树，最好的情况是二叉排序树比较均匀。

二叉排序树的性能与折半查找相差不大，但二叉排序树对于结点的插入和删除十分方便，因此对于经常进行插入、删除和查找运算的表，应采用二叉排序树。

思政要点

持续学习与自我提升：二叉排序树作为一种经典的数据结构，仍有许多变种和优化方法。这告诉我们要保持持续学习的态度，不断提升自己的知识和技能水平，以适应不断变化的环境和需求。

10.2.2 平衡二叉树

平衡二叉树(Balanced Binary Tree)又称 AVL 树。它或者是一棵空树，或者是具有下列性质的二叉树：它的左子树和右子树都是平衡二叉树，且左子树和右子树的深度之差的绝对值不超过 1。二叉树上结点的平衡因子定义为该结点的左子树的深度减去它的右子树的深度。因此，平衡二叉树上所有结点的平衡因子为−1、0 或 1 中的一个值，只要二叉树上有一个结点的平衡因子的绝对值大于 1，则该二叉树就是不平衡的。图 10.7(a)、(b)分别给出了二棵平衡二叉树和二棵不平衡二叉树，树中结点内的数字是该结点的平衡因子。

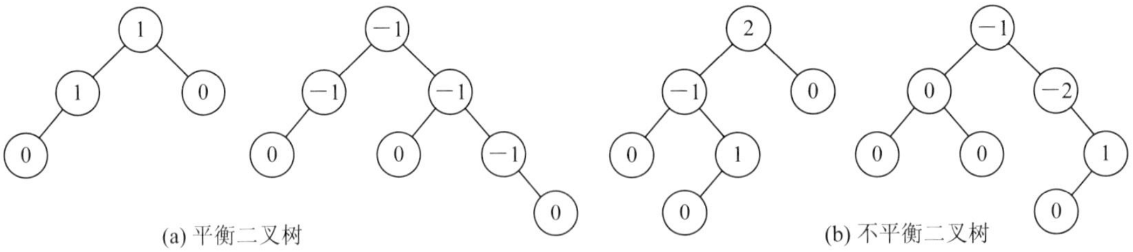

图 10.7 平衡二叉树和不平衡二叉树

由上节得知，二叉排序树形态均匀时查找性能才能最好，而形态为单支树时其查找性能与顺序查找相同，因此，我们希望在初始时及在有元素变动时的二叉排序树都是平衡二叉树，那么如何使构成的二叉排序树成为平衡树呢？

例如，输入关键字序列为(15，20，35，80，50)，构造一棵二叉排序树。

(1) 输入 15，15 作为根结点，见图 10.8(a)。

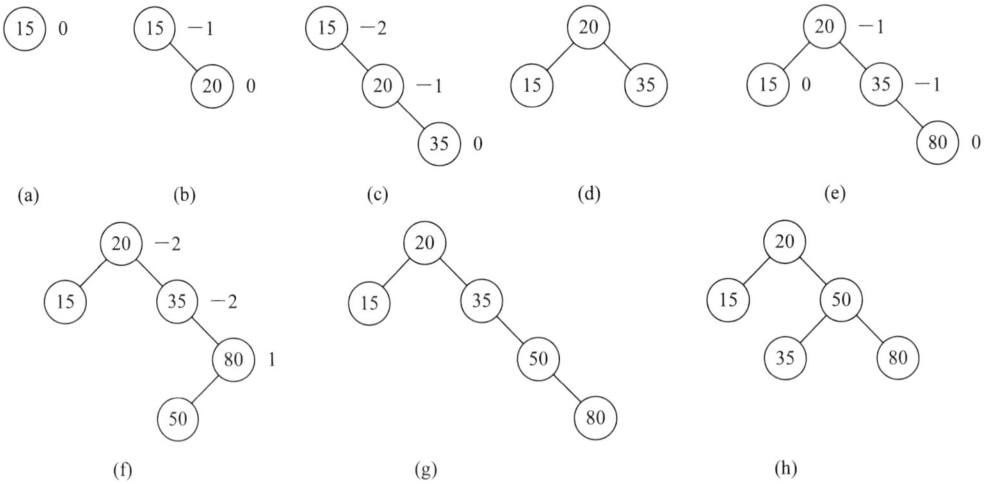

图 10.8 平衡二叉树的构造示例

(2) 输入 20，20 作为 15 的右子树，见图 10.8(b)，此时仍为平衡树。

(3) 输入 35，35 作为 20 的右子树，见图 10.8(c)，此时结点 15 的平衡因子是−2，该树为非平衡树，必须进行调整。显然要进行逆时针右转，使 20 作为根结点，见图 10.8(d)，此时又是一棵平衡二叉树。

(4) 输入 80，80 作为 35 的右子树，见图 10.8(e)，此时树为一棵平衡二叉树。

(5) 输入 50，50 作为 80 的左子树，见图 10.8(f)，由于树中又出现有绝对值大于 1 的平衡因子，所以必须进行调整。先将 50 作为 35 的右子树，80 作为 50 的右子树，见图 10.8(g)，然后令 50 作为 20 的右子树，35 和 80 分别作 50 的左、右子树，见图 10.8(h)。

可见保持二叉树为平衡二叉树的基本思想是：每当对二叉排序树插入一个结点时，首先检查是否因插入而破坏了树的平衡，若是，则找出其中最小的不平衡树，在保持二叉排序树的特性情况下，调整最小不平衡子树中结点之间的关系，以达到新的平衡。离插入结点最近且以平衡因子的绝对值大于 1 的结点作根的子树被称为最小平衡树。

失去平衡后的调整规律可归纳为四种情况：LL 型平衡旋转；RR 型平衡旋转；LR 型平衡旋转；RL 型平衡旋转。

平衡二叉排序树上的查找与二叉排序树中的查找相同，由于平衡二叉树的形态不再变为单支树的情形，且比较均匀，故在 AVL 树上查找的时间复杂度为 O(lb n)。由于在动态平衡的过程中所进行的调整操作仍需花费不少时间，因此 AVL 树的使用要视具体情况而定。

思政要点

钱学森：中国著名科学家，空气动力学家，中国载人航天奠基人，中国科学院及中国工程院院士，中国两弹一星功勋奖章获得者，被誉为“中国航天之父”“中国导弹之父”“中国自动化控制之父”和“火箭之王”。他始终秉持着工匠精神，对科学和技术研究充满热情，为中国航天事业作出了巨大贡献。钱老做事始终追求卓越与精益求精，平衡二叉树追求的是最优化的状态。我们在现实生活中，也要追求卓越，要有精益求精的精神，不断追求进步和完善。

10.3 哈希表及其查找

10.3.1 哈希表与哈希函数

在前面讨论的各种结构(线性表、树等)中，记录在结构中的相对位置是随机的，和记录的关键字之间不存在确定的关系。因此，在结构中查找记录时需进行一系列和关键字的比较。这一类查找方法建立在“比较”的基础上。在顺序查找时，比较的结果为“=”与“≠”两种可能；在折半查找、二叉排序树查找时，比较的结果为 <、= 和 > 三种可能。查找的效率依赖于查找过程中所进行比较的次数。

理想的情况是希望不经过任何比较，一次存取便能得到所查记录，那就必须在记录的存储位置和它的关键字之间建立一个确定的对应关系 H，使每个关键字和结构中一个唯一的存储位置相对应。因而在查找时，只需要根据这个对应关系 H 找到给定值 k 的像 H(k)。若结构中存在关键字和 k 相等的记录，则必定在 H(k)的存储位置上，由此，不需要进行比较便可直接取得所查记录。在此，我们称这个对应关系 H 为哈希(Hash)函数，由此建立的表为哈希表。

举一个哈希表的最简单的例子。假设要建立一张全国 30 个地区的各民族人口统计表，每个地区为一个记录，记录的各数据项为：

编号	地区名	总人口	汉族	回族	……

显然，可以用一个一维数组 c[30] 来存放这张表，其中 c [i]是编号为 i 的地区的人口情况。编号 i 便为记录的关键字，由它唯一确定记录的存储位置 c[i]。例如：假设北京市的编号为 1，则若要查看北京市的各民族人口，只要取出 c[1]的记录即可。假如把这个数组看成是哈希表，则哈希函数 H(key)=key。然而很多情况下的哈希函数并不如此简单。不能简单地取哈希函数 H(key)=key，而是首先要将它们转化为数字，有时还要作些简单的处理。例如有这样的哈希函数：取关键字中第一个字母在字母表中的序号作为哈希函数。例如：BEIJING 的哈希函数值为字母“B”在字母表中的序号，等于“2”。TIANJIN 的哈希函数数值为字母 “T”在字母表中的序号，等于“20”，如表 10.1 所示。

表 10.1 简单的哈希函数示例

Key	BEIJING (北京)	TIANJIN (天津)	SHANGHAI (上海)	HEBEI (河北)	HENAN (河南)	SHANDONG (山东)	SHANXI (山西)	SICHUAN (四川)
F(key)	02	20	19	08	08	19	19	19

从这个例子可见：

(1) 哈希函数是一个映像，因此哈希函数的给定很灵活，只要使得任何关键字由此所得的哈希函数值都落在表长允许范围之内即可；

(2) 对不同的关键字可能得到同一哈希地址，即 key1≠key2，而 H(key1)=H(key2)，这种现象称为冲突(Collision)。

综上所述，可描述哈希表如下：根据设定的哈希函数 H(key)和处理冲突的方法将一组关键字映射到一个有限的连续的地址集(区间)上，并以关键字在地址集中的“像”作为记录在表中的存储位置，这种表便称为哈希表，这一映像过程称为哈希表或散列，所得存储位置称哈希地址或散列地址。

下面分别就哈希函数和处理冲突的方法进行讨论。

思政要点

在 20 世纪 70 年代，拉乌尔 • 科赫在为美国航空航天局(NASA)工作时，为了解决一个关于查找的问题，设计出了一个高效的算法，这就是最初的哈希表。他发现，通过某种计算方式，可以将数据转化为一个唯一的键值，这个值就像数据的“地址”，可以快速地查找到数据。这种计算方式就是哈希函数。

科赫的这项创新在 NASA 内部得到了广泛应用，大大提高了数据查找的效率。但他的发现并未止步于此，科赫将其公开发表，引起了计算机科学界的广泛关注。许多科学家在此基础上进行了更深入的研究，哈希表和哈希函数的理论和应用得以不断完善和扩展。

哈希表和哈希函数的出现，体现了科学家们的创新精神。他们打破了传统的数据存储方式，提出了一种全新的数据结构，使得数据的存储和查找更加高效。这种创新精神启示我们在面对问题时，要勇于创新，寻找新的解决方案。

10.3.2　构造哈希函数的常用方法

构造哈希函数的方法很多，如何构造一个“好”的哈希函数是有很强的技术性和实践性的问题。这里的“好”指的是哈希函数的构造比较简单，并且用此哈希函数产生的映像所发生冲突的可能性最小，换句话说，一个好的哈希函数能将给定的数据集合均匀地映射到所给定的地址区间中。

我们知道，关键字可以唯一地对应一个记录，因此，在构造哈希函数时，应尽可能地使关键字的各个成分都对它的哈希地址产生影响。下面介绍几种常用的构造哈希函数的方法。

1．直接地址法

对于关键字是整数类型的数据，直接地址法的哈希函数 H 直接利用关键字求得哈希地址。

H(ki) = aki + b (a，b 为常量)

在使用时，为了使哈希地址与存储空间吻合，可以调整 a 和 b。例如，取 H(ki) = ki + 10。

直接地址法的特点是：哈希函数简单，并且对于不同的关键字不会产生冲突。但在实际问题中，由于关键字集中的元素很少是连续的，用该方法产生的哈希表会造成空间的大量浪费。因此，这种方法很少使用。

2．数字分析法

数字分析法是假设有一组关键字，每个关键字由几位数字组成，如 k_1 k_2 k_3…k_n。数字分析法是从中提取数字分布比较均匀的若干位作为哈希地址。

例如，对于关键字 k_1 到 k_8 的序列{100011211，100011322，100011413，100011556，100011613，100011756，100011822，100011911}，可以取第 6 位和第 7 位作为哈希地址，即：$H(k_1)=12$，$H(k_2)=13$，$H(k_3)=14$，$H(k_4)=15$，$H(k_5)=16$，$H(k_6)=17$，$H(k_7)=18$，$H(k_8)=19$。

3．平方取中法

平方取中法是取关键字平方的中间几位作为散列地址的方法，具体取多少位视实际情况而定。即：H(ki) = “ki 的平方的中间几位”。

这也是一种常用的较好的设计哈希函数的方法。关键字平方后使得它的中间几位和组成关键字的多位值均有关，从而使哈希地址的分布更为均匀，减少了发生冲突的可能性。

4．折叠法

折叠法是首先把关键字分割成位数相同的几段(最后一段的位数可少一些)，段的位数取决于哈希地址的位数，由实际情况而定，然后将它们的叠加和(舍去最高进位)作为哈希地址的方法。

与平方取中法类似，折叠法也使得关键字的各位值都对哈希地址产生影响。

5．除留余数法

除留余数法是用关键字 ki 除以一个合适的不大于哈希表长度的正整数 p，所得余数作为哈希地址的方法。对应的哈希函数 H(ki)为：

H(ki) = ki%p

这里的%表示求余数运算，用该方法产生的哈希函数的好坏取决于 p 值的选取。实践证明，当 p 取小于哈希表长的最大质数时，产生的哈希函数较好。

除留余数法是一种简单而行之有效的构造哈希函数的方法。

思政要点

直接地址法简洁直观，强调了直接性和确定性的重要性。在现实生活中，有时候最简单直接的方法往往是最有效的。数字分析法提醒我们：要善于观察和分析问题的本质特征，从而找到解决问题的有效途径。平方取中法体现了转换与变换的思想，告诉我们有时候通过变换视角或方法，可以找到新的解决方案。折叠法强调了整合与综合的重要性，以及如何通过部分来理解整体。除留余数法体现了约束与限制的思想，以及如何在有限的空间和资源中找到合适的位置。

10.3.3　解决冲突的主要方法

正如前面所讲过的，在实际问题中，无论怎样构造哈希函数，冲突是不可避免的。通常用的处理冲突的方法有下列几种。

1．开放地址法

开放地址法又分为线性探测再散列、二次探测再散列和随机探测再散列。

假设哈希表空间为 T[M]，哈希函数为 H(ki)，d_j 为第次求得的地址。

线性探测再散列解决冲突求“下一个”地址公式为：

$d_1 = H(ki)$

$d_j = (d_{j-1} + j)\% M$　　$(j = 2，3\cdots)$

二次探测再散列解决冲突求“下一个”地址公式为：

$d_1 = H(ki)$

$d_j = (d_{j-1} + (-1)^j j^2) \% M$　$(j = 2，3\cdots)$

随机探测再散列解决冲突求“下一次”地址公式为：

$d_1 = H(ki)$

$d_j = (d_{j-1} + R) \% M$

其中，R 为随机数序列。

例 10.5　使用的哈希函数为 H(ki) = 3ki % 11，并采用开放地址法处理冲突，其求下一个地址的函数为：

$d_1 = H(Ki)$

$dj = (d_{j-1} + (7ki \%10) + 1) \% 11$　　$(j = 2，3，\cdots)$

试在 0～10 的散列地址空间中对关键字序列(22，41，53，46，30，13，01，67)构造哈希表，求等概率情况下查找成功的平均查找长度，并设计构造哈希表的完整函数。

本题的哈希表构造过程如下：

(1) H(22) = 3*22%11 = 0

(2) H(41) = 3*41%11 = 2

(3) H(53) = 3*53%11 = 5

(4) $H(46) = 3*46\%11 = 6$

(5) $H(30) = 3*30\%11 = 2$ （冲突）

$d_1 = H(30) = 2$

$d_2 = (2 + (7*30\%10) + 1)\%11 = 3$

(6) $H(13) = 3*13\%11 = 6$ （冲突）

$d_1 = H(13) = 6$

$d_2 = (6 + (7*13\%10) + 1)\%11 = 8$

(7) $H(1) = 3*1\%11 = 3$ （冲突）

$d_1 = H(1) = 3$

$d_2 = (3 + (1*7\%10) + 1)\%11 = 0$ （冲突）

$d_3 = (0 + (1*7\%10) + 1)\%11 = 8$ （冲突）

$d_4 = (8 + (1*7\%10) + 1)\%11 = 5$ （冲突）

$d_5 = (5 + (1*7\%10) + 1)\%11 = 2$ （冲突）

$d_6 = (2 + (1*7\%10) + 1)\%11 = 10$

(8) $H(67) = 3*67\%11 = 3$ （冲突）

$d_1 = H(67) = 3$

$d_2 = (3 + (7*67\%10) + 1)\%11 = 2$ （冲突）

$d_3 = (2 + (7*67\%10) + 1)\%11 = 1$

查找成功的平均查找长度为：

ASL=(1*4+2*2+3*1+6*1)*(1/8)=2.125

2. 再哈希法

再哈希法的基本思想是：当发生冲突时，再用另一个哈希函数来得到另一个哈希地址，直到冲突不再发生。即 $H_i = RH_i(key)$ $(i = 1，2，3，\cdots，k)$

RHi 均是不同的哈希函数，这种方法不易产生“聚集”但增加了计算的时间。

3. 链地址法

链地址法的基本思想是：将所有关键字为同义词的记录存储在同一线性链表中。假设某哈希函数产生的哈希地址在区间[0，m−1]上，链表结点的结构类型定义如下：

```
typedef struct Node
{
    DataType data;
    struct Node *next;
} SLNode;
```

则设立一个指向链表类型 SLNode 的指针型向量

```
SLNode * chainhash[m];
```

其每个分量的初始状态都是空指针。凡哈希地址为 i 的记录都插入到头指针为chainhash[i]的链表中。在链表中的插入位置可以在表头或表尾，也可以在中间，以保持同义词在同一线性链表中按关键字有序。

思政要点

开放地址法提示我们在面对问题时，需要有开放和包容的心态，不断调整和寻找新的可能性。

再哈希法是在解决问题时，启发我们需要有耐心和毅力，不断尝试和探索，直到找到合适的方法。

链地址法启示我们在现实生活中遇到问题时，需要采取灵活的策略，不断调整和寻找新的解决方案。

10.4 上机实验

实验目的：

通过学生成绩表的按学号查找，熟悉查找方法，锻炼查找方法应用于实际问题的能力。

实验要求：

1. 完成自己的查找头文件；
2. 完成实验后附范例的上机验证，注意二叉排序树按中序遍历输出的序列；
3. 模仿实例，完成用折半查找方法查找；
4. 模仿实例，完成用分块查找方法查找；
5. 完成实验报告。

实验步骤：

1. 逐步完成自己的查找头文件
2. 完成对学号的折半查找
(1) 编写程序；
(2) 上机验证。
3. 完成对成绩的分块查找
(1) 编写程序；
(2) 上机验证。
4. 撰写实验报告

范例：

```
#include <stdio.h>
#include <stdlib.h>
typedef int KeyType;              /*根据关键字类型定义*/
typedef struct
{
    KeyType key;                  /*可根据实际问题增减结构体成员*/
}DataType;
```

```
typedef struct node
{
    DataType data;
    struct node *leftChild;
    struct node *rightChild;
} BiTreeNode;
int BSTInsert(BiTreeNode **t, DataType   x)
{
    BiTreeNode *current, *parent = NULL, *p;
    current = *t;
    while(current != NULL)
    {
        if(current->data.key == x.key)
            return 0;
        parent = current;
        if(current->data.key < x.key)
            current = current->rightChild;
        else
            current = current->leftChild;
    }
    p = (BiTreeNode *)malloc(sizeof(BiTreeNode));
    if(p == NULL){
        printf("空间不够!");
        exit(1);
    }   p->data = x;
    p->leftChild = NULL;
    p->rightChild = NULL;
    if(parent == NULL)
        *t = p;
    else if(x.key < parent->data.key)
        parent->leftChild = p;
    else
        parent->rightChild = p;
    return 1;
}
BiTreeNode *BSTCreat (DataType a[],int n)
/* 输入一个数据元素序列，建立一棵二叉排序树，endmark 为输入结束标志 */
{
    int i;
```

```
    BiTreeNode *t ;
    t=NULL;
    for(i=0;i<n;i++)
        BSTInsert (&t,a[i]);        /*  新结点插入  */
    return(t);
}
int BSTSearch(BiTreeNode *t, DataType x)
/*  在 t 所指的二叉排序树中查找  x  记录  */
{
    BiTreeNode *p;
    if(t!=NULL)
    {
        p=t;
        while(p != NULL)
        {
            if(p->data.key == x.key)
                return 1;
            if(x.key > p->data.key)
                p = p->rightChild;
            else
                p = p->leftChild;
        }
    }
    return 0;
}

void InTraverse(BiTreeNode *root)
{
    if(root == NULL)
        return;
    if(root->leftChild != NULL)
        InTraverse(root->leftChild);
    printf("%d      ", root->data.key);       /*输出语句要根据结构体成员而改变*/
    if(root->rightChild != NULL)
        InTraverse(root->rightChild);
}
void main(void)
{
    DataType test[] = {4,5,7,2,1,9,8,11,3}, x = {9};
```

```
    int n = 9,    s;
    BiTreeNode *root = NULL;
    root=BSTCreat (test,n);
    InTraverse(root);
    s =BSTSearch(root, x);
    if(s == 1)
        printf("\n 数据元素%d 存在！ ", x.key);
    else
        printf("\n 数据元素不存在！ ");
}
```

思政要点

层次感与秩序美：二叉树的中序遍历体现了层次感和秩序美。在遍历过程中，每个节点都按照特定的顺序被访问，这种有序性反映了生活中的规律和秩序。我们应该遵守社会规范，尊重秩序，共同维护和谐稳定的社会环境。

递归思维与人生智慧：中序遍历采用递归方式实现，这种思维方式对于解决复杂问题具有重要启示。在人生道路上，我们也经常面临各种挑战和困难，需要运用递归思维，将大问题分解为小问题，逐步解决。同时，递归思维也告诉我们要学会反思和总结，不断积累经验，提升自我。

本 章 小 结

查找(Searching)，是指在某种数据结构中找出满足给定条件的结点。若找到满足给定条件的结点，则查找成功；否则查找失败。查找是数据结构中很常用的基本操作，根据选择存储结构的不同，查找方法可分为：静态查找表、动态查找表、哈希表查找。掌握静态查找表的关键是数据分布特征，正确选择顺序查找、折半查找和索引查找。掌握动态查找表的关键是二叉排序树的构成和如何维持二叉排序树的平衡。掌握哈希表查找的关键是如何合理地构造哈希函数和解决冲突的方法。

习　题　10

一、填空题

1. 顺序查找法的平均查找长度为________；二分查找法的平均查找长度为________；分块查找法(以顺序查找确定块)的平均查找长度为__________；分块查找法(以二分查找确定块)的平均查找长度为__________；哈希表查找法采用链接法处理冲突时的平均查找长度为__________。

2. 在多种查找方法中，平均查找长度与结点个数 n 无关的查找方法是_______。

3. 二分查找(折半查找)的存储结构仅限于__________且是__________。

4. 在分块查找方法中，首先查找__________，然后再查找相应的_________。

5. 假设在有序线性表 A［1..20］上进行二分查找，则比较一次查找成功的结点数为________，则比较二次查找成功的结点数为________，则比较三次查找成功的结点数为_______，则比较四次查找成功的结点数为_______，则比较五次查找成功的结点数为_________，平均查找长度为_______。

二、单选题

1. 顺序查找法适合于存储结构为_________的线性表。

(A) 散列存储　　(B) 顺序存储或链接存储

(C) 压缩存储　　(D) 索引存储

2. 采用顺序查找方法查找长度为 n 的线性表时，每个元素的平均查找长度为_______。

(A) n　　(B) n/2　　(C) (n+1)/2　　(D) (n−1)/2

3. 采用折半查找方法查找长度为 n 的线性表时，每个元素的平均查找长度为_______。

(A) $O(n^2)$　　(B) O(n lb n)　　(C) O(n)　　(D) O(lb n)

4. 有一个有序表为{1，3，9，12，32，41，45，62，75，77，82，95，100}当二分查找值为 82 的结点时，______次比较后查找成功。

(A) 1　　(B) 2　　(C) 4　　(D) 8

5. 设哈希表长 m = 14，哈希函数 H(key) = key%11。表中已有 4 个结点：

Addr(15) = 4

Addr(38) = 5

Addr (61) = 6

Addr(84) = 7

其余地址为空

如用二次探测再散列处理冲突，关键字为 49 的结点的地址是_______。

(A) 8　　(B) 3　　(C) 5　　(D) 9

三、简述题

1. 设有一组关键字{19，01，23，14，55，20，84，27，68，11，10，77}，所用哈希函数为

H(ki)=ki MOD 13

采用开放地址法的线性探测再散列方法解决冲突，试在 0～18 的散列地址空间中对该关键字序列构造哈希表。

2. 什么叫静态查找？什么叫动态查找？什么样的存储结构适合静态查找？什么样的存储结构适合动态查找？

3. 有几种类型的查找方法？它们各自的存储结构特点是什么？

参 考 文 献

[1] 胡元义，黑新宏. 数据结构教程[M]. 北京：电子工业出版社，2018.
[2] 刘小晶. 数据结构：C 语言描述(融媒体版)[M]. 杭州：浙江大学出版社，2018.
[3] 王红梅，王慧，王新颖. 数据结构：从概念到 C++实现[M]. 3 版. 北京：清华大学出版社，2019.
[4] 萨古特 • 萨尼. 数据结构、算法与应用：C++语言描述[M]. 王立柱，刘志红，译. 2 版. 北京：机械工业出版社，2019.
[5] 刘朝霞，赵静，李绍华，等. 数据结构与算法(C 语言)微课视频 • 在线题库版[M]. 北京：清华大学出版社，2023.
[6] LAMBERT K A. 数据结构 Python 语言描述[M]. 北京：人民邮电出版社，2020.
[7] 陈越. 数据结构学习与实验指导[M]. 2 版. 北京： 高等教育出版社，2019.
[8] 陈锐，黄敏，张世征. 图解 Java 数据结构与算法(微课视频版)[M]. 北京：清华大学出版社，2023.
[9] 罗文劼，史青宣，苗秀芬. 数据结构与算法[M]. 4 版. 北京：机械工业出版社，2019.
[10] 李云清，杨庆红，揭安全. 数据结构(C 语言版)(微课版)[M]. 4 版. 北京：人民邮电出版社，2023.
[11] 邓丹君，祁文青. 数据结构与算法[M]. 北京：机械工业出版社，2020.
[12] 戴敏. 数据结构[M]. 北京：机械工业出版社，2020.
[13] 冯广慧，唐懿芳，陈立云. 算法与数据结构(C++语言版)[M]. 2 版. 北京：电子工业出版社，2023.
[14] SEDGEWICK R，WAYNE K. 算法[M]. 4 版. 北京：人民邮电出版社，2023.
[15] 汪沁，邓芳，奚李峰. 数据结构与算法实验指导书[M]. 北京：清华大学出版社，2018.